MW01294475

THE HISTORY OF

A HISTÓRIA DA

THE HISTORY OF

A HISTÓRIA DA

JEFFREY L. RODENGEN

Edited by | Editado por
Elizabeth Fernandez

Design and layout by | Design e layout por
Sandy Cruz

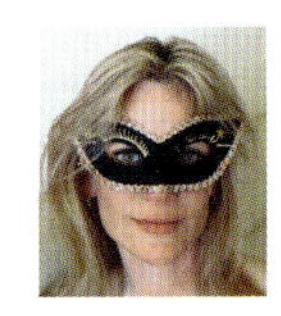

DEDICATION | DEDICATÓRIA

For Cindy, upon whose wings my heart has soared.
Para Cindy, nas asas de quem meu coração alcança as alturas.

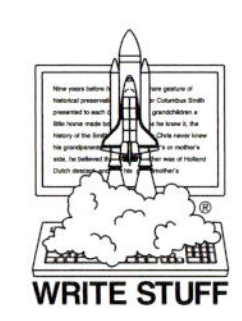

Write Stuff Enterprises, Inc.
1001 South Andrews Avenue, Fort Lauderdale, FL 33316
1-800-900-Book (1-800-900-2665) • (954) 462-6657
www.writestuffbooks.com

Publisher's Cataloging in Publication | Ficha Catalográfica
(Prepared by The Donohue Group, Inc. | Preparada por The Donohue Group, Inc.)

Rodengen, Jeffrey L.
The history of Embraer / Jeffrey L. Rodengen ; edited by Elizabeth Fernandez ; design and layout by Sandy Cruz = A história da Embraer / Jeffrey L. Rodengen ; editado por Elizabeth Fernandez ; desenho e layout por Sandy Cruz.

p. : ill. ; cm.

In English and Portuguese. Includes bibliographical references and index.
Em Inglês e Português. Inclui referências bibliográficas e índice.

ISBN-13: 978-1-932022-40-7
ISBN-10: 1-932022-40-6

1. Empresa Brasileira de Aeronáutica—History. 2. Aircraft industry—Brazil—History. I. Fernandez, Elizabeth. II. Cruz, Sandy. III. Title. IV. Title: História da Embraer V. Title: Embraer

1. Empresa Brasileira de Aeronáutica—História. 2. Indústria Aeronáutica—Brasil—História. I. Fernandez, Elizabeth. II. Cruz, Sandy. III. Título. IV. Título: História da Embraer V. Título: Embraer

HD9711.B74 E43 2009
338.7/6291/0981 2009927850

Completely produced in the United States of America
Totalmente produzido nos Estados Unidos da América

1 3 5 7 9 10 8 6 4 2

Table of Contents

Sumário

Frederico Fleury Curado

A Successful Enterprise

Um Empreendimento de Sucesso

FREDERICO FLEURY CURADO
PRESIDENT AND CEO
DIRETOR-PRESIDENTE

THE AVIATION INDUSTRY PRESENTS A COMBInation of very special structural characteristics: long maturity cycles for product development and production, capital intensity, leading-edge technologies, and a highly qualified work force.

Despite the risks that are intrinsic to the business, the implementation of indigenous aerospace industries has been a part of the strategic agenda of many nations, given the significant returns it is known to provide. Besides contributing to the integration and socioeconomic development of vast territories, the commercialization of high-aggregate value products has positive repercussions in the area of exports and multiplying of new technology-based industries. Finally, and no less significantly, military aviation plays an important role in the security and self-defense of nations.

Brazil's success in such a complex and competitive industry, in which few countries fully manage the complete technological cycle, from the initial project to construction and technical assistance, has stirred interest, and even astonishment, around the world, but it is based on one key cornerstone: knowledge.

A INDÚSTRIA AERONÁUTICA APRESENTA UMA combinação de características estruturais que a tornam especial: longos ciclos de maturação no desenvolvimento de produtos e na produção, capital intensivo, tecnologias de vanguarda e força de trabalho com alta qualificação.

A despeito dos riscos intrínsecos à atividade, a implantação de uma indústria aeronáutica própria tem sido parte da agenda estratégica de muitas nações em face dos significativos retornos que reconhecidamente proporciona. Além da contribuição à integração e desenvolvimento econômico-social de vastos territórios, a comercialização de produtos de alto valor agregado traz repercussões positivas na pauta de exportações, além de representar poder multiplicador e nucleador de novas indústrias de base tecnológica. Por fim, e não menos expressivo, destaca-se o papel desempenhado pela aviação militar para a segurança e autodefesa das nações.

O sucesso do Brasil em uma atividade tão complexa e competitiva em que poucos países detêm o domínio do ciclo tecnológico completo, desde o projeto até a construção e suporte técnico, tem despertado reações de interesse—e até mesmo perplexidade—em todo o mundo, mas

The Power of Education

The seeds that germinated into Embraer date back to the 1940s, when the Brazilian government began a long-term strategic project for developing the country's aeronautical design and construction capability.

Known as the Smith-Montenegro plan, it created a model engineering school and a research and development institute, both located in a technical center that had an appropriate infrastructure. Thus began, in 1946, in the city of São José dos Campos, Brazil, the organization of the Aeronautical Technical Center (CTA), now known as Department of Science and Aerospace Technology (Departamento de Ciência e Tecnologia Aeroespacial; DCTA), which, as of 1950, also was home to the Aeronautical Institute of Technology (Instituto Tecnológico de Aeronáutica; ITA). In 1953, the project moved forward, with the creation of the Research and Development Institute (Instituto de Pesquisa e Desenvolvimento; IPD).

Several programs for developing experimental aircraft took shape at CTA, starting in the 1950s, including the Convertiplano, the Beija-flor (*Hummingbird*) helicopter, and the Bandeirante turboprop passenger airplane. The latter, begun in 1965 as the IPD-6504 Program, resulted in the founding of Embraer, on August 19, 1969, in order to manufacture the plane in series.

With the support of the Brazilian government, the company was able to take its first steps to transform science and technology into product engineering and industrial capability. Merely six years after its founding, Embraer was already making the first deliveries of its civilian version of the EMB 110 Bandeirante to the international market. This aircraft played a fundamental role in the implementation of the modern regional transportation industry worldwide, particularly in the United States and Europe.

Many other highly successful projects joined the Bandeirante in succeeding years and decades, including the EMB 120

se baseia em um pilar fundamental: o conhecimento

A Força da Educação

As sementes que deram origem à Embraer remontam à década de 1940, quando o governo brasileiro deu início a um projeto estratégico de longo prazo visando desenvolver uma capacitação de projeto e construção aeronáutica no país.

O plano, conhecido como Smith-Montenegro, consistia na criação de uma escola de engenharia modelo, além de um instituto de pesquisa e desenvolvimento, co-localizados em um centro técnico com infraestrutura adequada. Dessa forma, começou a ser organizado, em 1946, na cidade de São José dos Campos, o Centro Técnico de Aeronáutica (CTA), hoje denominado Departamento de Ciência e Tecnologia Aeroespacial (DCTA). A partir de 1950, passou a abrigar também o Instituto Tecnológico de Aeronáutica (ITA). Em 1953, dando continuidade ao projeto, foi criado o Instituto de Pesquisa e Desenvolvimento (IPD).

Vários programas experimentais de desenvolvimento de aeronaves tiveram lugar no CTA a partir da década de 1950, entre eles o do Convertiplano, o do helicóptero Beija-flor e o do avião turboélice de transporte de passageiros Bandeirante. Este último, iniciado em 1965 como programa IPD-6504, acabou dando origem à Embraer, fundada em 19 de agosto de 1969, para sua fabricação em série.

Com o suporte do governo brasileiro, a empresa pôde dar seus primeiros passos, começando a transformar ciência e tecnologia em engenharia de produto e capacidade industrial. Decorridos apenas seis anos desde sua fundação, a Embraer já efetuava suas primeiras entregas, no mercado internacional, da versão civil do EMB 110 Bandeirante, aeronave que desempenhou papel fundamental na implantação do moderno transporte aéreo regional em todo o mundo, particularmente nos Estados Unidos e na Europa.

Brasilia, a high-performance turboprop for regional aviation; the EMB 312 Tucano, a revolutionary military training aircraft that was adopted by dozens of air forces around the world; and the AMX fighter bomber, developed in conjunction with Italy's Aeritalia and Aermacchi.

At the end of the 1980s, due to external and internal factors, Embraer plunged into a deep and prolonged crisis that would culminate with the company's privatization in 1994. Endowed with a new entrepreneurial spirit, with the agility and flexibility demanded by the competitive aviation market, and having the capital and management of new controlling shareholders, Embraer arose again, first, with the ERJ 145 family of regional jets, which was an international success, followed by the victorious EMBRAER 170/190 (E-Jets) family, whose success has definitively propelled the company into the position of the third-largest manufacturer of commercial aircraft in the world.

More recently, Embraer has entered the demanding executive aviation market by developing a broad portfolio of products that were immediately accepted by the market: the Legacy 600, Phenom 100 and Phenom 300, Lineage 1000, and new Legacy 450 and Legacy 500 executive jets.

A Story of Intrepid Men

In these pages, so competently documented by Jeffrey L. Rodengen in rich detail, the fascinating history gains highly intense form and color. This account indelibly impresses the reader with the fact that the history of the company is, first and foremost, the fruit of people's willpower and great dedication.

Those determined visionaries and dreamers were, above all, men with distinctive and complementary profiles, who set forth the path taken by Embraer during different stages and under the varying circumstances experienced by the company.

Ao Bandeirante vieram suceder-se, nos anos e décadas seguintes, muitos outros projetos de grande sucesso, entre os quais o do EMB 120 Brasilia, turboélice de alto desempenho para a aviação regional; o EMB 312 Tucano, revolucionário avião de treinamento militar adotado por dezenas de forças aéreas em todo o mundo; e o caça bombardeiro AMX, desenvolvido em conjunto com as empresas italianas Aeritalia e Aermacchi.

Ao final da década de 1980, em decorrência de fatores externos e internos, a Embraer mergulhou em profunda e prolongada crise, que viria culminar com a sua privatização, em 1994. Dotada de uma nova postura empresarial, dispondo da agilidade e flexibilidade exigidas pelo competitivo mercado aeronáutico, contando com o capital e gestão dos novos acionistas controladores, a Embraer ressurgiu, inicialmente com o ERJ 145, jato regional de sucesso mundial, seguido pela vitoriosa família EMBRAER 170/190, cujo sucesso a projetou definitivamente à condição de terceira maior fabricante de jatos comerciais do mundo.

Mais recentemente, a Embraer ingressou no exigente mercado de aviação executiva, desenvolvendo amplo portfólio de produtos de imediata aceitação pelo mercado: os jatos executivos Legacy 600, Phenom 100 e Phenom 300, Lineage 1000 e os novos Legacy 450 e Legacy 500.

Uma História de Gente Intrépida

Por meio das páginas documentadas com competência e riqueza de detalhes por Jeffrey L. Rodengen, a história fascinante da Embraer ganha formas e cores de grande intensidade. De sua leitura resta indelével certeza de que a história da empresa é, antes de tudo, fruto da vontade e da grande dedicação de pessoas.

Visionários, sonhadores, determinados, foram mais que tudo, homens de perfis e papéis distintos e complementares, que determinaram o caminho trilhado pela Embraer em diferentes etapas e circunstâncias vividas pela companhia.

Several are worthy of special note:

- Casimiro Montenegro Filho: The inspiration and prime mover of one of the most successful long-term strategies carried out by the Brazilian government. Creative, visionary, and determined, he conceived of and founded ITA and CTA, taking the first decisive steps that allowed Brazil to implement a modern aeronautics industry. Air Force General Montenegro Filho passed away at the age of 95 in Petrópolis, Rio de Janeiro, in February 2000, leaving an invaluable legacy to the nation.

- Ozires Silva: The key person who made Montenegro Filho's dream a reality. Ever the trailblazer and untiring entrepreneur, Ozires, an engineer who graduated from ITA and was a pilot in the Brazilian Air Force (FAB), headed up the development of the IPD-6504 Program and founded Embraer, which he led from 1969 to 1986 and, later on, from 1991 to 1994.

- Maurício Botelho: The charismatic leader and entrepreneur who took over the helm of Embraer after its privatization, and with great competence and determination conducted the process of recovery, growth, and consolidation of the company, raising it to the new level of prominence it now enjoys in the global aeronautics industry which.

The history of Embraer shows that to achieve the reality of which we are proud of today, with generations of valued Brazilian men and women who dedicated their talent, capacity for work, and efforts in the pursuit of making the dream of implementing a full-fledged aeronautics industry in Brazil a reality.

On every page of this book there are the contributions of these thousands of people who helped write this 40-year history.

Alguns merecem destaque especial:

- Casimiro Montenegro Filho – inspirador e principal articulador de uma das mais bem-sucedidas estratégias de longo prazo levadas a cabo pelo Estado brasileiro. Idealizador, visionário e determinado, concebeu e fundou o ITA e o CTA, dando assim os primeiros e decisivos passos que permitiram ao Brasil implantar uma moderna indústria aeronáutica. O marechal-do-ar Montenegro Filho veio a falecer aos 95 anos em Petrópolis, no Rio de Janeiro, em fevereiro de 2000, tendo como legado uma contribuição inestimável para o país.

- Ozires Silva – foi um dos principais concretizadores do sonho iniciado por Montenegro. Desbravador, empreendedor e incansável, Ozires, engenheiro formado pelo ITA, oficial aviador da FAB, comandou o desenvolvimento do programa IPD-6504. Foi fundador da Embraer, empresa que liderou entre 1969 e 1986 e, posteriormente, de 1991 à 1994.

- Maurício Botelho – líder carismático e empreendedor, Maurício assumiu o comando da Embraer após sua privatização. Com grande competência e determinação, conduziu o processo de recuperação, crescimento e consolidação da empresa, levando-a ao novo patamar de destaque que hoje desfruta no cenário da indústria aeronáutica mundial.

A história da Embraer mostra que, para a realidade da qual nos orgulhamos hoje, concorreram gerações de homens e mulheres de grande valor, que dedicaram seu talento, capacidade de trabalho e esforço na busca da materialização do sonho de implantar uma indústria aeronáutica plena no Brasil.

Atrás de cada página deste livro, encontram-se as contribuições dessas milhares de pessoas que ajudaram a escrever esses 40 anos de história.

ACKNOWLEDGMENTS

AGRADECIMENTOS

MANY DEDICATED PEOPLE ASSISTED IN THE research, preparation, and publication of *The History of Embraer*. Senior Editor Elizabeth Fernandez managed the editorial content, while research assistants William R. Hinchberger, Kenneth Michael Rapoza, and Juliana Guida Hoyl conducted the principal archival research for the book. Vice President/Creative Director Sandy Cruz brought the story to life.

Several key individuals associated with Embraer provided their assistance in the development of this book from its outline to its finished product, especially Horacio Forjaz and Pedro Ferraz. A special thank you goes to Embraer President and CEO Frederico Fleury Curado for contributing the book's foreword.

All of the people interviewed—Embraer employees, retirees, and friends—were generous with their time and insights. Those who shared their memories and thoughts include: Brigadier Neimar Dieguez Barreiro, former Minister of Aeronautics Brigadier Lélio Viana Lobo, Aeronautics Commander Brigadier Juniti Saito, Brigadier Nelson de Souza Taveira, Luís Carlos Affonso, Luiz Carlos Aguiar, Brian Alexander, Walter Bartels, Bryan Bedford, Maurício Botelho, Marco Antonio Guglielmo Cecchini, Sergio

MUITAS PESSOAS DEDICADAS AJUDARAM na pesquisa, preparação e publicação do livro *A História da Embraer*.

A editora Elizabeth Fernandez gerenciou o conteúdo editorial, enquanto os assistentes de pesquisa William R. Hinchberger, Kenneth Michael Rapoza e Juliana Guida Hoyl conduziram as principais de pesquisas para o livro. O vice-presidente e diretor de arte Sandy Cruz deu vida à história.

Vários indivíduos associados à Embraer contribuíram no desenvolvimento desse livro, do seu conceito inicial ao produto final, especialmente Horacio Forjaz e Pedro Ferraz. Um agradecimento especial vai para o diretor-presidente da Embraer, Frederico Fleury Curado, pela introdução do livro.

Todas as pessoas entrevistadas—empregados, aposentados e amigos da Embraer—foram generosas com seus tempos e suas idéias. Dentre aqueles que dividiram suas memórias e pensamentos estão: brigadeiro Neimar Dieguez Barreiro, ex-ministro da Aeronáutica brigadeiro Lélio Viana Lobo, comandante da Aeronáutica tenente-brigadeiro-do-ar Juniti Saito, brigadeiro Nelson de Souza Taveira, Luís Carlos Affonso, Luiz Carlos Aguiar, Brian Alexander, Walter Bartels,

Mauro Costa, Artur Coutinho, Ozílio Carlos da Silva, José Renato de Oliveira Melo, Manoel de Oliveira, Paulo Cesar de Souza e Silva, Jim French, Vitor Hallack, Edson Mallaco, Antonio Luiz Pizarro Manso, Emílio Kazunoli Matsuo, Neil Meehan, Luiz Noce, Jonathan Ornstein, Jay Perez, Guido F. Pessotti, Alcindo Rogério Amarante de Oliveira, Henrique Rzezinski, Michael S. Scheeringa, David Siegel, Ozires Silva, Carlos Eduardo Camargo, Gary Spulak, and Satoshi Yokota.

Finally, special thanks are extended to the staff at Write Stuff Enterprises, Inc.: Heather Lewin, senior editor; Elijah Meyer, graphic designer; Roy Adelman, on-press supervisor; Lynn C. Jones, proofreader; Mary Aaron, transcriptionist; Elliot Linzer, indexer; Amy Major, executive assistant to Jeffrey L. Rodengen; Marianne Roberts, executive vice president, publisher, and chief financial officer; and Stanislava Alexandrova, marketing manager.

Bryan Bedford, Maurício Botelho, Marco Antonio Guglielmo Cecchini, Sergio Mauro Costa, Artur Coutinho, Ozílio Carlos da Silva, José Renato de Oliveira Melo, Manoel de Oliveira, Paulo Cesar de Souza e Silva, Jim French, Vitor Hallack, Edson Mallaco, Antonio Luiz Pizarro Manso, Emílio Kazunoli Matsuo, Neil Meehan, Luiz Noce, Jonathan Ornstein, Jay Perez, Guido F. Pessotti, Alcindo Rogério Amarante de Oliveira, Henrique Rzezinski, Michael S. Sheeringa, David Siegel, Ozires Silva, Carlos Eduardo Camargo, Gary Spulak e Satoshi Yokota.

Finalmente, agradecimentos especiais são extendidos à equipe da Write Stuff Enterprises, Inc.: Heather Lewin, editora; Elijah Meyer, designer gráfico; Roy Adelman, produtor gráfico; Lynn C. Jones, revisora; Mary Aaron, transcritora; Elliot Linzer, indexador; Amy Major, assistente executiva do Jeffrey L. Rodengen; Marianne Roberts, vice-presidente executiva, editora-chefe e diretora financeira; e Stanislava Alexandrova, gerente de marketing.

PT-SJR

IR FRANCE
BY REGIONAL
EMBRAER 170
N/S 263
EMBRAER 170
500th
E-Jet

Nº9

CHAPTER I CAPÍTULO

Brazil Takes Flight

O Brasil Alça Voo

1907–1968

I wasn't just an aviator. I also had to study, think, invent, and build. Only then could I fly.

—Alberto Santos-Dumont[1]

Não fui somente um aviador. Tive também que estudar, pensar, inventar e construir. Somente então pude voar.

—Alberto Santos-Dumont[1]

Brazilians have good reason to feel pride in their country's role in early aviation history and in the more recent emergence of Embraer as a world-class manufacturer. Brazil's love affair with flight had already been ignited by the time local legend Alberto Santos-Dumont won the Deutsch de la Meurthe prize on October 19, 1901, for piloting a dirigible around the Eiffel Tower for half an hour, a prelude to his future accomplishments in aviation.

However, Santos-Dumont was not the first Brazilian to attempt flight. Brazilians have been experimenting with flight at least as far back as 1709, when priest Bartolomeu Lourenço de Gusmão launched his unmanned hot air balloon in the presence of Dom João V, king of Portugal. In the 1860s, Brazil used tethered balloons to spy on enemy troop movements during the Paraguayan War, also known as the War of the Triple Alliance.

In fact, a Brazilian had already hovered above the streets of Paris two decades before Santos-Dumont's award-winning flight. In 1881, Júlio César Ribeiro de Souza, born in the state of Pará, earned that distinction. Later on, in 1902, math teacher Augusto Severo de Albuquerque Maranhão also succeeded in rising above the ground, though only to later suffer an unfortunate fate. In

Os brasileiros têm boas razões para sentirem-se orgulhosos do papel de seu país nos primórdios da história da aviação e, mais recentemente, da ascensão da Embraer como fabricante de aeronaves de classe mundial. O caso de amor do Brazil com a aviação teve início com o lendário Alberto Santos-Dumont, ao vencer o prêmio Deutsch de la Meurthe em 19 de outubro de 1901, após ter pilotado um dirigível ao redor da Torre Eiffel por meia hora. Era o prenúncio de suas futuras façanhas na aviação.

Santos-Dumont não foi, entretanto, o primeiro brasileiro a tentar dominar o voo. Brasileiros vinham efetuando experimentos aéreos pelo menos desde 1709, quando o padre Bartolomeu Lourenço de Gusmão lançou seu balão não tripulado na presença do rei de Portugal, Dom João V. Na década de 1860, o Brasil utilizou balões ancorados ao solo para espionar tropas inimigas, na Guerra do Paraguai, também conhecida como a Guerra da Tríplice Aliança.

Na verdade, um brasileiro já havia sobrevoado as ruas de Paris duas décadas antes do histórico feito de Santos-Dumont. Tal distinção coube ao paraense Júlio César Ribeiro de Souza em 1881. Poucos anos depois, em 1902, o professor de matemática Augusto Severo de Albuquerque Maranhão

Opposite: Aviation pioneer Alberto Santos-Dumont became the first person in the world to make a controlled flight of an engine-powered aircraft in 1898, aboard his own specially designed hydrogen dirigible.

Oposta: Em 1898, o pioneiro da aviação, Alberto Santos--Dumont, tornou-se o primeiro ser humano a realizar um voo controlado em uma aeronave motorizada, a bordo de seu dirigível de hidrogênio, especialmente projetado por ele mesmo.

Right: Engineer Henrique Santos-Dumont, father of aviation pioneer Alberto Santos-Dumont, always ensured that the family plantation boasted the latest technology, as well as a sizeable library.

Below: Alberto Santos-Dumont sits aboard the *Demoiselle*, a tiny monoplane he designed specifically for his own personal transportation.

1902, after climbing 400 meters in the air, his balloon exploded and came crashing down onto the 14th Arrondissement, in Paris, killing him and his companion.[2]

Yet it is Santos-Dumont who would be most widely remembered for his experiments in flight. The Brazilian inventor and aviator became a celebrity in Paris and a hero in Brazil. His success would inspire others, including such industrious individuals as Casimiro Montenegro Filho and Ozires Silva, both of whom would play an important role in helping engineer their country's entry into the global aviation industry.

First Flight

Born in 1873 in the village of Cabangu in the outback of the Brazilian state of Minas Gerais, Santos-Dumont spent most of his childhood in Ribeirão Preto, in the state of São Paulo, growing up on his wealthy family's coffee plantation. His father, Henrique Santos-Dumont, worked as an engineer, designing railroads and ensuring that the plantation boasted the latest technology, including its own railway for the internal transportation of coffee beans, materials, and equipment. On the plantation, when not studying under the guidance of private tutors, the young Santos-Dumont spent his time out in the fields exploring the machinery or within his father's library reading Jules Verne.

At the age of 18, he accompanied his parents to Paris, where his father sought medical treatment. In France, Santos-Dumont began a lifelong fascination with balloons and automobiles. He returned to Brazil with a new model Peugeot coupe, placing him among Brazil's first drivers.[3]

Acima: O engenheiro Henrique Santos--Dumont, pai do pioneiro da aviação Alberto Santos--Dumont, sempre procurou se assegurar que a fazenda de café da família contasse com a mais avançada tecnologia, e que sua biblioteca fosse bem--abastecida.

À direita: Alberto Santos-Dumont a bordo do *Demoiselle*, um diminuto monoplano que ele projetou especificamente para seu transporte pessoal.

também teve sucesso em elevar-se do solo, embora mais tarde isso fosse lhe proporcionar triste fim. Após subir por cerca de 400 metros, seu balão explodiu e precipitou-se ao solo, no 14º arrondissement, em Paris, matando-o, assim como seu acompanhante.[2]

Ainda assim seria Santos-Dumont a ser mais amplamente lembrado por seus experimentos com o voo. O inventor e aviador brasileiro tornou-se uma celebridade em Paris e um herói no Brasil. Seu sucesso inspiraria outros, incluindo personalidades criativas como Casimiro Montenegro Filho e Ozires Silva, que no futuro viriam a desempenhar papéis importantes na estratégia de ingresso do país na indústria global da aviação.

Primeiro Voo

Nascido em 1873 na vila de Cabangu, no interior do estado de Minas Gerais, Santos-Dumont passou grande parte de sua infância na cidade de Ribeirão Preto, no estado de São Paulo, em meio às plantações de café de sua bem-sucedida família. Seu pai, Henrique Santos-Dumont, havia trabalhado como engenheiro, projetando ferrovias e certificando-se sempre de que sua fazenda incorporava a última palavra em tecnologia, incluindo a sua própria ferrovia interna à fazenda, para o transporte de café, feijão, equipamentos e materiais diversos. Quando não estava estudando sob a orientação de professores particulares, o jovem Santos-Dumont passava o tempo no campo explorando as máquinas da fazenda, ou na biblioteca de seu pai, lendo obras de Júlio Verne.

Com 18 anos acompanhou seus genitores em uma viagem a Paris, em busca de tratamento médico para seu pai. Uma vez na França, Santos-Dumont ficou fascinado por balões e automóveis, paixões que iriam perdurar por toda sua vida. De retorno ao Brasil, trouxe consigo um Peugeot coupé, tornando-se assim um dos primeiros motoristas do país.[3]

Um ano mais tarde, de volta a Paris para estudar química, física, astronomia e mecânica, Santos-Dumont iniciou seus experimentos com voos, principiando com modificações em projetos de balões a hidrogênio, relativamente comuns naquele período. Morando na França, ele estabeleceu contato com Henri Lachambre e Aléxis Machuron, os principais construtores de balões do país, solicitando que lhe construíssem um balão de sua própria concepção—de volume quatro vezes menor que qualquer outro que houvesse voado até então. Quando vazio, seu balão seria pequeno, que caberia na sua própria bolsa de mão. Machuron recusou a encomenda e, na verdade, passou uma tarde inteira tentando convencer o jovem inventor brasileiro de que sua ideia jamais iria aos ares com sucesso.

Santos-Dumont provou que Machuron estava errado e, no dia 4 de julho de 1898, encantou a Europa quando ascendeu no primeiro balão esférico de sua concepção, o *Brésil* (Brasil), um balão tão pequeno que caberia em uma maleta. Santos-Dumont o levava consigo em viagens pela França, efetuando centenas de voos para deleite de espectadores e curiosos. Em 20 de setembro de 1898 ele tornou-se a primeira pessoa na história da humani-

On October 23, 1906, Santos-Dumont made his first public flight on the *14-bis*. The historic flight took place in Champs de Bagatelle, on the outskirts of Paris, France.

Em 23 de outubro de 1906, Santos-Dumont fez seu primeiro voo público no *14-bis*. O histórico voo teve lugar no Campo de Bagatelle, nos arredores de Paris, França.

Santos-Dumont's first flight aboard the *14-bis* was witnessed by thousands of spectators and certified by officials from the Aéroclub de France, without the secrecy surrounding the maiden voyage of the *Wright Flyer.*

A year later, he returned to Paris to study chemistry, physics, astronomy, and mechanics. While there, Santos-Dumont began experimenting with flight. As a young man, he attempted novel design modifications to the relatively commonplace hydrogen balloons of the era. Living in France, he sought out Henri Lachambre and Alexis Machuron, the country's premiere balloon makers. He asked them to build him a balloon of his own design—four times smaller than any that had ever flown successfully. It would be small enough, when deflated, to fit into Santos-Dumont's handbag. Machuron refused to take the order. In fact, the legendary balloon manufacturer spent an entire afternoon trying to convince the novice Brazilian inventor that his idea would never fly.

Santos-Dumont proved Machuron wrong, and on July 4, 1898, he enchanted Europe when he ascended in the first spherical balloon of his own design, the *Brésil* (Brazil), a balloon so small it fit in a suitcase. He carried it around France, completing hundreds of trips to the delight of curious onlookers. On September 20, 1898, he became the first person in the history of mankind to make a controlled flight in an engine-powered aircraft, aboard his hydrogen dirigible *No. 1.*[4] Soon after his achievements with dirigibles, he turned his attention to developing heavier-than-air vehicles.

On October 23, 1906, three years after the Wright brothers successfully flew in the United States, Santos-Dumont made his first public flight in an aircraft known as the *14-bis*, in Champs de Bagatelle on the outskirts of Paris. Brazilians often note that Santos-Dumont was the first person to fly a fixed-wing aircraft with his own means, citing the fact that the *Wright Flyer* was assisted by a ground-based catapult during takeoff. Additionally, Santos-Dumont's flight aboard the *14-bis* was a public event, followed by thousands of spectators and certified by officials from the Aéroclub de France, while the flight by the Wright brothers was secretive, without public attendance or official verification.

In 1907, Santos-Dumont showed off his *Demoiselle*, a tiny monoplane he used for his own personal transportation. He refused to patent the aircraft, instead publishing his blueprints and encouraging others to experiment with his designs. As a result, the *Demoiselle* served as a prototype for modern ultralight aircraft.[5]

O primeiro voo de Santos-Dumont a bordo do *14-bis* foi testemunhado por milhares de espectadores e certificado por representantes do Aéroclub de France, sem, portanto, o segredo que cercou o voo inaugural do *Wright Flyer.*

In 1907, Santos-Dumont unveiled the *Demoiselle*. It was the last aircraft he would ever design.

dade a fazer um voo controlado em aeronave acionada por motor a explosão, a bordo do seu dirigível de hidrogênio *No. 1.*[4] Logo após seus feitos com dirigíveis, Santos-Dumont voltou suas atenções para veículos mais pesados que o ar.

No dia 23 de outubro de 1906, três anos após o voo dos irmãos Wright nos Estados Unidos, Santos-Dumont efetuou o primeiro voo testemunhado publicamente em uma aeronave batizada como *14-bis*, no Campo de Bagatelle, nas vizinhanças de Paris. Os brasileiros frequentemente lembram que Santos-Dumont foi o primeiro homem a voar em uma aeronave dotada de asas fixas utilizando apenas meios próprios, citando o fato de que o *Flyer* dos irmãos Wright contou com o apoio de uma catapulta instalada no solo, para a decolagem. Além disso, o voo de Santos-Dumont a bordo do *14-bis* foi um evento público, seguido por milhares de espectadores e homologado por representantes do Aeroclub de France, ao passo que o voo dos irmãos Wright foi secreto, sem a presença de público ou qualquer verificação oficial.

Em 1907 Santos-Dumont apresentou seu *Demoiselle*, um pequeno monoplano que utilizava para transporte pessoal. Ele recusou-se a patentear a aeronave, publicando desenhos e estimulando outras pessoas a experimentarem seus projetos. O resultado é que o *Demoiselle* revelou-se verdadeiro precursor dos modernos ultraleves.[5]

Em 1909 Santos-Dumont passou a sofrer de esclerose múltipla e interrompeu seus experimentos aéreos. O gênio criativo, pacifista e generoso que havia doado aos pobres de Paris metade do dinheiro a que teve direito com o Prêmio Deutsch de la Meurthe, e distribuído aos integrantes de sua equipe de voo o restante, tornou-se progressivamente depressivo nos últimos anos. Em 1929, entristecido com notícias de acidentes aéreos e o com o uso de aviões em conflitos bélicos, voltou ao Brasil. Com o eclodir da Revolução Constitucionalista de 1932, Santos-Dumont perdeu a vontade de viver. Em 23 de julho de 1932, três dias após seu 59º. aniversário, suicidou-se, após longa enfermidade.[6]

Pioneiros, Aventureiros e Industriais

À medida que se encerrava o ciclo de Santos-Dumont na aviação, outros pioneiros no Brasil encontravam-se prontos para dar sequência a seu trabalho. Dimitri Sensaud de Lavaud, um francês pioneiro da aviação, residente no Brasil, fez voar em 7 de janeiro de 1910 a primeira aeronave de asas fixas projetada e construída no país. Designado *São Paulo*, seu pequeno avião

Em 1907, Santos--Dumont apresentou ao público o *Demoiselle*, a última aeronave que viria a projetar.

The *Demoiselle* would go on to serve as a prototype for modern ultralight aircraft, thanks in part to Santos-Dumont's refusal to patent the monoplane. Instead, he published the blueprints and encouraged others to experiment with his designs.

O *Demoiselle* iria servir de protótipo para os modernos ultraleves, graças, em parte, à recusa de Santos Dumont em patentear o monoplano. Ao contrário, ele publicou os desenhos e encorajou outras pessoas a fazer experimentos com os seus projetos.

In 1909, Santos-Dumont began suffering from multiple sclerosis and ended his experiments. The generous, peaceful, creative genius who had donated half of his Deutsch de la Meurthe prize money to the poor and distributed the rest to his flight team became increasingly depressed in later years. In 1928, saddened by news of air accidents as well as the use of aircraft in warfare, he moved back to Brazil. However, after the Constitucionalist Revolution in Brazil broke out in 1932, Santos-Dumont lost the will to live. On July 23, 1932, just three days after his 59th birthday, Santos-Dumont committed suicide following a long illness.[6]

Pioneers, Adventurers, and Industrialists

As Santos-Dumont retired from the field of aviation, other pioneers in Brazil were poised to continue his work. Dimitri Sensaud de Lavaud, a French aviation pioneer living in Brazil, launched the first fixed-wing aircraft constructed and designed entirely in Brazil on January 7, 1910.[7] Named *São Paulo*, his small wood-and-fabric monoplane featured a 45-horsepower engine and flew 103 meters in six seconds in Osasco, a neighboring suburb of the city of São Paulo.[8] The aircraft became an instant sensation in Brazil and attracted huge crowds during demonstrations.[9]

Many native Brazilians have also counted themselves among the first adventurous pilots to explore air travel. Edu Chaves earned fame in Europe for his pioneering night flights over Paris, winning a 1,000-kilometer race in the 1910s. In 1927, João Ribeiro de Barros was the first Brazilian to fly across the South Atlantic in the *Jahú*, a twin-engine Savoia-Marchetti S-55 hydroplane. Worried about a potential disaster, Brazilian President Washington Luís telegrammed Barros in Cape Verde and asked him to give up his quest. "Mind the business of your office and don't get involved in things you don't understand," Barros replied.[10]

Despite any reservations about aviation expressed by the president, the Brazilian Army and Navy showed a keen interest in further developing the military uses of aircraft and invited a group of French aviators to train Brazilian pilots. Commercial flights serving Brazil began in 1927, first by Germany's Condor Syndikat, and soon followed by Brazilian carrier Varig. Airmail service began four years later.

de tela e madeira dispunha de motor de 45 HP e voou 103 metros em seis segundos, em Osasco, subúrbio da cidade de São Paulo.[8] A aeronave tornou-se imediatamente uma sensação no Brasil, atraindo enormes plateias em voos de demonstração.[9]

Muitos brasileiros também figuram entre os primeiros pilotos aventureiros a explorarem o novo mundo da aviação. Edu Chaves ganhou fama na Europa por seus primeiros voos sobre Paris, vencendo uma corrida aérea de 1.000 km na década de 1910. Em 1927, João Ribeiro de Barros foi o primeiro Brasileiro a efetuar travessia aérea do Atlântico Sul com o seu *Jahú*, um hidroplano Savoia-Marchetti modelo S-55. Preocupado com a possibilidade de um acidente, o presidente da República, Washington Luís, enviou telegrama a Barros, em Cabo Verde, solicitando que desistisse de seus planos. "Cuide dos negócios de vosso cargo e não se ocupe de assuntos que V. Exa. não entende", foi a resposta.[10]

A despeito de eventuais reservas expressas pelo presidente da nação, a Marinha e o Exército brasileiros demonstraram forte interesse no desenvolvimento de aplicações militares para aeronaves e convidaram um grupo de aviadores franceses para treinar pilotos brasileiros. Voos comerciais tiveram início no Brasil em 1927, por meio da empresa alemã Condor Syndicat, logo seguida pela brasileira Varig. Os serviços de correio aéreo, por sua vez, começaram quatro anos depois.

Ao longo das décadas de 1920 e 1930, muitos entusiastas e amadores, bem como empresários sérios, seguiram o exemplo de Lavaud, desenvolvendo pelo menos 90 desenhos exclusivos e construindo cerca de 30 protótipos. Uma quantidade limitada de projetos de maior vulto se desenvolveu em paralelo a esses empreendimentos menores, remontando alguns deles a 1917.

Nesse meio tempo, o industrial Henrique Lage assinou um contrato para construir aviões Blackburn e motores Bristol no Brasil. Começou importando partes e materiais, mas em pouco tempo abandonou o projeto devido à falta de encomendas. Com a interrupção da produção doméstica, entre 1927 e 1935, o país importou 554 aeronaves, entre as quais 330 para fins militares.[11]

Reveses à parte, muitos engenheiros de destaque ainda acreditavam que o Brasil continuaria a desempenhar um importante papel no futuro da aviação. No decorrer da década de 1930, indícios de um futuro industrial auspicioso para o Brasil começaram a surgir. A Ford e a General Motors abriram linhas de montagem no país. A década assistiu também ao promissor crescimento de grandes indústrias locais, como o Grupo Votorantim, que viria a se tornar um dos maiores conglomerados econômicos do país. Em meio a essa expansão, a ocasião parecia apropriada para os empresários correrem o risco de promover a indústria aeronáutica brasileira, ainda que em plena Grande Depressão.

No Primeiro Congresso Aeronáutico Nacional, realizado em São Paulo em 1934, Antônio Guedes Muniz apresentou um texto intitulado "A Construção de Aviões e Motores no Brasil". Capitão do Exército, Muniz ganhara em 1927 uma bolsa de estudos na Escola Superior de Aeronáutica, na França. Lá projetou seus três primeiros aeroplanos, batizados de M-1, M-2 e M-3. O quinto da série, o M-5, seria produzido para os militares brasileiros pelo fabricante de aviões francês Caudron.[12] Muniz estimava que 65% dos componentes necessários para construir um aeroplano poderiam ser produzidos no Brasil. Defendia a criação de um Ministério da Aeronáutica e a concessão de apoio federal para pesquisa no Instituto de Pesquisas Tecnológicas (IPT) do Estado de São Paulo.[13] Havia a expectativa de que o presidente Getúlio Vargas estimulasse o desenvolvimento da indústria local e, assim, quando Muniz retornou ao país, Vargas apresentou-o ao empresário Henrique Lage, o homem que pela primeira vez insistira na ideia de fabricar aeronaves no Brasil, uma década antes.[14]

Antonio Guedes Muniz, an early supporter of Brazil's fledgling aviation industry, designed the M-7. The Brazilian Aircraft Factory (Fábrica Brasileira de Aviões; FBA) manufactured the acrobatic biplane from 1935 to 1943, making it the first complete fixed-wing aircraft series manufactured in Brazil.

Antonio Guedes Muniz, um dos primeiros a defender o desenvolvimento da indústria da aviação brasileira, projetou o M-7. A Fábrica Brasileira de Aviões (FBA) produziu o biplano acrobático de 1935 a 1943, a primeira aeronave completa, de asa fixa, a ser fabricada em série no Brasil.

Throughout the 1920s and 1930s, many enthusiasts and amateurs, as well as serious entrepreneurs, followed Lavaud's example, developing at least 90 unique designs and building approximately 30 prototypes. A handful of larger-scale projects ran parallel to these smaller ventures, some as early as 1917.

Meanwhile, industrialist Henrique Lage signed a deal to build Blackburn aircraft and Bristol engines in Brazil. He began importing parts and materials, but he soon discontinued the project due to a lack of orders. With domestic production stalled, Brazil imported 554 aircraft, including 330 by the military, from 1927 to 1935.[11]

Despite setbacks, many leading engineers still believed that Brazil would continue to play an important role in the future of aviation. Throughout the 1930s, hints of Brazil's promising industrial future began to appear. Ford and General Motors opened assembly lines. The decade also saw the promising growth of local industry powerhouses, such as the Votorantim Group, which would grow into one of the largest economic conglomerates in Brazil. In the midst of such expansion, the time seemed right for entrepreneurs to take a risk on cultivating a Brazilian aeronautics industry, even in the middle of the Great Depression.

At the First National Aeronautical Congress in São Paulo in 1934, Antonio Guedes Muniz presented a paper titled "The Construction of Airplanes and Engines in Brazil." A Brazilian Army captain in 1927, Muniz earned a fellowship to study at the Superior School of Aeronautics in France. There he designed his first three aircraft, dubbed the M-1, M-2, and M-3. The fifth in his series, the M-5, would be produced by the French aircraft manufacturer Caudron for the Brazilian military.[12] He estimated that 65 percent of the components necessary to build an aircraft could be manufactured in Brazil. Muniz argued for an aeronautics ministry and federal support for research at São Paulo state's Institute of Technological Research (Instituto de Pesquisas Tecnológicas; IPT).[13] Brazilian President Getúlio Vargas hoped to encourage the development of a local industry, so when Muniz returned home, Vargas introduced the engineer to businessman Henrique Lage, a man who had first pursued the idea of manufacturing aircraft in Brazil a decade earlier.[14]

In 1935, Muniz went on to design the M-7 two-seat aerobatic training biplane. Manufactured from 1935 to 1943, the M-7 was the first complete aircraft series manufactured in Brazil. It was built by the Brazilian Aircraft Factory (Fábrica Brasileira de Aviões; FBA), one of two aircraft manufacturing centers owned by Lage in Rio de Janeiro.[15] In addition to the M-7 at the FBA, Lage's other company, the National Air Navigation Company

Future Embraer founder Ozires Silva, shown disembarking from a Bandeirante, helped convince the Brazilian government to take on an increasingly supportive role in the country's aviation industry during the 1960s. He served in the Brazillian Air Force as a pilot, earned an engineering degree from the Aeronautical Institute of Technology (Instituto Tecnológico de Aeronáutica; ITA), and later earned a master's degree from California Institute of Technology (Caltech).

O fundador da Embraer, Ozires Silva, desembarcando de um Bandeirante. Ozires ajudou a convencer o governo brasileiro a desempenhar um papel de crescente apoio à indústria aeronáutica no país, durante a década de 1960. Ele serviu na Força Aérea como piloto, diplomou-se em engenharia no Instituto Tecnológico de Aeronáutica (ITA) e posteriormente obteve o grau de mestre no California Institute of Technology (Caltech).

Dando prosseguimento aos seus planos, Muniz projetou em 1935 o M-7, avião de instrução acrobático, biplano, com dois lugares. Fabricado entre 1935 e 1943, o M-7 foi o primeiro avião completo a ser produzido em série no Brasil. Foi construído pela Fábrica Brasileira de Aviões (FBA), um dos dois centros de produção de aviões de propriedade de Lage no Rio de Janeiro.[15] Além do M-7, outra empresa de Lage, a Companhia Nacional de Navegação Aérea (CNNA), lançou o primeiro avião trimotor fabricado no Brasil. Denominado HL-8, assemelhava-se ao Beechcraft C-45 (Beech 18) e incorporava dois estabilizadores verticais. Seu voo inaugural ocorreu em 1943.

Nessa época, a maior parte das iniciativas envolvia investidores privados que contavam com apoio governamental. Eles eram especialmente dependentes do governo para a compra de produtos e, algumas vezes, o setor público participava diretamente.[16] Os pioneiros da indústria aeronáutica brasileira, de acordo com o futuro fundador da Embraer, Ozires Silva, "foram caracterizados, todos eles, por um denominador comum: todas as suas iniciativas nasceram, viveram e morreram devido às mesmas circunstâncias. Elas falharam porque foram incapazes de capturar qualquer segmento do mercado, exceto o governamental, e por nunca terem conseguido garantir um número suficiente de encomendas para manter as linhas de produção em funcionamento."[17]

A Fábrica do Galeão

Entre o final da década de 1930 e a década de 1950, os brasileiros se envolveram em uma série de empreendimentos para licenciar produtos e criar *joint ventures* com fabricantes estrangeiros. A maior parte dessas importantes iniciativas teve como palco a Fábrica do Galeão, na Ilha do Governador, na cidade do Rio de Janeiro, que mais tarde viria a abrigar o Aeroporto do Galeão, hoje denominado Aeroporto Internacional Antônio Carlos Jobim.

Os hangares onde a Fábrica do Galeão seria instalada foram construídos pela Marinha brasileira na década de 1930, como parte de um acordo com a empresa alemã Focke-Wulf Flugzeugbau, para produzir o avião de treinamento FW-44 Stieglitz, o avião de instrução avançada

This page and opposite: The Paulistinha, originally known as the EAY-201 Ypiranga, proved very popular in Brazil. Following its first flight in 1935, more than 1,000 Paulistinhas were sold.

Esta página e a oposta: O Paulistinha, originalmente conhecido como EAY-201 Ypiranga, alcançou grande popularidade no Brasil. Mais de 1.000 Paulistinhas foram vendidos após seu primeiro voo, em 1935.

(Companhia Nacional de Navegação Aérea; CNNA), produced the first three-engine aircraft manufactured in Brazil. Called the HL-8, it resembled the Beechcraft C-45 (Beech 18) and included two vertical stabilizers. Its maiden flight came in 1943.

At the time, most initiatives involved private investors who relied on government support. They were especially dependent on the government to purchase their output. Sometimes the public sector would participate directly.[16] The pioneers of the Brazilian aeronautics industry, according to future Embraer founder Ozires Silva, "were all characterized by a common denominator: their initiatives were all born, lived, and died due to the same circumstances. They failed because they were unable to capture any market segment, except that of the government, and they were never able to secure enough purchase orders to keep the production lines going."[17]

The Galeão Factory

From the late 1930s to the 1950s, Brazilians engaged in a series of efforts to license products and create joint ventures with foreign manufacturers. Many of the most important initiatives were based at the Galeão Factory (Fábrica do Galeão) on Ilha do Governador, an island in Rio de Janeiro that would later become the home of the Galeão Airport, today named Antônio Carlos Jobim International Airport.

The hangars that would house the Galeão Factory were constructed by the Brazilian Navy in the 1930s as part of an agreement with Germany's Focke-Wulf Flugzeugbau to build that company's FW-44 Stieglitz trainer, FW-56 advanced trainer, twin-engine FW-58 bomber, and four-engine commercial FW-200 Condor. German technicians arrived in 1939 to oversee the effort. Some 40 Stieglitz trainers were produced, but the project was abandoned

FW-56, o bombardeiro bimotor FW-58 e o avião comercial quadrimotor FW-200 Condor. Os técnicos alemães chegaram em 1939 para supervisionar os trabalhos. Foram fabricados cerca de 40 aviões de instrução Stieglitz, mas o projeto foi abandonado após a eclosão da Segunda Guerra Mundial, quando a Marinha britânica passou a bloquear o envio de componentes e materiais da Alemanha.[18] Logo em seguida, os americanos ficaram interessados na aviação brasileira, vindo a montar mais de 200 aviões de treinamento Fairchild PT-19B Cornell na Fábrica do Galeão durante a Guerra.[19] Uma década mais tarde, a Fábrica do Galeão passou a abrigar a montagem do avião de combate Gloster Meteor F8 e do avião de instrução avançada Gloster Meteor TF7.[20]

O derradeiro empreendimento a ter lugar na Fábrica do Galeão foi uma das últimas tentativas importantes voltadas à fabricação em grande escala de aviões no Brasil, até a criação da Embraer. Em uma iniciativa conjunta com o fabricante holandês Fokker, foram produzidas 100 unidades do avião de instrução primária S-11 e 50 unidades do avião S-12, equipado com trem de pouso no nariz. Entretanto, as relações financeiras e pessoais entre a companhia holandesa, seus parceiros privados brasileiros e a burocracia brasileira foram, desde o início, marcadas por dificuldades. As atividades foram suspensas em 1963.[21]

O Paulistinha

Ao longo de todas as lutas travadas pela aviação nacional entre as décadas de 1930 e 1950, apenas um único avião concebido, desenvolvido e fabricado no Brasil foi capaz de obter sucesso duradouro—o popular Paulistinha, originalmente conhecido como EAY-201 Ypiranga. O monoplano de dois lugares em *tandem*, asa alta, desenvolvido originalmente pela Empresa Aeronáutica Ypiranga em 1931, passou por diversas versões antes de ser alvo de amplo reconhecimento.[22] O EAY-201 voou pela primeira vez em 1935, e embora mais de 1.000 aviões viessem a ser vendidos em futuras versões, a companhia nunca foi capaz de torná-lo um sucesso comercial efetivo.[23]

A propósito, entre os sócios fundadores da Empresa Aeronáutica Ypiranga estava o sobrinho de Santos-Dumont, Henrique Santos-Dumont, que contou com o apoio do tio aviador. Os outros participantes do empreendimento eram o americano Orton William Hoover, que trabalhara no Brasil como representante das Curtiss Industries, e Fritz Roesler, um francês natural de Estrasburgo, que mais tarde participaria da fundação da empresa aérea brasileira VASP. A Ypiranga enfrentou dificuldades durante toda a década de 1930.

Em 1942, o conhecido industrial paulista Francisco "Baby" Pignatari criou a Companhia Aeronáutica Paulista (CAP) e comprou os direitos de fabricação do EAY-201 da Ypiranga, entre outros ativos. O IPT fez alguns ajustes no projeto, e em 1943, a aeronave foi aprovada para uso por autoridades brasileiras. A CAP começou, então, a fabricar uma grande quantidade de Paulistinhas.[24]

Além de ser o produto certo para o mercado certo, o Paulistinha deveu seu sucesso à Campanha Nacional de Aviação, lançada em 1941 para estimular o treinamento de pilotos no Brasil. A campanha contou com incentivos governamentais para distribuir o avião entre os aeroclubes de todo o país.

after the British Navy began to block shipments of parts and materials from Germany following the outbreak of World War II.[18] Soon afterward, Americans became interested in Brazilian aviation and assembled more than 200 Fairchild PT-19B Cornell trainers at the Galeão Factory during the war.[19] A decade later, the Galeão Factory became home to the Gloster Meteor F8 fighter and the Gloster Meteor TF7 advanced trainer.[20]

The final endeavor at the Galeão Factory represented one of the last major attempts to jump-start large-scale aircraft manufacturing in Brazil until the creation of Embraer. In a joint venture with the Dutch manufacturer Fokker, 100 units of the S-11 primary trainer and 50 nose-wheel-undercarriage S-12s were produced. However, the financial and personal relationships among the Dutch company, its Brazilian private sector partners, and the Brazilian bureaucracy were plagued with difficulties from the start, and activities ceased in 1963.[21]

Paulistinha

Throughout the country's aviation struggles from the 1930s to the 1950s, only one aircraft designed, built, and manufactured in Brazil achieved long-term success—the popular Paulistinha, originally known as the EAY-201 Ypiranga. The tandem, two-seat, high-wing monoplane, originally developed at the Ypiranga Aeronautics Company (Empresa Aeronáutica Ypiranga) in 1931, went through several incarnations before gaining recognition.[22] The EAY-201 flew for the first time in 1935, and although more than 1,000 aircraft would be sold in future versions, the company was never able to develop it as a commercial success.[23]

Fittingly, the founding partners of Ypiranga included Santos-Dumont's nephew Henrique Santos-Dumont, with encouragement from his aviator uncle. The other partners in the venture were American Orton William Hoover, who had worked in Brazil as a representative of Curtiss Industries, and Fritz Roesler, a native of Strasbourg, France, who would later help found the Brazilian airline VASP. Ypiranga struggled throughout the 1930s.

In 1942, notable São Paulo industrialist Francisco "Baby" Pignatari created the Paulista Aeronautics Company (Companhia Aeronáutica Paulista; CAP) and bought the rights to the EAY-201 from Ypiranga, among other assets. The IPT made some adjustments in the design, and by 1943, the aircraft was approved for use by Brazilian officials. CAP began manufacturing Paulistinhas in large numbers.[24]

In addition to being the right product for the right market, the Paulistinha owed its success to the National Aviation Campaign, launched in 1941 to encourage the training of pilots in Brazil. The campaign featured government incentives to distribute aircraft to flying clubs across the country. Industrialist and flight enthusiast Assis Chateaubriand, who helped with the publicity, owned the Diários Associados, the country's biggest newspaper chain at the time.[25]

However, by the middle of the 20th century, cheap imports of surplus World War II aircraft, particularly those from the United States, devastated the fledgling Brazilian aviation industry. Henrique Lage passed away in 1941, and without his personal talent and drive, the era of the FBA and CNNA drew to a close.[26] Pignatari tried unsuccessfully to develop a twin-engine model to fill a market niche, but when that project failed, he closed CAP in 1948.

The only major company to survive this period was the Neiva Aeronautics Society (Sociedade Construtora Aeronáutica Neiva). Without the enduring design of the Paulistinha, José Carlos de Barros Neiva might have converted his factory in Botucatu, São Paulo, into a furniture shop.[27]

Founded in 1954, Neiva, a future member of the Embraer family, acquired

O industrial e entusiasta da aviação Assis Chateaubriand, proprietário dos Diários Associados, a maior cadeia jornalística do país na época, ajudou com a publicidade.[25]

Todavia, em meados do século XX, importações baratas de aeronaves excedentes da Segunda Guerra Mundial, particularmente dos Estados Unidos, tiveram um efeito devastador sobre a nascente indústria aeronáutica brasileira. Henrique Lage faleceu em 1941, e sem o seu talento e sua energia pessoais, a era da FBA e da CNNA chegava ao fim.[26] Pignatari tentou, sem sucesso, desenvolver um modelo bimotor para atender a um nicho do mercado, mas o projeto fracassou, e ele fechou a CAP em 1948.

A única empresa importante que conseguiu sobreviver nesse período foi a Sociedade Construtora Aeronáutica Neiva. Sem o duradouro projeto do Paulistinha, José Carlos de Barros Neiva provavelmente teria convertido sua fábrica de Botucatu, no interior de São Paulo, em uma loja de móveis.[27]

Fundada em 1954, a Neiva, futura integrante da família Embraer, adquiriu os direitos do Paulistinha em 1955 e alcançou sucesso comercial na década de 1960. No final da década anterior, o Paulistinha P-56, uma versão do modelo ligeiramente revista pela Neiva, era a única aeronave completamente projetada e produzida em série no Brasil.[28] Na condição de estudante de engenharia, Ozires ajudou a elaborar o manual de voo do veterano Paulistinha.[29]

Construindo Instituições Nacionais

Já em 1918 Santos-Dumont defendera a criação de "uma escola [de aviação] de verdade num campo adequado. ... Os alunos precisam dormir junto à escola, ainda que para isso seja necessário fazer instalações adequadas". Ele considerava como local interessante para abrigar uma instituição desse tipo "a faixa margeando a linha da Central do Brasil, especialmente nas imediações de Mogi das Cruzes".[30]

Mogi das Cruzes está situada no estado de São Paulo, a menos de 40 quilômetros de São José dos Campos. O curioso é que Casimiro Montenegro Filho, responsável por liderar os esforços para abrir uma instituição de ensino especializada em São José dos Campos, jurou que só tinha tomado conhecimento da avaliação de Santos-Dumont anos após a sua instituição estar em funcionamento.[31]

Montenegro Filho nasceu dois anos antes do famoso voo de Santos-Dumont no *14-bis*. Entrou para o Exército muito jovem, servindo como piloto durante os primeiros e heróicos dias da aviação no

Casimiro Montenegro Filho worked closely with Richard Smith, then head of Massachusetts Institute of Technology's (MIT) aeronautics department, to pave the way for the Aerospace Technical Center (Centro Técnico da Aeronáutica; CTA). World-renowned architect Oscar Niemeyer designed the campus, shown here under construction.

Casimiro Montenegro Filho trabalhou junto a Richard Smith – que, na ocasião, dirigia o Departamento de Aeronáutica do Massachusetts Institute of Technology (MIT) – preparando o terreno para o Centro Técnico de Aeronáutica (CTA). O mundialmente famoso arquiteto Oscar Niemeyer projetou o campus, mostrado aqui durante a construção.

An aerial view of Embraer's early beginnings in São José dos Campos. When Montenegro Filho led a group of visitors and prospective supporters to the once rural town of São José dos Campos in the early 1940s, he showed them an aerial photographic map of this same area, then a vast plain where he hoped to build an educational facility specializing in aviation.

Vista aérea da sede da Embraer em seu estágio inicial, São José dos Campos. Quando Montenegro Filho levou um grupo de visitantes e possíveis financiadores à pequena São José dos Campos no começo dos anos 1940, mostrou-lhes um mapa aerofotogramétrico dessa mesma área, então uma vasta planície, onde pretendia construir um centro de ensino especializado em aviação.

the rights to the Paulistinha in 1955 and rode its commercial success into the 1960s. At the end of the 1950s, Neiva's slightly revised version of the model, the Paulistinha P-56, represented the only aircraft completely designed and produced in series in Brazil at the time.[28] As an engineering student, Ozires Silva helped prepare a flight manual for the venerable Paulistinha.[29]

Building National Institutions

As far back as 1918, Santos-Dumont had argued for the creation of "a real [aviation] school in an appropriate place. ... The students should sleep near the school, even if it is necessary to build adequate accommodations." He considered a promising site for such an institution "along the margins of the Central do Brasil railway, notably in the region near Mogi das Cruzes."[30]

Mogi das Cruzes lies in the state of São Paulo, less than 40 kilometers from São José dos Campos. Interestingly, Casimiro Montenegro Filho, responsible for leading the effort to open a specialized educational institution in São José dos Campos, swore he had only learned of Santos-Dumont's evaluation years after his institution was in place.[31]

Montenegro Filho was born two years before Santos-Dumont's famous flight aboard the *14-bis*. As a young man, he embarked on a career in the Brazilian Army, serving as a pilot during the daring early days of aviation. A legendary aviator who blazed the trails for Brazil's airmail service (Correio Aéreo Nacional; CAN) in the 1930s, Montenegro Filho transferred to the Brazilian Air Force when it was founded alongside the Aeronautics Ministry in 1941.[32] Montenegro Filho returned to study at mid-career, after the military opened an aeronautical engineering training program. By 1943, he had been appointed to lead the ministry's materials division. It was in that capacity that he visited the United States to discuss supplies.

Montenegro Filho made a scheduled visit to Wright Field in Ohio, and then, at the suggestion of a colleague, made a side trip to the Massachusetts Institute of Technology (MIT) in Boston. Suitably impressed, when Montenegro Filho returned to Brazil, he launched a campaign to create an educational institution modeled after MIT's department of aeronautical engineering.

Within a few short years, Montenegro Filho was poised to realize his dream. He led a group of fellow officers to the remote town of São José dos Campos, where the campus would be built. Cosme Degenar Drummond, author of *Asas do Brasil: Uma História que Voa pelo Mundo* (*Wings*

Brasil. Aviador lendário que efetuou o primeiro voo do Correio Aéreo Nacional na década de 1930, Montenegro Filho transferiu-se para a Força Aérea Brasileira, fundada, juntamente com o Ministério da Aeronáutica, em 1941.[32] Retornou retornou aos estudos quando já estava na metade de sua trajetória profissional, depois que os militares instituíram um programa de treinamento em engenharia aeronáutica. Em 1943, foi designado para chefiar a Divisão de Material do Ministério. Foi por conta do exercício desse cargo que ele visitou os Estados Unidos para negociar o fornecimento de materiais.

Montenegro Filho efetuou uma visita previamente agendada à base aérea de Wright Field, em Ohio, nos Estados Unidos, e depois, por sugestão de um colega, aproveitou para conhecer o Massachusetts Institute of Technology (MIT), em Boston. Bem impressionado, quando do retorno ao Brasil, Montenegro Filho lançou uma campanha para criar uma instituição de ensino nos moldes do Departamento de Aeronáutica do MIT.

Em poucos anos, Montenegro Filho estava em condições de concretizar seu sonho. À frente de um grupo de oficiais amigos, dirigiu-se à remota cidade de São José dos Campos, onde seria construído o campus. Cosme Degenar Drummond, autor de *Asas do Brasil: uma história que voa pelo mundo*, assim descreve uma das primeiras reuniões do grupo:

> *Acocorados em volta de uma carta aerofotogramétrica, os visitantes ouviram-no falar sobre o projeto. Ora ele apontava para um determinado ponto na carta, ora para a vasta planície, buscando precisar os locais onde seriam instalados o túnel aerodinâmico, o laboratório de motores, a vila dos professores, o prédio da administração, o alojamento dos alunos, a reitoria, as indústrias e o aeroporto. Ao fim da explanação, enrolou a carta e acompanhou a comitiva até a porta do avião que a levaria de volta ao Rio de Janeiro. O último oficial a embarcar no C-47 militar, um coronel aviador, líder do grupo, ao chegar no alto da escada do avião despediu-se dele de forma irreverente: "Até a vista, Júlio Verne!"*[33]

Richard Smith, que então dirigia o Departamento de Aeronáutica do MIT, aceitou o convite de Montenegro Filho para ajudar a planejar e a instalar um centro de ensino e de pesquisa no Brasil. Juntos, desenvolveram o Plano Smith-Montenegro, que contribuiu para pavimentar o caminho para as duas instituições nacionais planejadas—o Centro Técnico de Aeronáutica (CTA) e o Instituto Tecnológico de Aeronáutica (ITA). O CTA seria mais tarde rebatizado Centro Técnico Aeroespacial, em 1971, Comando-Geral de Tecnologia Aeroespacial, em 2006, e Departamento de Ciência e Tecnologia Aeroespacial (DCTA), a partir de 2009. O mundialmente famoso arquiteto Oscar Niemeyer, que mais tarde seria um dos arquitetos responsáveis por Brasília, foi selecionado para projetar o campus. A firma de Niemeyer conseguiu o contrato baseado em critérios técnicos, mas o presidente Eurico Dutra vetou sua indicação porque o arquiteto era membro do Partido Comunista. Montenegro Filho, contudo, acreditava firmemente que, se Niemeyer era o candidato mais qualificado para o trabalho, deveria assumi-lo, a despeito de suas crenças políticas. Ele pediu então a Niemeyer para encontrar um arquiteto não comunista que se dispusesse a assinar os desenhos, e o presidente Dutra nunca teve ciência do fato.[34]

Os trabalhos relativos à instalação do CTA começaram em 1946, e o ITA, inaugurado em 1950, tornou-se seu primeiro instituto. Smith foi o primeiro reitor. Ele e Montenegro Filho contrataram professores de renome em todo o mundo. Os primeiros docentes incluíam profissionais de 16 países diferentes.

O mais conhecido dos professores visitantes era o engenheiro alemão Heinrich Focke, cofundador da Focke-Wulf Flug-

A trip to MIT inspired legendary airmail pilot Montenegro Filho to press for the creation of Brazil's first educational aviation institute. His dream became a reality in 1946 with the creation of the Aeronautical Technical Center (Centro Técnico de Aeronáutica; CTA).

Uma visita ao MIT inspirou o renomado piloto do Correio Aéreo Montenegro Filho a pressionar pela criação do primeiro instituto de ensino aeronáutico do Brasil. Seu sonho tornou-se realidade em 1946, com a criação do Centro Técnico de Aeronáutica (CTA)

This page: The Convertiplano, a hybrid between a helicopter and a fixed-wing aircraft, was designed by German engineer and professor Heinrich Focke in 1952 in conjunction with CTA technicians. He began working on the Convertiplano within his first year at the CTA campus.

Esta página: O Convertiplano, um híbrido de helicóptero e avião de asa fixa, foi projetado, em 1952, pelo engenheiro e professor alemão Heinrich Focke, juntamente com os técnicos do CTA. Ele começou a trabalhar no projeto do Convertiplano durante o seu primeiro ano no campus do CTA.

of Brazil: A Story that Flies for the World), described one of their early meetings:

> *Squatting around an aerial photographic map, the visitors listened to [Montenegro Filho] talk about the project. He'd point to a spot on the map or on the horizon of the vast plain, trying to pinpoint the places where the aerodynamic tunnel, engine laboratory, faculty housing, administrative building, student housing, dean's office, industrial facilities, and airport would be located. At the end of the explanation, he rolled up the map and followed the group to the plane that would take them back to Rio de Janeiro. The last officer to board the C-47 military aircraft, a colonel, pilot, and leader of the group, turned around as he reached the top of the stairway to say goodbye [and said] in an irreverent tone, "See ya later, Jules Verne!"*[33]

Richard Smith, then head of MIT's aeronautics department, accepted Montenegro Filho's invitation to help plan and establish an educational and research center in Brazil. Together they developed the Smith-Montenegro Plan, which helped pave the way for two proposed national institutions—the Aeronautical Technical Center (Centro Técnico de Aeronáutica; CTA) and the Aeronautical Institute of Technology (Instituto Tecnológico de Aeronáutica; ITA). The CTA would later be renamed the Aerospace Technical Center (Centro Técnico Aeroespacial) in 1971, the Aerospace Technology General-Command (Comando-Geral de Tecnologia Aeroespacial) in 2006, and the Department of Science and Aerospace Technology (Departamento de Ciência e Tecnologia Aeroespacial; DCTA) as of 2009. World famous architect Oscar Niemeyer, who would serve as the principal architect of the city of Brasília, was selected to design the campus. Niemeyer's firm won the contract based on technical criteria, but Brazilian President Eurico Dutra vetoed his selection because the architect was a member of the Communist Party. Montenegro Filho, however, firmly believed that if Niemeyer was the most qualified candidate for the job, he should get it regardless of his political beliefs. He told the architect to find a non-Communist architect to sign the paperwork, and President Dutra never noticed his sleight of hand.[34]

Work toward the establishment of the CTA began in 1946, and the ITA, inaugurated in 1950, became its first institute. Smith served as the first dean. He and Montenegro Filho recruited top professors from around the world. The early faculty included individuals from 16 nations.

The most well-known of the visiting scholars was German engineer Heinrich Focke, cofounder of the Focke-Wulf Flugzeugbau, which manufactured the FW-190, one of the best fighter aircraft of World War II, as well as Focke-Achgelis, manufacturer of the first fully controllable helicopter. Focke accepted the CTA's invitation to join the program in 1951, and within

The BF-1 Beija-flor (*Hummingbird*) took to the skies for the first time on January 1, 1959.

zeugbau, que fabricou o FW-190, um dos melhores aviões de combate da Segunda Guerra Mundial, e da Focke-Achgelis, fabricante do primeiro helicóptero completamente controlável. Em 1951, Focke aceitou o convite do CTA para participar do programa, e em um ano começou a trabalhar no seu projeto favorito—um híbrido de avião e helicóptero conhecido como Convertiplano. Em meados de 1953, cerca de 50 pessoas no campus do CTA estavam envolvidas nesse projeto.[35] No entanto, no final do ano, os recursos escassearam, e o projeto foi discretamente colocado de lado.[36] Em 1956, Focke passou a se dedicar ao projeto do BF-1, o helicóptero Beija-flor. Projeto de sua própria lavra, o Beija-flor tinha como atributo um motor Continental E225 com 225 Hp. O primeiro voo do protótipo aconteceu em 1° de janeiro de 1959, mas, durante um voo de teste realizado mais tarde, o Beija-flor sofreu avarias, e o projeto foi abandonado.[37]

A despeito de ambos os programas experimentais não terem sido bem-sucedidos, o trabalho de desenvolvimento do Convertiplano e do Beija-flor plantou as sementes para futuras iniciativas. No início da década de 1960, a influência do CTA e do ITA seria determinante para a criação de um núcleo de pessoal qualificado e de pequenas firmas de engenharia em São José dos Campos. Em 1960, a Neiva transferiu para lá suas instalações de projeto, tendo à frente o bem-relacionado engenheiro Joseph Kovács. Durante esse período, a Neiva desenvolveu dois aviões—o Neiva U-42 Regente, o primeiro avião brasileiro totalmente metálico, e o avião de instrução T-25 Universal. O Universal pode ser considerado o precursor do futuro EMB 312 Tucano da Embraer, igualmente projetado por uma equipe liderada por Kovács.[38]

Outras empresas aeronáuticas foram fundadas na área por ex-alunos do ITA, entre as quais a Avibras, na época uma empresa aeronáutica iniciante e que mais à frente viria a crescer como importante fornecedor de produtos de defesa. A Aerotec, com o projeto do avião de instrução Uirapuru, foi outra empresa a se instalar no local.[39] Todavia, segundo Ozires Silva, a indústria aeronáutica do país continuava a enfrentar dificuldades:

> *O Brasil foi capaz de criar uma excelente escola para treinar engenheiros aeronáuticos, e todas essas [firmas] foram o resultado dos esforços empreendidos por engenheiros formados pelo ITA, que, de uma maneira ou de outra, estavam tentando construir aviões no Brasil. Ainda*

O BF-1 Beija-flor ganhou os céus pela primeira vez em 1° de janeiro de 1959.

It took two years to develop the first Bandeirante prototype. Despite the seemingly insurmountable challenge of designing a new aircraft without the necessary funding and with only limited access to equipment and computers, engineer Max Holste led his team to success.

Foram necessários dois anos para desenvolver o primeiro protótipo do Bandeirante. A despeito do desafio, aparentemente insuperável, de projetar um novo avião sem os recursos necessários e com um limitado acesso a equipamentos e computadores, o engenheiro Max Holste logrou comandar sua equipe com sucesso.

a year he had begun work on his pet project—a hybrid between an airplane and a helicopter known as the Convertiplano. By mid-1953, about 50 people at the CTA campus busied themselves with the project.[35] However, by the end of the year, resources dwindled and the project was quietly shelved.[36] By 1956, Focke had moved on to the BF-1 Beija-flor (*Hummingbird*) helicopter. His own original design, the Beija-flor featured a 225-horsepower Continental E225 engine and a centrally mounted short-rotor pylon coupling. The first flight of the prototype was on January 1, 1959, but during a later test flight, the Beija-flor was damaged and the project was abandoned.[37]

Although both experimental programs failed to succeed, the development work on the Convertiplano and the Beija Flor planted the seeds for future endeavors. By the early 1960s, the influence of the CTA and ITA would create a cluster of qualified personnel and small engineering firms in São José dos Campos. In 1960, Neiva moved his design facility to the area, led by the well-connected engineer Joseph Kovács. During this period, Neiva developed two aircraft—the Neiva U-42 Regente, the first all-metal Brazilian aircraft, and the T-25 Universal trainer. The Universal could be considered the ancestor of the future Embraer EMB-312 Tucano, which was also designed by a team led by Kovács.[38]

Other aviation companies in the area were founded by ITA alumni, such as Avibrás, a fledgling aeronautics firm at the time that would grow into a major defense contractor. Aerotec, with its Uirapuru trainer project, was another new local firm.[39] However, according to Ozires, the country's aviation industry continued to struggle:

> *Brazil had been able to create an excellent school to train aeronautical engineers, and all of these [firms] were the results of efforts by ITA engineering graduates who, in one way or another, were trying to build airplanes in Brazil. Even so, in one way or another, the problem was still the same. None of these companies enjoyed good financial health, and they all depended on government contracts for their survival.*[40]

Enter the Bandeirante

Ozires was born in 1931, the year Montenegro Filho piloted the inaugural flight of Brazil's airmail service from Rio de Janeiro to São Paulo. Ozires joined the Air Force and earned an engineering degree at the ITA.

assim, de um modo ou de outro, o problema ainda era o mesmo. Nenhuma dessas companhias gozava de boa saúde financeira e todas elas dependiam de contratos com o governo para poder sobreviver.[40]

O Bandeirante Entra em Cena

Ozires Silva nasceu em 1931, ano em que Montenegro Filho pilotou o voo inaugural do Correio Aéreo Nacional (CAN), entre o Rio de Janeiro e São Paulo. Ozires entrou na Força Aérea e se diplomou em engenharia pelo ITA.

Após a formatura, Ozires ingressou no Instituto de Pesquisa e Desenvolvimento (IPD), do CTA. Relativamente jovem, com pouco mais de 30 anos, foi promovido a chefe de departamento em 1964. Nesse cargo, ficou à frente do desenvolvimento e da construção do protótipo daquele que seria mais tarde, em meados da década de 1970, o primeiro avião da Embraer—o IPD-6504, posteriormente conhecido como Bandeirante.[41]

Em março de 1965, às 21 horas de uma noite do início de outono, o telefone de Ozires tocou. Era Neiva quem estava na linha. Ele e seu engenheiro-chefe, Joseph Kovács, queriam que Ozires conhecesse alguém muito importante naquela mesma noite. Ozires declinou do convite, alegando uma agenda cheia na manhã seguinte, mas Neiva insistiu. Max Holste teria de partir no dia seguinte.

O francês Holste ganhara grande prestígio entre os engenheiros aeronáuticos por conta dos projetos do Broussard, monomotor de asa alta usado na guerra da Argélia, e do Super Broussard, bimotor turboélice para o transporte de passageiros. Depois de deixar a França, como diria a Ozires, havia decidido dar início a um projeto no Brasil. No decorrer da conversa, que se estendeu até as primeiras horas da manhã, Ozires convidou-o para participar do desenvolvimento de um novo avião no CTA.

Uma pesquisa de mercado realizada pelo CTA revelara a existência de um espaço em um segmento de mercado que mais tarde seria conhecido como rotas aéreas regionais.[42] A pesquisa também revelara que as linhas aéreas serviam a apenas 45 comunidades brasileiras na década

Originally known as the IPD-6504, CTA director Paulo Victor da Silva renamed the prototype the Bandeirante, which means "pioneer" in Portuguese.

O diretor do CTA, Coronel Paulo Victor da Silva, rebatizou como "Bandeirante" o protótipo originalmente conhecido como IPD-6504.

A Giant: Paulo Victor da Silva

O Gigante Paulo Victor da Silva

Air Force General Paulo Victor da Silva was born on October 10, 1921, in the state of Pará. Early on, he became an aviation enthusiast, entering the Aeronautics School in Campos dos Afonsos, Rio de Janeiro, and graduating from the Aeronautics Technical Institute (ITA) in 1953.

In May 1966, this well-known Brazilian Air Force officer was named by then Minister of Aeronautics Eduardo Gomes to head up the CTA. At that time, the CTA and ITA were in conflict with each other and then Col. Paulo Victor da Silva came to smooth the relationship between the institutions. He was soon fascinated by the IPD-6504 project, and made every effort to get internal and external support, especially from the upper echelons of the Aeronautics Ministry, and the finances to make the enterprise a reality.

Despite his restless and combative temperament, he always listened to his immediate aides and unhesitatingly supported them. When Ozires returned from the United States, in September

O Tenente-Brigadeiro-do-Ar Paulo Victor da Silva nasceu em 10 de outubro de 1921, no estado do Pará. Desde cedo entusiasmou-se pela aviação. Ingressou na Escola de Aeronáutica no Campos dos Afonsos, no Rio de Janeiro, e formou-se pelo ITA em 1953.

Oficial conhecido na Forca Aérea Brasileira (FAB), em maio de 1966 foi designado pelo então Ministro da Aeronáutica Eduardo Gomes para a Direção Geral do CTA. Na ocasião, o clima entre o CTA e o ITA era de crise, e o Coronel Paulo Victor veio apaziguar o relacionamento entre as instituições. Logo apaixonou-se pelo projeto IPD-6504, e não mediu esforços para conseguir apoio interno e externo, principalmente junto aos escalões superiores do Ministério da Aeronáutica, assim como recursos financeiros para viabilizar o empreendimento.

Apesar do seu temperamento irrequieto e guerreiro, sempre soube ouvir seus auxiliares imediatos e apoiá-los sem hesitação. Quando Ozires regressou dos Estados Unidos, em setembro de 1966, o

After graduating, Ozires joined the CTA's Institute of Research and Development (Instituto de Pesquisa e Desenvolvimento; IPD). Though still in his early 30s, he was promoted to department chief in 1964. From that position, he led the drive to develop and produce the prototype of what would later become Embraer's first aircraft in the mid-1970s—the IPD-6504, later known as the Bandeirante.[41]

At 9 P.M. on an early autumn night in March 1965, Ozires' phone rang. Neiva was calling. He and his company's chief engineer, Joseph Kovács, wanted Ozires to meet someone very important that very night. Ozires begged off, citing a full schedule the next morning, but Neiva insisted. Max Holste was scheduled to leave the next day.

Holste, a French native, had gained great fame among aeronautical engineers for his designs of the Broussard, a single-engine, high-wing aircraft used in the Algerian War, and the Super Broussard, a twin-engine turboprop passenger plane. After leaving France, he would explain to Ozires, Holste decided to undertake a project in Brazil. As the conversation wore on

1966, Col. Paulo Victor brought him back to head up the Aircraft Department (PAR) and, therefore, the IPD-6504, project.

Wherever there were funds available within the Ministry, he was there, pleading for them to be transferred to the CTA. He tirelessly put all of his prestige, enthusiasm, and power of persuasion into the battle.

Together with Ozires, Ozílio and his direct aides at the CTA, such as Col. Renato José da Silva and Lt. Col. Nogueira, and others, he made the project feasible by solving the crucial financial problem and many others inherent to the government agencies.

During his time at the head of the CTA (1966 to 1973), Col. Paulo Victor da Silva believed in and supported the creation of the Brazilian aeronautics industry, and initiated space research in Brazil. His administration was marked by the first flight of the Bandeirante airplane, which culminated in the creation of Embraer. He was a giant in his work and spirit.

He was promoted to Air Force General on March 31, 1979, when he took over the Brazilian Air Force Logistic and Support Command (Comando Geral de Apoio da FAB; COMGAP), and held that position until he retired in March 1981.

Cel. Paulo Victor reconduziu-o à chefia do PAR e portanto do projeto IPD-6504.

Onde havia, dentro do ministério, uma verba disponível, lá estava ele pleiteando a transferência para o CTA. Foi incansável nessa batalha na qual empenhou todo o seu prestígio, entusiasmo e capacidade de convencimento.

Juntamente com Ozires, Ozilio e seus auxiliares diretos no CTA, como o Cel. Renato José da Silva e o Ten. Cel. Nogueira, entre outros, ele tornou viável o projeto resolvendo o problema crucial dos recursos financeiros e muito outros, próprios dos órgãos da administração direta. Foi um gigante pelo trabalho e espírito.

Durante o período em que dirigiu o CTA (1966 a 1973), o Cel. Paulo Victor da Silva acreditou e apoiou a criação da indústria Aeronáutica Brasileira e deu início à pesquisa espacial no Brasil. Sua gestão foi marcada pela realização do primeiro voo do avião Bandeirante, que culminou com a criação da Embraer.

Foi promovido a Tenente-Brigadeiro-do-Ar em 31 de março de 1979, quando assumiu o Comando Geral do Apoio (COMGAP), cargo que exerceu até deixar o serviço ativo, em março de 1981.

1960, em comparação com 360 da década anterior. A expectativa de Ozires e de seus colegas era de que haveria mercado para uma pequena aeronave de passageiros turboélice suficientemente robusta para o grande número de pistas sem pavimentação existentes no país.[43]

O projeto do IPD-6504, designação inicial do projeto, tinha como foco a simplicidade. Suas principais características eram o grupo turbopropulsor equipado com dois motores turboélice Pratt & Whitney Canada PT6A-20, asas baixas metálicas, trem de pouso retrátil do tipo triciclo, com um peso máximo de decolagem de 4.500 quilos. Holste, que tinha décadas de experiência em engenharia, comandava a equipe.

Os trabalhos de montagem começaram em 1966. Sem dispor de orçamento próprio, o dinheiro destinado ao IPD-6504 foi canalizado de diversos outros projetos concorrentes.[44] Desde o início, os problemas práticos, burocráticos e financeiros pareceram insuperáveis. O único computador do CTA, localizado a três quilômetros de distância, nas instalações do ITA, estava sempre sobrecarregado por estudantes e engenheiros durante todo o dia. Mas a

into the early morning hours, Ozires invited him to help develop a new aircraft at the CTA.

The CTA's market research showed that a vacancy existed in a market segment in what would later become known as "feeder lines."[42] The research also revealed that airlines served just 45 Brazilian communities by the 1960s, compared with 360 a decade earlier. Ozires and his colleagues expected that a small turboprop passenger aircraft robust enough to weather Brazil's many unpaved runways would find a market.[43]

The design of the IPD-6504, its initial project designation, focused on simplicity. It featured two Pratt & Whitney Canada PT6A-20 turboprop engines, metallic low wings, and retractable tricycle landing gear, with a maximum takeoff weight of 4,500 kilograms. Holste, who had decades of engineering experience, led the team.

Assembly work began in 1966. Without its own budget, money for the IPD-6504 was funneled from several other concurrent projects.[44] From the start, the practical, bureaucratic, and funding problems seemed insurmountable. The CTA's only computer, 3 kilometers away at ITA headquarters, was constantly overbooked with students and engineers throughout the day. Yet, the IPD-6504 team persevered, piling into a Volkswagen van and driving to the nearby ITA campus to pull all-nighters. According to Ozires, the lessons learned during those early experiences, struggling against long odds, proved invaluable to the future of Embraer.[45]

Despite the many obstacles, Ozires and his team were determined not to allow their project to become just another prototype. "We had to show, right from the start, that we were capable of setting goals and meeting deadlines," he recalled.

National Aviator Day, October 23, 1968, was suggested as a target deadline, but to avoid getting lost in the pomp and circumstance of a national holiday, Ozires and his team chose the following Sunday, October 27. To meet the goal, they worked double shifts and overtime.[46] The looming deadline also brought to light an issue that had already been under consideration. The name IPD-6504 never felt right to Ozires and his team. They devised a contest to choose the official name of the aircraft, but in the end, CTA Director Col. Paulo Victor da Silva came up with the name Bandeirante, a term used to designate Brazil's early land settlers in the 17th century. By doing so, he wanted to draw a parallel between the roles of the early pioneers and the new aircraft model for the conquest and integration of the vast Brazilian territory.[47]

The official launch took place before a crowd of witnesses that included the Brazilian Air Force minister and the governor of São Paulo. With the aircraft ready a week ahead of schedule, a precautionary test flight seemed prudent.

Although originally intended as a secret flight, word traveled fast, and family, friends, and colleagues began gathering near an unpaved runway on the morning of October 22. Team members spent the night in the hangar, waiting for dawn and hoping the rainy weather would improve. "I noticed that the employees, the common workers, were scared," recalled Ozires. "They weren't sure that what they'd done would work."

Thankfully, the rain stopped, the sun came out, and the damp but well-drained runway was pronounced fit for flight. After a quick taxi down the runway, test pilot Maj. José Mariotto Ferreira and flight engineer Michel Cury pulled the Bandeirante into position. The takeoff was short, as expected, and quickly the plane began gaining altitude. According to Ozires, in unison, the onlookers raised their arms in the air "to commemorate a moment that was ours alone."[48]

equipe do IPD-6504 não desistiu. Lotando uma perua Kombi, dirigiam-se até o campus do ITA e viravam noites. Segundo Ozires, as lições aprendidas durante aquelas experiências iniciais, lutando contra todas as probabilidades, mostrariam ser de valor incalculável para o futuro da Embraer.[45]

A despeito dos muitos obstáculos, Ozires e sua equipe estavam determinados a não permitir que o projeto se tornasse apenas um outro protótipo. "Tínhamos de mostrar, desde o início, que éramos capazes de definir metas e cumprir prazos", recorda.

Para o primeiro voo, o Dia do Aviador, em 23 outubro de 1968, foi sugerido como o prazo final, mas, para evitar que houvesse a coincidência com a pompa e circunstância de uma data nacional, Ozires e sua equipe optaram pelo domingo seguinte, 27 de outubro de 1968. Para poder cumprir com o objetivo, trabalharam em turnos dobrados e em horários estendidos.[46] O ameaçador prazo final também colocava em evidência uma questão que já vinha sendo levada em consideração. O nome IPD-6504 nunca soara bem para Ozires e sua equipe. Organizaram então um concurso para escolher o nome oficial do avião, mas, no final, o diretor do CTA, Coronel Paulo Victor da Silva, apareceu com o nome Bandeirante, termo usado para designar os primeiros desbravadores do Brasil, no século XVII. Com isso, Paulo Victor quis estabelecer um paralelo entre o papel dos antigos pioneiros e o do novo modelo de avião para a conquista e a integração do vasto território brasileiro.[47]

A apresentação oficial teve lugar diante de uma plateia numerosa que incluía o ministro da Aeronáutica e o governador de São Paulo. Com o avião pronto uma semana antes do prazo, a realização de um voo de prova preventivo tornava-se recomendável.

Embora tenha sido concebido originalmente como um voo secreto, a notícia circulou rapidamente e, assim, na manhã de 22 de outubro, familiares, amigos e colegas começaram a se reunir na pista do CTA, à época ainda não pavimentada. Os membros da equipe passaram a noite no hangar, esperando pelo amanhecer, na expectativa de que o tempo chuvoso melhorasse. "Percebi que os empregados, os trabalhadores mais simples, estavam com medo", relembra Ozires. "Eles não tinham certeza de que o que tinham feito de fato funcionaria".

Felizmente, a chuva parou, o sol apareceu, e a pista, ainda úmida, mas bem drenada, foi declarada em condições para o voo. Após um rápido táxi na pista, o piloto de teste Major-Aviador José Mariotto Ferreira, acompanhado do engenheiro de voo Michel Cury, colocou o Bandeirante em posição. A decolagem, como esperado, foi curta, e o avião começou a ganhar altura rapidamente. De acordo com Ozires, os espectadores ergueram os braços, todos a uma só vez, "para comemorar um momento que era só nosso".[48]

AQUI SERÁ FABRICADO
BANDEIRANTE

CHAPTER II CAPÍTULO

The Birth of Embraer

A Gênese da Embraer

1968–1975

Mr. President ... there is a provision in the Brazilian legislation that makes it possible for the government to create a corporation in partnership with the private sector. We can start with the state, then we can privatize. What do you think?

—Air Force Major Ozires Silva,
Embraer's first CEO[1]

Sr. Presidente ... há um dispositivo na legislação brasileira que permite ao governo criar uma empresa em parceria com o setor privado. Podemos começar com o Estado, e depois privatizar. O que o senhor acha?

—Major da Aeronáutica
Ozires Silva, primeiro diretor
superintendente da Embraer[1]

Convincing the Brazilian military government to create an aircraft manufacturing corporation took a substantial effort. While the government supported continued research, the military had only been in power since 1964, after a coup against President João Goulart in response to his leftist leanings and lack of authority. Starting up a government-backed aviation company was not a priority.

Brazil's richest private investors also had no desire to run the risk of funding further development of the Bandeirante prototype. However, an influential few in Brazil believed it was good national policy to have a homegrown aviation industry that could create high-tech employment opportunities and an export-focused segment of the economy valued at tens of millions of dollars. A domestic focus on aviation also offered Brazil the ability to wean itself off costly military imports.

Since the beginning, the successful Bandeirante prototype served to inspire Brazil's aviation ambitions. However, much more work had to be done on the first Bandeirante prototype.

Those in the Air Force and at the Aerospace Technical Center (Centro Técnico Aeroespacial) who believed that Brazil could develop a serious aircraft manufacturing

Convencer o governo militar brasileiro a criar uma empresa fabricante de aeronaves requereu um esforço significativo. Embora o governo apoiasse o prosseguimento de pesquisas, os militares estavam no poder havia pouco tempo, desde 1964, após um golpe contra o presidente João Goulart, como resposta às suas inclinações esquerdistas e à sua falta de autoridade. Iniciar uma nova companhia estatal de aviação não era prioridade.

Os investidores privados mais ricos do Brasil também não manifestavam nenhuma vontade de correr o risco de financiar novos desdobramentos, na sequência ao protótipo do Bandeirante. Todavia, um pequeno número de pessoas influentes acreditava que seria uma boa política para o país contar com uma indústria aeronáutica doméstica que pudesse criar oportunidades de emprego, envolvendo alta tecnologia e um segmento da economia focado em exportações, avaliado em dezenas de milhões de dólares. Um enfoque doméstico na aviação também oferecia ao Brasil a possibilidade de se livrar de dispendiosas importações militares.

Desde o início, o bem-sucedido protótipo do Bandeirante serviu de motivação às ambições do Brasil no campo da aviação. No entanto, ainda havia muito trabalho a

Opposite: A sign placed at the location of Embraer's future headquarters. The sign reads: The Bandeirante will be manufactured here.

Oposto: Placa instalada no local onde seria a futura sede da Embraer.

Right: Ozires Silva served as the first CEO at Embraer. He firmly believed that the success of a homegrown aviation industry would benefit the entire country of Brazil.

Below: According to future CEO Ozílio Carlos da Silva (no relation to Ozires Silva), during Embraer's early years, dedicated employees worked tirelessly while facing severe budgetary constraints.

Acima: Ozires Silva foi o primeiro diretor superintendente da Embraer. Ele acreditava firmemente que o sucesso da indústria aeronáutica nacional seria benéfica para o país.

À direita: De acordo com o futuro diretor superintendente Ozílio Carlos da Silva (nenhuma relação de parentesco com Ozires Silva), nos primeiros anos, os dedicados empregados da Embraer trabalharam sem descanso, mesmo enfrentando pesadas restrições orçamentárias.

industry nevertheless remained cautious about government involvement. As future CEO Ozilío Carlos da Silva explained:

The first reaction of the government was, "You must find private investors to build this. We know the airplane is fantastic, but no way is the government getting involved in this."

We went to São Paulo and made presentations, but building airplanes, as a business, was not known in Brazil at all. It was difficult to convince industrialists in Brazil to put money into this.[2]

After the first test flight of the FAB (Força Aérea Brasileira) 2130 Bandeirante prototype in October 1968, Ozires lobbied the federal government, as well as private investors, in the hope of obtaining the estimated US$150 million it would cost to start serial production. According to Ozires, by May 1969, seven months after the maiden flight of the first Bandeirante, he had exhausted all of his resources in the business community.

A Lucky Day

One Sunday in May 1969, an air traffic controller phoned Ozires, who was in

São José dos Campos, with some interesting news. The military president of the country, Arthur da Costa e Silva, was trying to fly out of Rio de Janeiro to a town near São José dos Campos, but the airport was closed due to extreme fog. Ozires recalled the relevance of that chance encounter:

He had to land on our [CTA] airstrip, and we were together for about one hour. I did the best brainwashing of my life. I imagined that he was thinking, "What kind of thing is he trying to sell me?"

But I went ahead. I described to him what I thought Embraer would look like in the future, making different aircraft, selling them to the world. I told him we went to the private sector first, and why I thought foreign capital would be a bad idea. Then I told him, "Mr. President ... there is a provision in the Brazilian legislation that makes it possible for the government to create a corporation in partnership with the private sector. We can start with the State, then we can privatize. What do you think?"[3]

Costa e Silva returned to Brasília and spoke with Aeronautics Minister Márcio de

ser feito no primeiro protótipo do Bandeirante.

Aqueles que na Força Aérea Brasileira (FAB) e no Centro Técnico Aeroespacial (CTA) acreditavam que o Brasil pudesse desenvolver uma importante indústria de fabricação de aeronaves, permaneciam cautelosos, entretanto, em relação à participação governamental. Como explicou o futuro diretor superintendente, Ozílio Carlos da Silva:

> *A primeira reação do governo foi: "Vocês precisam encontrar investidores privados para construir isso. Sabemos que o avião é fantástico, mas de maneira alguma o governo irá se envolver."*
>
> *Fomos para São Paulo e fizemos apresentações, mas construir aviões, como negócio, era algo completamente desconhecido no Brasil. Foi difícil convencer os industriais brasileiros a colocar dinheiro nisso.*[2]

Após o primeiro voo de teste do protótipo do Bandeirante registro FAB 2130, em outubro de 1968, Ozires trabalhou junto ao governo federal e a investidores privados, na esperança de obter os estimados US$150 milhões necessários para o início da produção seriada. De acordo com Ozires, em maio de 1969, sete meses depois do voo inaugural do primeiro Bandeirante, ele havia esgotado todos os seus argumentos junto à comunidade empresarial.

Um Dia de Sorte

Num domingo de maio de 1969, um controlador de tráfego aéreo telefonou para Ozires, que se encontrava em São José dos Campos, com uma novidade interessante. O presidente do país, Marechal Arthur da Costa e Silva, estava tentando voar do Rio de Janeiro para uma cidade próxima a São José dos Campos, mas o aeroporto estava fechado devido a intenso

The Bandeirante prototype leaves the hangar for the first time on October 22, 1968.

O protótipo do Bandeirante deixa o hangar pela primeira vez em 22 de outubro de 1968.

DESIGNING THE BANDEIRANTE

PROJETANDO O BANDEIRANTE

IN 1965, FAMOUS FRENCH ENGINEER MAX Holste visited Brazil in search of a new project.[1] Ozires Silva, an aviation pioneer in his own right, offered Holste an opportunity to lead a team of Aeronautical Technology Institute (Instituto Tecnológico de Aeronáutica; ITA) engineers toward his goal of creating a brand-new twin-engine passenger plane—the IPD-6504. According to Ozires' memoirs, the first Bandeirante project proposal did not include any requests for funding, but that did not quell the excitement of the engineers.

It took three years to make the first prototype, named Bandeirante. Due to a severe shortage of funds, much of the early work on the project involved rudimentary practices such as hammering steel by hand.[2] However, the challenges did little to deter the team. As Antonio Garcia da Silveira, one of Embraer's first directors, explained, "Max [Holste] said, 'Let's work quickly while they are not taking us seriously.' And we did. Day and night."[3]

One week before the Bandeirante was scheduled to be shown before the military, the nose of the plane fell off. Some engineers cried at the scene, recalled Ozires. Holste shook his head in a mix of anger and disappointment.[4]

The team redoubled its efforts, further refining and perfecting the design of the Bandeirante. "Sometimes we believed that we were the only ones convinced we knew what we were doing," Ozires wrote in his memoir.

Holste left the Aeronautical Technical Center (Centro Técnico de Aeronáutica; CTA) in June 1969, turning the

EM 1965, O CONHECIDO ENGENHEIRO francês Max Holste esteve no Brasil em busca de um novo projeto.[1] Ozires Silva, pioneiro da aviação por seus próprios méritos, ofereceu a Holste a oportunidade de comandar uma equipe de engenheiros do Instituto Tecnológico de Aeronáutica (ITA), com o objetivo de criar um avião bimotor para transporte de passageiros totalmente novo, o IPD-6504. A proposta de projeto do primeiro Bandeirante não incluía nenhuma solicitação de financiamento, conta Ozires em suas memórias, mas isso não diminuiu o entusiasmo dos engenheiros.

Foram necessários três anos para construir o primeiro protótipo, denominado Bandeirante. Devido à severa insuficiência de recursos, a maior parte do trabalho inicial do projeto envolveu práticas rudimentares, como martelar o alumínio manualmente.[2] No entanto, esses desafios não detiveram a equipe. Como explica Antonio Garcia da Silveira, um dos primeiros diretores da Embraer: "Max [Holste] nos disse: 'Vamos trabalhar rápido enquanto não nos levam a sério'. E nós trabalhamos. Dia e noite".[3]

Uma semana antes da data marcada para apresentar o Bandeirante aos militares, o nariz do avião se desprendeu, caindo ao solo. Alguns engenheiros presentes ao acontecimento choraram, lembra Ozires. Holste sacudiu a cabeça, num misto de raiva e desapontamento.[4]

A equipe redobrou os seus esforços, refinando e aperfeiçoando o projeto do Bandeirante. "Algumas vezes", afirma Ozires em seu livro de memórias, "achávamos que éramos os únicos convencidos de que sabíamos o que estávamos fazendo".

Bandeirante project over to his deputy, ITA Engineer Guido F. Pessotti.[5] Pessotti led his team to further perfect and refine the Bandeirante, improving the aircraft's aerodynamics, changing the windshield, wings, engines, and nacelles.

That was only the first in the Bandeirante's series of redesigns and specialized models.

The first 80 EMB 110 Bandeirantes were sold to the military, but the Bandeirante also did well in the civilian market, after some redesigns. Later models included the EMB 110B, specially designed for aerial photography and surveillance; the EMB 111, designed for maritime patrol; the 15-seat EMB 110C, which became popular with airlines, as did the enlarged 18-seat EMB 110P; the EMB 110P1, inspired by a visit from the president of Federal Express, Frederick W. Smith, which featured an expanded rear door for both cargo and passengers; the EMB 110E, a seven-seater designed exclusively for executive travel; and the EMB 110P2, a commuter aircraft capable of transporting up to 21 passengers.

Approximately 500 Bandeirantes were sold in 37 countries, and four decades later they are still praised for their rugged durability. The existence of the Bandeirante led to the creation of smaller regional air travel services in Brazil and around the world, a global market that Embraer has come to dominate, thanks in part to the specialized, flexible, resilient Bandeirante.[6]

Holste deixou o CTA em junho de 1969, passando o projeto do Bandeirante para o seu substituto, o engenheiro do ITA Guido F. Pessotti.[5] Pessotti levou sua equipe a aperfeiçoar e refinar o Bandeirante ainda mais, melhorando a aerodinâmica do avião, alterando o para-brisas, as asas, os motores e as naceles.

Essa foi apenas a primeira de uma série de revisões e versões especializadas do Bandeirante.

Os primeiros 80 EMB 110 Bandeirante foram vendidos à FAB, mas o avião, devidamente modificado, também obteve boa receptividade no mercado civil. Modelos posteriores incluíram o EMB 110B, especialmente projetado para aerofotogrametria; o EMB 111, destinado ao patrulhamento marítimo; o EMB 110C, de 15 assentos, que se tornou popular junto às companhias aéreas, da mesma forma que a sua versão alongada, o EMB 110P, de 18 lugares; o EMB 110P1, inspirado por uma visita do presidente da Federal Express, Frederick W. Smith, e que incorporava uma porta traseira ampliada, tanto para carga como para passageiros; o EMB 110E, versão executiva de sete assentos; e o EMB 110P2, avião destinado à ligação entre cidades de pequeno porte (por isso denominado *commuter*) capaz de transportar até 21 passageiros.

Aproximadamente 500 Bandeirantes foram vendidos em 37 países, e, quatro décadas após, esses aviões ainda são elogiados por sua extrema durabilidade. A aceitação do Bandeirante levou à criação de pequenas linhas aéreas regionais no Brasil e ao redor do mundo, um mercado global que a Embraer chegou a dominar, graças, em parte, a esse flexível e resiliente avião.[6]

Márcio de Souza e Mello (left) watches as Ozires Silva (right) signs on as the first CEO of Embraer on December 29, 1969.

Souza e Mello, convinced that Ozires had the right idea. Luckily, Souza e Mello was already on his side. On May 19, 1969, Souza e Mello had written an urgent three-page letter to the president, asking him to authorize funds for the creation of a national aeronautics industry. In the letter, Souza e Mello wrote: "Despite the fact that we have one of the most extensive transportation networks on the globe and are one of the countries that depends most on airplanes to develop the nation, we have still not been able to construct one single part of our aviation needs."[4]

The letter went on to remind the president about his recent visit to São José dos Campos and requested that the government coordinate forces to approve measures that would make aircraft manufacturing a national priority and allow the Aeronautics Ministry, together with the Industrial and Trade Ministry, the chance to work with foreign entities on technology transfer agreements. Souza e Mello hoped to convince the government to consider seriously the benefits of marketing a nationally designed aircraft and perhaps allow for the possibility of future licensing agreements with established aviation companies in the United States and Europe. Convinced, the president authorized the measures.

In Brasília, Ozires took the president, Vice President Pedro Aleixo, Souza e Mello, and the minister of the Navy on an unscheduled flight over Brasília, the country's new capital city, then just 9 years old. The Bandeirante was on everybody's mind, and Ozires wanted to impress them with the Bandeirante prototype.

"Finally, we had six guys, top brass of the Brazilian government—five ministers, the president, and one general who was the head of the ministry—on that plane," recalled Ozílio Carlos da Silva. "The weight was very high, and so was the responsibility. Ozires was all for the idea and just said, 'Let's go.' And the air-

Márcio de Souza e Mello (à esquerda) observa Ozires Silva (à direita) assinar seu ato de posse como primeiro diretor superintendente da Embraer, em 29 de dezembro de 1969.

nevoeiro. Ozires relembra como aquele encontro inesperado foi de fundamental importância:

> *Ele teve de aterrissar na nossa pista de pouso, e ficamos juntos por cerca de uma hora. Acho que passei a melhor conversa de vendedor da minha vida. Fiquei imaginando o que ele estaria pensando: "Que tipo de coisa esse cara está tentando me vender?".*
>
> *Mas fui em frente. Expliquei-lhe como imaginava que a Embraer seria no futuro, produzindo diferentes aeronaves e vendendo-as para o mundo inteiro. Contei que primeiramente tínhamos procurado o setor privado, e expliquei por que achava que o capital estrangeiro seria uma má ideia. Depois, concluí: "Sr. Presidente...há um dispositivo na legislação brasileira que permite ao governo criar uma empresa em parceria com o setor privado. Podemos começar com o Estado, e depois privatizar. O que o senhor acha?"*[3]

Max Holste disembarks from a series Bandeirante during a visit to the plant in 1975. Holste led the team that designed the first prototype, but left the project soon afterward.

Costa e Silva retornou a Brasília e, convencido de que a ideia de Ozires era correta, falou com o ministro da Aeronáutica, Márcio de Souza e Mello. Felizmente, Souza e Mello já estava do lado de Ozires. Em 19 de maio de 1969, ele escreveu uma carta urgente, com três páginas, endereçada ao presidente, pedindo-lhe autorização para financiar a criação de uma indústria aeronáutica nacional. Na carta, Souza e Mello dizia: "A despeito do fato de possuirmos uma das mais extensas redes de transporte do globo e de sermos um dos países que mais dependem de aeronaves para o desenvolvimento nacional, ainda não fomos capazes de fabricar uma única peça de nossas necessidades na aviação."[4]

A carta prosseguia fazendo referência à recente visita que o presidente fizera a São José dos Campos, solicitando ao governo coordenar forças para aprovar medidas que viessem a tornar a fabricação de aeronaves uma prioridade nacional e permitir que o Ministério da Aeronáutica, juntamente com o Ministério da Indústria e Comércio, pudessem trabalhar em conjunto com entidades estrangeiras, em acordos de transferência de tecnologia. Souza e Mello esperava convencer o governo a refletir seriamente sobre os benefícios decorrentes da comercialização de um avião projetado no país, além das possibilidades de futuros acordos de licenciamento com companhias aéreas já consolidadas nos Estados Unidos e na Europa. Convencido, o presidente Costa e Silva autorizou a adoção das medidas propostas.

Em Brasília, Ozires levou o presidente, o vice-presidente Pedro Aleixo, Souza e Mello e o ministro da Marinha em um voo pelos céus da nova capital do país, então com apenas nove anos de fundação. O Bandeirante estava na cabeça de todo mundo, e Ozires quis impressioná-los com o protótipo do novo avião.

"Afinal, tínhamos seis pesos-pesados do governo brasileiro—cinco ministros e

Max Holste desembarca de um Bandeirante de série durante uma visita à fábrica em 1975. Holste comandou a equipe que criou o primeiro protótipo, mas deixou o projeto logo em seguida.

plane took off and made a very nice flight over the Brasília lake."[5]

That flight proved extremely beneficial for the floundering Brazilian aviation industry. Within six months, Embraer became a reality.

On June 26, 1969, Ozires met in Brasília with government officials, including the industry and development minister Edmundo de Macedo Soares, the aeronautics minister Souza e Mello, the minister of the planning and budget office Hélio Beltrão, and all-powerful Finance Minister Antonio Delfim Netto, along with longtime ally Col. Paulo Victor da Silva of the CTA. When Ozires finished his presentation shortly after 1 P.M., Delfim Netto asked, "So what's the name of the company?"[6]

Ozires took out a scrap of paper where he had written down the official name proposed by Antonio Garcia da Silveira, first director of industrial relations, and read aloud: "Empresa Brasileira de Aeronáutica. Embraer."[7]

Four top ministers, including Delfim Netto and Souza e Mello at the Aeronautics Ministry, sent their own letter to President Costa e Silva, stating their desire to create an inter-ministerial working group to study measures the government could take to finance the Bandeirante, including a private–public partnership with the majority of shares owned by the government.[8]

The idea to create a corporation with 51 percent government ownership and 49 percent private ownership was proposed to Congress, and on August 19, 1969, Embraer was created by decree 770. On December 29, 1969, in Rio de Janeiro, Ozires became Embraer's first CEO. However, Costa e Silva did not live to see the creation of the company he had supported. After suffering a stroke in August of that year, he died just weeks before the launch of Embraer. Gen. Emílio Garrastazu Médici replaced him as president.

The Birth of Embraer

Even with the government's backing, private investors did not immediately rush to Embraer. The government stepped in and passed a tax provision that allowed both individuals and corporations to convert 1 percent of their income taxes into Embraer shares, encouraging public ownership.[9]

The extra income came in handy as Embraer engineers worked to perfect the Bandeirante. They had originally hoped for US$150 million in orders to finance the production, but the Brazilian Air Force offered them an even better deal. They ordered 80 Bandeirantes and agreed to pay between 30 percent and 40 percent of manufacturing costs up front, with the balance due at delivery.

Embraer also signed a licensing agreement to build 112 Italian-designed Aermacchi MB-326 military training jets, coupled with a contract to train Brazilian Air Force pilots how to fly the jet, later known as the AT-26 Xavante. Embraer started out exactly as Souza e Mello outlined in his May 19 letter to Costa e Silva—money for homegrown aircraft, aviation support for the Air Force, and cooperation agreements with high-tech international aircraft manufacturers.

On January 2, 1970, Embraer took up residence next to the CTA compound in São José dos Campos. The buildings were still in the process of being built, and, initially, even the top directors and engineers did not have their own offices. However, Ozires and his staff wasted no time waiting for amenities, immediately sending employees to Italy to receive specialized training from Aermacchi's staff. Soon afterward, a training classroom opened up at Embraer to train approximately 150 people on building and servicing the future Bandeirante and Xavante aircraft.

Even as Embraer focused on its own new designs, the company remained open to opportunities for collaboration. The Bra-

um general presidente, que estava à frente dos ministros—naquele avião", rememora Ozílio. "O peso era muito alto, assim como a responsabilidade. Ozires era decididamente a favor da ideia e apenas disse 'Vamos'. O avião decolou e fizemos um voo muito agradável sobre o lago de Brasília."[5]

Aquele voo revelou-se extremamente positivo para a titubeante indústria aeronáutica brasileira. Em seis meses, a Embraer tornou-se realidade.

Em 26 de junho de 1969, Ozires reuniu-se em Brasília com o alto escalão do governo, incluindo Souza e Mello, o ministro da Indústria e do Comércio, Edmundo de Macedo Soares, o ministro do Planejamento, Hélio Beltrão, o todo-poderoso ministro da Fazenda, Antônio Delfim Netto, e mais o seu aliado de toda uma vida, Cel. Paulo Victor da Silva, diretor do CTA. Quando Ozires concluiu sua apresentação, pouco depois de uma hora da tarde, Delfim Netto perguntou-lhe: "Bem, e qual vai ser o nome da companhia?"[6]

Ozires pegou um pedaço de papel em que havia escrito o nome oficial, proposto por Antonio Garcia da Silveira, primeiro diretor de relações industriais da empresa, e leu em voz alta: "Empresa Brasileira de Aeronáutica. Embraer."[7]

Quatro ministros de primeira linha, incluindo Delfim Netto e Souza e Mello, enviaram cartas do próprio punho para o presidente Costa e Silva, afirmando sua intenção de criar um grupo de trabalho interministerial para estudar que medidas o governo poderia tomar para financiar o Bandeirante, considerando uma parceria público-privada, mas com a maioria das ações em mãos do governo.[8]

A ideia de constituir uma empresa com 51% de participação governamental e 49% de participação privada foi proposta ao presidente. No dia 19 de agosto de 1969 a Embraer foi criada pelo decreto-lei nº 770. Em 29 de dezembro de 1969, em cerimônia realizada no Rio de Janeiro, Ozires Silva tornou-se o primeiro diretor superintendente da Embraer. No dia

Manufacturing the Xavante under an Italian license proved an important step in Embraer's technological evolution. As part of the arrangement, employees from Embraer had the opportunity to be trained by and to learn serial manufacturing techniques from top engineers from Aermacchi.

A fabricação do Xavante sob licença da Aermacchi italiana representou um passo importante na evolução tecnológica da Embraer. Como parte do acordo, empregados da Embraer tiveram oportunidade de ser treinados, aprendendo técnicas de produção seriada com os engenheiros da Aermacchi.

The EMB 326 Xavante prototype had its maiden flight in September 1971.

zilian Air Force signed the deal with Italian aviation firm Aermacchi, and Embraer was selected to lead the project. Aermacchi offered to train Embraer employees to improve manufacturing techniques.

"Aermacchi brought everybody here and taught us," recalled Guido F. Pessotti, who would be Embraer's technical director from 1969 to 1991. "It was a very good decision and a very important move for Embraer early on, because we were able to enter into the computational era. That was the early move that brought technology to the company."

The product of the international collaboration between the two companies was the EMB 326 Xavante prototype. It had its maiden flight in September 1971. Embraer manufactured a total of 182 Xavante trainers, with 167 of them sent to the Brazilian Air Force, nine sent to Paraguay, and six to Togo in Africa.[10]

"We signed a contract for a company that had no buildings, no workers ... nothing," recalled Ozílio.[11]

Despite the challenges, and with contracts worth approximately US$1.2 billion, Embraer was ready to take to the skies.[12]

Beginner's Portfolio

For Embraer, licensing agreements with European and American manufacturers were always seen as a target. The idea was to use CTA and Aeronautical Institute of Technology (Instituto Tecnológico de Aeronáutica; ITA) engineers to focus on designing and building all new aircraft models. Within Embraer's first six months of operation, the project's teams had already begun work on two new prototypes in addition to the continued development of the Bandeirante.

Their second original endeavor was a high-performance glider called the EMB 400 Urupema. It was Pessotti's pet project, even prior to Embraer's inception. The glider proved a retail failure. The company managed to sell just one, with the Aeronautics Ministry taking the rest to donate to flight clubs.[13] It was an original design, with the pilot lying in a horizontal position, similar to other championship gliders manufactured at that time, explained Alcindo Rogério Amarante de Oliveira, one of Urupema's designers.[14]

Embraer's third portfolio project was a small crop duster named after a farm called Ipanema in the interior sugarcane town of Sorocaba. The government agreed to finance 10 percent of the first prototype, designed to replace imported Piper Pawnees, Cessna Ag Wagons, and Grumman AgCats.[15] The idea of manufacturing a new crop duster was proposed to the agriculture minister within Embraer's first year in business. The CTA, the Brazilian certification authority equivalent to the Federal Aviation Administration (FAA) in the United

O protótipo do EMB 326 Xavante fez seu voo inaugural em setembro de 1971.

seguinte, o governo criou oficialmente a Embraer como empresa estatal. Entretanto, Costa e Silva não viveu para assistir à criação da companhia que havia apoiado. Após sofrer um derrame em agosto daquele ano, veio a falecer semanas antes do início das operações da Embraer. O general Emílio Garrastazu Médici substituiu-o na presidência.

O Nascimento da Embraer

A despeito do apoio governamental, os investidores privados não acorreram, imediatamente, para a Embraer. O governo interveio, aprovando uma cláusula na legislação fiscal que permitia a pessoas físicas e empresas converterem 1% do imposto de renda devido em ações da Embraer, estimulando a propriedade pública.[9]

A receita extra veio em boa hora, no momento em que engenheiros da Embraer trabalhavam no aperfeiçoamento do Bandeirante. Inicialmente, esperavam um aporte de US$ 150 milhões em encomendas para financiar a produção, mas a Força Aérea Brasileira propôs-lhes um negócio ainda melhor. Encomendou 80 Bandeirantes, concordando em efetuar o pagamento adiantado do equivalente a 30%-40% dos custos de fabricação, ficando o restante a ser pago por ocasião da entrega.

A Embraer também assinou um acordo para fabricação sob licença de 112 jatos de instrução militar MB-326, projetados pela empresa italiana Aermacchi. O acordo previa igualmente o treinamento de oficiais da FAB na pilotagem do jato, mais tarde batizado ao interno da força como AT-26 Xavante. A Embraer começava exatamente como Souza e Mello sublinhara em sua carta de 19 de maio a Costa e Silva—recursos para a fabricação de aeronaves projetadas no Brasil, apoio especializado para a Força Aérea Brasileira, e acordos de cooperação com fabricantes internacionais de aviões de tecnologia avançada.

Em 2 de janeiro de 1970, a Embraer instalou-se ao lado do complexo do CTA em São José dos Campos. Os prédios ainda estavam em fase de construção e, inicialmente, mesmo a administração e engenheiros não dispunham de escritórios próprios. Contudo, Ozires e seus assessores não perderam tempo esperando por conforto e, imediatamente enviaram empregados para a Itália, a fim de receber treinamento especializado dos técnicos da Aermacchi. Logo em seguida, foi criada uma sala de treinamento na Embraer visando capacitar cerca de 150 pessoas na construção e manutenção dos futuros aviões Bandeirante e Xavante.

The EMB 400 Urupema glider, one of professor Guido F. Pessotti's pet projects, fell far short of expectations. Embraer managed to sell only one.

O planador Urupema EMB 400, um dos projetos favoritos do professor Guido F. Pessotti, ficou muito abaixo das expectativas. A Embraer conseguiu vender apenas um deles.

States, certified the Ipanema in 1971. It was the first Embraer plane to achieve CTA certification.

A single-engine low-wing with a 300-horsepower Lycoming piston engine, the EMB 200 Ipanema first flew in 1970 and has remained a popular crop duster in production well into the 21st century, with a new ethanol-powered model available.

Embraer has produced more than a thousand Ipanemas over the years, said Pessotti. Its lightweight size and rugged durability have made it extremely popular in Brazil's farmlands, and although the rough terrain of rural Brazil has led to several accidents, the design of the Ipanema has kept many pilots from suffering grave injuries. Pessotti explained:

> *Fortunately, the Ipanema was designed so that in a front-end collision you have the spinner, the propeller, the engine, the engine mount, and then the hopper, which can hold up to 800 liters of liquid. If it's empty, it acts as a cushion. So the plane gets severely damaged, but the pilot at least can just walk away.*[16]

Fine-tuning the Bandeirante

By mid-1969, while at the CTA, Holste had left the Bandeirante program behind. Pessotti took over the project, and immediately led his team to begin work on a third Bandeirante prototype, designated for geological survey use by the newly created National Space Activities Commission (Comissão Nacional de Atividades Espaciais; CNAE), later renamed the National Space Research Institute (Instituto Nacional de Pesquisas Espaciais; INPE).

CNAE contacted Embraer to help create a new version of the Bandeirante specially designed for remote sensoring applications, a completely new direction for the design team. The third Bandeirante prototype had its first flight on June 26, 1970, and was considered the Bandeirante's first civilian aircraft model, although the first two models went by the Air Force registration numbers FAB 2130 and FAB 2131. Although CNAE paid only a modest symbolic sum, the sale of one specialized Bandeirante represented Embraer's first real income from an aircraft sale.[17]

As Ozires recalled in his memoir, *A Dream Takes Flight*:

> *Alberto Marcondes, our finance director, came to my office to show [me] our first sales receipt. We just sat there looking at it and thinking we were going to need a lot more of these if we were going to survive. ... We emphasized the participation of every employee and made this of the utmost importance. We always tried to reinforce in their heads that we were making history, that Brazil was making airplanes, and they were the source and the reason.*[18]

By the time Pessotti and his team had completed redesign work on the Bandeirante, the aircraft barely resembled Holste's original blueprints, designed under severe financial constraints. The Bandeirante's shape was greatly improved with more aerodynamic lines. Pessotti's team completely redesigned the wings, added integrated fuel tanks, and developed a smoother, more aerodynamic windshield. Even the engines were upgraded from the original Pratt & Whitney PT6A-20 to the 680-horsepower PT6A-27.[19] For the Ban-

Mesmo quando estava concentrada em seus próprios projetos, a Embraer continuava aberta às oportunidades de colaboração. Quando a FAB concluiu o negócio com a Aermacchi e a Embraer foi escolhida para ficar à frente do projeto, a Aermacchi ofereceu-se para treinar empregados da Embraer, aperfeiçoando-os nas técnicas de fabricação.

"A Aermacchi trouxe todo mundo para cá e nos ensinou", recorda Guido F. Pessotti, que se tornaria o diretor técnico da Embraer de 1969 a 1991. "Essa decisão foi muito positiva; uma iniciativa muito importante que a Embraer tomou logo no início, porque nos permitiu ingressar na era computacional. Foi essa iniciativa pioneira que trouxe tecnologia para a companhia".

O resultado da colaboração internacional entre as duas empresas foi o primeiro EMB 326 Xavante, que fez seu voo inaugural em setembro de 1971. A Embraer produziu um total de 182 desses aviões, dos quais 167 foram destinados à FAB, nove enviados para o Paraguai, e seis para o Togo, na África.[10]

"Assinamos um contrato em nome de uma companhia que não tinha edifícios, trabalhadores ... nada", relembra Ozílio.[11]

A despeito dos desafios, e com contratos no valor de aproximadamente US$ 1,2 bilhão, a Embraer estava pronta para ganhar os céus.[12]

O Portfólio dos Primeiros Tempos

Para a Embraer, acordos de licenciamento com fabricantes europeus e americanos sempre eram vistos como um alvo. A ideia era usar os engenheiros do CTA e do ITA para concentrar os esforços no projeto e na construção de modelos de aeronaves inteiramente novos. Ao longo dos seis primeiros meses de operação da Embraer, as equipes de projetos já haviam começado a trabalhar em dois novos protótipos, além de continuarem envolvidos no desenvolvimento do Bandeirante.

O segundo desenvolvimento da Embraer foi um planador de alto desempenho denominado EMB 400 Urupema. Um dos projetos favoritos de Pessotti, antes mesmo do nascimento da empresa, o planador revelou-se um fracasso de vendas. Foi vendido apenas um, tendo o Ministério da Aeronáutica se encarregado de doar os restantes para aeroclubes.[13] Tratava-se

This page and opposite: Embraer's EMB 200 Ipanema crop duster has remained a very popular aircraft among Brazil's farmers. More than 1,000 have been built since the first flight of the prototype in 1970 and certain models, such as the one pictured, are now able to run on ethanol.

Esta página e a oposta: O avião agrícola EMB 200 Ipanema continuou sendo muito popular entre os fazendeiros brasileiros. Mais de 1.000 foram fabricados desde o primeiro voo do protótipo em 1970. Certos modelos, tais como o mostrado na foto, voam utilizando álcool como combustível.

A Bandeirante sits on the tarmac, ready for takeoff. VASP purchased five Bandeirantes for domestic commercial use.

Um Bandeirante parado na pista, pronto para a decolagem. A VASP comprou cinco Bandeirantes para uso comercial doméstico.

deirante's navigation avionics, the team chose the Rockwell Collins Automatic Direction Finder and Visual Omni Range. Goodyear's Brazilian division developed the Bandeirante's low-pressure tires, although it did take more than one attempt to find the proper fit.[20]

After the redesign, Embraer engineers focused on moving toward the certification stage.[21] Pessotti and his team approved the Bandeirante to carry 15 passengers, with a liftoff weight of 5,650 kilograms. As engineers worked on perfecting the Bandeirante, the company faced the added pressure of completing construction on its laboratory facilities, further complicating the task.

Embraer employees, although stretched thin by a lack of resources as the company grew from a fledgling start-up to a bustling aircraft manufacturer, maintained high standards in their design and construction work. Engineers focused on complying with stringent FAA certification standards before presenting their technical reports to the CTA. All of their hard work paid off when the CTA officially approved the Bandeirante for commercial passenger flights in Brazil.[22] Embraer's EMB 110 began serial production soon afterward. Launched in 1972, the 12-seat EMB 110 was the first production model, and also the first to enter commercial airline service in 1973.

First Airline Sales

In February 1973, the Air Force accepted delivery of the first three Bandeirantes in its 80-unit order. However, civilian sales lagged. The low-cost Ipanema crop duster, while popular, did not produce enough revenue to support the company. Embraer's sales director at the time, Renato José da Silva, began to work in conjunction with the Air Force to develop the company's presence in the civilian marketplace.[23]

From the beginning, Embraer's directors recognized that Embraer would have to conform to the strict requirements of the FAA to truly gain international recognition, and Pessotti made it a firm goal as he led his team of engineers. New Brazilian Aeronautics Minister Joelmir Campos de Araripe Macedo agreed to work with the Civil Aviation Department (Departamemto de Aviaçáo Civil; DAC) to clear a path for international certification for local commercial airlines. As Antonio Garcia da Silveira recalled:

That was an enormous step for our human capital and a valuable, though

de um projeto original, que posicionava o piloto na horizontal de forma similar a de outros planadores de competição fabricados naquela época, explica Alcindo Rogério Amarante de Oliveira, um dos projetistas do Urupema.[14]

O terceiro projeto do portfólio da Embraer foi o Ipanema, um pequeno avião agrícola cujo nome fazia referência à Fazenda Ipanema, propriedade canavieira localizada na cidade de Sorocaba, no interior de São Paulo. O governo concordou em financiar 10% do primeiro protótipo, planejado para substituir os aviões importados Piper Pawnees, Cessna Ag Wagons e Grumman AgCats.[15] A ideia de produzir um novo avião agrícola foi proposta pelo ministro da Agricultura, no primeiro ano de atividades da Embraer. O CTA, autoridade brasileira de certificacão aeronáutica, equivalente à norte-americana Federal Aviation Administration (FAA), homologou o Ipanema em 1971, o primeiro avião da Embraer a conseguir certificação do órgão.

Avião monomotor de asa baixa, equipado com motor a pistão Lycoming de 300 cavalos de potência, o EMB 200 Ipanema voou pela primeira vez em 1970. Permanece em produção como um avião agrícola popular em pleno século XXI, agora com um novo modelo, movido a álcool, sendo oferecido no mercado.

A Embraer produziu mais de mil Ipanemas ao longo dos anos, informa Pessotti. Seu peso leve, além da extrema durabilidade, tornaram-no extremamente popular nas propriedades agrícolas do país, e embora o terreno acidentado do Brasil rural tenha provocado diversos acidentes, o desenho do Ipanema evitou que muitos pilotos sofressem ferimentos graves, conforme explica Pessotti:

> *Felizmente, o Ipanema foi projetado de tal forma que, no caso de uma colisão frontal, você tem primeiro o spinner da hélice, a hélice, o motor, o suporte do motor, e então o tanque, que pode conter até 800 litros de líquido. Quando vazio, age como um amortecedor. Assim, o avião sofre sérios danos, mas o piloto pode, pelo menos, sair andando.*[16]

Refinando o Bandeirante

Em meados de 1969, ainda no CTA, Holste deixou o programa do Bandeirante. Pessotti assumiu o projeto e o comando da equipe, que, imediatamente, começou a trabalhar em um terceiro protótipo do Bandeirante, a ser utilizado em pesquisas geológicas pela recém-criada Comissão Nacional de Atividades Espaciais (CNAE), que posteriormente passaria a se chamar Instituto Nacional de Pesquisas Espaciais (INPE).

A CNAE contatou a Embraer para ajudá-la a criar uma nova versão do Bandeirante que fosse voltada especificamente para aplicações de sensoriamento remoto, o que significava um rumo completamente novo para a equipe de projeto. O terceiro protótipo do Bandeirante fez o primeiro voo em 26 de junho de 1970. Foi considerado

Pessotti, who worked as a professor at the Aeronautical Institute of Technology (Instituto Tecnológico de Aeronáutica; ITA), led the team that helped perfect the design of the Bandeirante.

Pessotti, que foi professor no Instituto Tecnológico de Aeronáutica (ITA), chefiou a equipe que ajudou a aperfeiçoar o projeto do Bandeirante.

Two Bandeirantes owned by Transbrasil sit on a tarmac at Embraer. Transbrasil was the first airline in the world to utilize the EMB 110 Bandeirante.

breathtaking, learning experience, which was gained by hard work. The boost given by Minister Araripe Macedo was never forgotten. He pushed the company into the future. At the Le Bourget Air Show, in 1971, we became aware that for the company to gain credibility, we had to get certification for the Bandeirante, not only in Brazil, but abroad. FAA approval was preferred, given its reputation and broad international acceptance.[24]

In 1972, Ozires met with Omar Fontana, president of Transbrasil, and Luiz Rodovil Rossi, president of VASP, to discuss possible sales. By January 1973, Ozires' efforts had succeeded. Embraer signed a deal for six 15-passenger Bandeirantes for Transbrasil. In August of that same year, VASP agreed to purchase five EMB 110s.[25] VASP and Transbrasil were the first two airlines to show interest in Embraer, at a time when Airbus, Boeing, and McDonnell Douglas dominated the market.

Three months later, the EMB 110 Bandeirante PT-TBA was delivered to Transbrasil. The smaller plane opened up new markets for the airline, with new flights between smaller cities served by the Bandeirante.[26] The aircraft's first commercial flight on April 17, 1973, proved a turning point in Brazilian commercial aviation, until then dominated by U.S. and European manufacturers.[27]

"I had a dream to make aircraft since my early days of life," said Ozires. "When I was a young boy in my hometown, I confess, I was very much frustrated to see that all the aircraft that we used were American. Why didn't Brazil make airplanes? ... Then, one day, in August of 1973, I was reading our in-house journal *O Bandeirante* and read an article titled, 'We Make Airplanes.' I got goose bumps all over."[28]

New Game Plan

Once the Bandeirante started making inroads as a commercial passenger vehicle, Embraer created a new strategy for its budding civil aviation market. The directors recognized early on that Embraer had to diversify to achieve lasting success. To that end, Pessotti focused on perfecting Embraer's pressurized aircraft technology, along with designing a family of aircraft, a new concept at the time.

Embraer's first proposed family of pressurized turboprops included the

Dois Bandeirantes de propriedade da Transbrasil estacionados da Embraer. A Transbrasil foi a primeira empresa aérea no mundo a utilizar o EMB 110 Bandeirante.

o primeiro modelo civil do Bandeirante, uma vez que os dois primeiros modelos receberam as matrículas militares FAB 2130 e FAB 2131. Apesar de a CNAE ter pago uma soma modesta, apenas simbólica, a venda de um Bandeirante especializado representou para a Embraer uma primeira receita efetiva proveniente da comercialização de uma aeronave.[17]

Como lembra Ozires em suas memórias, *A Decolagem de um Sonho:*

> *Alberto Marcondes, nosso Diretor Financeiro, foi à minha sala para mostrar a primeira nota fiscal de vendas; ficamos olhando para ela e pensando que precisaríamos de muitas delas para formar o futuro da empresa que estava dando os primeiros passos. ... Cultivávamos a participação de cada empregado e dávamos a isso a maior importância. Procurávamos utilizar por todos os meios os mecanismos para motivá-los, conversando com cada um e sempre instilando-lhes na cabeça: "Estamos escrevendo a história! O Brasil fabrica aviões e vocês são os artífices e os participantes".*[18]

Quando Pessotti e sua equipe concluíram seu trabalho de reprojeto do Bandeirante, o avião mal se assemelhava aos desenhos originais de Holste, projetados em um momento de pesadas restrições financeiras. O formato do Bandeirante passou por grandes melhorias, ganhando linhas mais aerodinâmicas. A equipe de Pessotti redesenhou completamente as asas, adicionou tanques de combustível integrados, e desenvolveu um para-brisas mais suave e mais aerodinâmico. Até mesmo os motores foram atualizados, passando do Pratt & Whitney PT6A-20 original para o PT6A-27, com 680 cavalos de potência.[19] Para a aviônica de navegação do Bandeirante, a equipe escolheu os equipamentos ADF e VOR da Rockwell Collins. A divisão brasileira da Goodyear desenvolveu os pneus de baixa pressão do Bandeirante,

Antonio Garcia da Silveira, Embraer's first industrial relations director, worked in conjunction with the Brazilian Air Force to increase the company's presence in the civilian aviation market.

ainda que isso tenha representado mais de uma tentativa para encontrar o ajuste adequado.[20]

Após o reprojeto, os engenheiros da Embraer centraram o foco em ações voltadas para a etapa de certificação.[21] Pessotti e sua equipe conseguiram que o Bandeirante fosse aprovado para transportar 15 passageiros, com um peso de decolagem de 5.650 Kg. Enquanto os engenheiros trabalhavam no aperfeiçoamento do modelo, a empresa enfrentava pressões para concluir a construção dos seus laboratórios, o que complicava ainda mais a tarefa.

Os empregados da Embraer, ainda que pressionados pela falta de recursos enquanto a companhia passava da condição de empresa recém-criada à de agitada fabricante de aviões, sempre mantiveram um alto padrão de desempenho em suas atividades de projeto e construção. Os engenheiros concentraram-se em atender aos rigorosos padrões de certificação da FAA, antes de apresentar seus relatórios técnicos ao CTA. Todo esse trabalho duro foi recompensado quando o CTA aprovou oficialmente o Bandeirante para voos comerciais de passageiros no Brasil.[22] O EMB 110 da Embraer começou a ser produzido em série

Antonio Garcia da Silveira, primeiro diretor de relações industriais da Embraer, desempenhou papel central na criação e estruturação da nova companhia.

The EMB 121 Xingu rolls out of the hangar for the first time in preparation for its maiden flight in October 1975.

EMB 120 Araguaia, the EMB 121 Xingu, and the EMB 123 Tapajós, all named after major rivers in the Amazon Basin. The Araguaia and Tapajós were designed as larger planes, each seating more than 20 passengers. However, as oil prices skyrocketed in the months preceding the 1973 oil crisis, both aircraft were deemed no longer economically viable. International oil prices, which had previously remained less than US$10 a barrel, suddenly rose to more than US$30 a barrel.

Pessotti believed the high oil prices would benefit the efficient Bandeirante, a breakthrough in the newly born regional air transport industry, but he realized the crisis would negatively impact Embraer's other models. Embraer executives buried the Araguaia and Tapajós programs, focusing on the Xingu, a small six-passenger turboprop designed for air taxi service, training, and transportation of authorities.

During the Xingu's design phase, Pessotti blended a pressurized fuselage and new Pratt & Whitney PT6A-28 engines with Bandeirante-style wings and nacelles. Engineers described the Xingu design process as similar to cutting out parts from other Embraer aircraft and putting them together like a puzzle.

When the first Xingu prototype flew on October 22, 1975, it wobbled in the air, suffering from a pronounced Dutch roll.[29] To solve the problem, José Renato Oliveira Melo, a member of the aerodynamics team, focused on minimizing drag, in part, by redesigning the wings and adjusting the flight controls. He also changed the conventional rudder configuration.[30] Once the redesigns were implemented, the Xingu was able to achieve a comfortable, steady flight.

However, even after extensive redesigns and improvements, the Xingu fell short of its promise in private markets. Very few Xingus were sold in Brazil, with the biggest order, of 49 aircraft, going to the French Air Force and Navy for training purposes. The Brazilian government purchased five as well. All told, Embraer manufactured just 105 Xingus. "To design and produce just around 100 planes was not that great," Pessotti said, comparing it to Cessna's smaller, pressurized planes. "The Xingu was too bulky, too strong, and the price was not very competitive."

O EMB 121 Xingu deixa o hangar pela primeira vez, preparando-se para o seu voo inaugural em outubro de 1975.

logo depois. Lançado em 1972, a aeronave, de 12 lugares, foi o primeiro modelo a ser produzido. E o primeiro a entrar em serviço em linhas aéreas comerciais, em 1973, com a Transbrasil, em 1973, teve configuração para 15 passageiros.

Primeiras Vendas para Companhias Aéreas

Em fevereiro de 1973, a Força Aérea Brasileira recebeu os três primeiros Bandeirantes de uma encomenda de 80 unidades. No entanto, as vendas civis não avançavam. O avião agrícola Ipanema, de baixo custo, embora de sucesso, não produzia receita suficiente para sustentar a empresa. O diretor de vendas da Embraer nesse período, Renato José da Silva, começou a trabalhar em conjunto com a FAB para fortalecer a presença da companhia no mercado civil.[23]

Desde o início os diretores da Embraer estavam cientes de que a empresa teria de se adequar às estritas exigências da FAA para ganhar reconhecimento internacional efetivo, e Pessotti fez disso um objetivo prioritário enquanto liderava a equipe de engenheiros da companhia. O novo ministro da Aeronáutica, Joelmir Campos de Araripe Macedo, concordou em trabalhar junto com o Departamento de Aviação Civil (DAC) para abrir caminho para a certificação internacional de companhias de aviação comerciais locais. Como relembra Garcia:

Esse foi um enorme passo para o nosso capital humano e, uma experiência de aprendizado valiosa, sensacional, que foi alcançada com muito trabalho. O impulso dado pelo ministro Araripe Macedo nunca foi esquecido. Ele empurrou a empresa para o futuro. No Salão Internacional de Aeronáuica de Le Bourget, em 1971, nós nos conscientizamos de que, para a companhia ganhar credibilidade, tínhamos de conseguir a certificação para o Bandeirante, não apenas no Brasil, mas também no exterior. Priorizou-se a obtenção da aprovação da FAA, dadas as suas reputação e aceitação internacionais.[24]

Em 1972, Ozires reuniu-se com Omar Fontana, presidente da Transbrasil, e Luiz Rodovil Rossi, presidente da VASP, para discutir possíveis vendas. Em janeiro de 1973, os esforços de Ozires foram recompensados. A Embraer assinou um contrato de venda de seis Bandeirantes de 15 passageiros com a Transbrasil. Em agosto daquele mesmo ano, a VASP decidiu adquirir cinco EMB 110.[25] A VASP e a Transbrasil foram as duas primeiras companhias aéreas a demonstrar interesse na Embraer, numa época em que a Airbus, a Boeing e a McDonnell Douglas dominavam o mercado.

Três meses mais tarde, o EMB 110 Bandeirante PT-TBA foi entregue à Transbrasil. O pequeno avião abriu novos merca-

This page: The Xingu featured a pressurized interior cabin and extra passenger space. The added features served as a prelude to Embraer's careful attention to detail in the future designs of its popular regional and corporate jets.

Nesta página: O Xingu apresentava cabine pressurizada e espaço extra para os passageiros. Tais características constituíam prenúncio da cuidadosa atenção que a Embraer daria a detalhes em seus futuros projetos de bem-sucedides jatos regionais e corporativos.

The EMB 121 Xingu flies over the Brazilian countryside. The French military was one of the Xingu's best customers, and more than 40 were still in use three decades after its introduction.

O EMB 121 Xingu voa sobre o interior do Brasil. Os militares franceses foram os melhores clientes do Xingu e mais de 40 ainda se encontram em uso três décadas após a sua introdução.

Cooperative Agreements

Despite the Xingu's disappointing sales, the worldwide growth in light aircraft weighing less than 5,700 kilograms throughout the mid-1970s encouraged Embraer executives to make another attempt to break into the market. Embraer pursued industrial cooperation and licensing agreements with Piper Aircraft, Inc., and Northrop Aircraft Corp.

After years of hard negotiations, Embraer and Piper signed their first licensing agreement together on August 19, 1975. Under the terms of the arrangement, Embraer would manufacture six models for Piper: the EMB 710 Carioca, EMB 711 Corisco, EMB 720 Minuano, EMB 721 Sertanejo, EMB 810 Seneca, and EMB 820 Navajo.[31]

Embraer sold approximately 3,000 Piper aircraft throughout the life of the agreement, bringing in a much-needed stream of steady income. The agreement also allowed Embraer to gain a strong ally in Piper and to learn new light aircraft manufacturing techniques from the better-established company.[32]

That same year, as an offshoot of the acquisition of 49 Tiger II supersonic fighters by the Brazilian government, Embraer struck a licensing deal with Northrop to produce F-5 fighter parts and components for the American company. The deal proved a boon for Embraer, because not only did the company receive yet another steady stream of revenue, it also gained valuable manufacturing knowledge. Thanks to the Northrop deal, Embraer employees learned how to efficiently implement cutting-edge technologies such as metal–metal bonding, aluminum–magnesium alloy machining, and aluminum honeycomb manufacturing.[33]

Also in 1975, Embraer welcomed a visit from an important business contact from the United States—Frederick W. Smith, president of Federal Express. Smith, traveling in search of 600 specialized turboprop cargo aircraft, spent a week speaking with Embraer's engineers.

dos para a companhia, possibilitando o aumento do número de voos entre as pequenas cidades por ela servidas.[26] O primeiro voo comercial da aeronave, realizado no dia 17 de abril de 1973, representou uma virada na aviação comercial brasileira, até então dominada por fabricantes dos Estados Unidos e da Europa.[27]

"Eu sonhava em fabricar aeronaves desde os meus primeiros anos de vida", relembra Ozires. "Confesso que, quando era pequeno, na minha cidade natal, ficava frustrado em constatar que todas as aeronaves que nós usávamos eram americanas. Por que o Brasil não podia fabricar aviões?...Então, um dia, em agosto de 1973, estava lendo nosso jornal interno, *O Bandeirante*, e me deparei com um artigo entitulado 'Nós fazemos aviões'. Fiquei todo arrepiado."[28]

Novo Plano Estratégico

À medida que o Bandeirante fazia progressos como aeronave comercial de passageiros, a Embraer criava uma nova estratégia para o seu crescente mercado de aviação civil. Seus diretores cedo reconheceram que a empresa tinha de diversificar para garantir um sucesso duradouro. Com esse objetivo, Pessotti concentrou-se no aperfeiçoamento da tecnologia de aeronaves pressurizadas, ao mesmo tempo em que projetava uma família de aeronaves, um novo conceito à época.

A primeira família de turboélices pressurizados proposta pela Embraer incluía o EMB 120 Araguaia, o EMB 121 Xingu e o EMB 123 Tapajós, todos nomes de rios importantes da bacia amazônica. O Araguaia e o Tapajós foram projetados como aviões maiores, podendo, cada um, transportar mais de 20 passageiros. No entanto, como os preços do petróleo dispararam nos meses que antecederam à crise do petróleo de 1973, as duas aeronaves deixaram de ser consideradas viáveis economicamente. Os preços internacionais do petróleo, que se situavam anteriormente abaixo de dez dólares o barril, subiram, de uma hora para outra, para mais de 30 dólares.

Pessotti acreditava que a alta dos preços do petróleo beneficiaria o eficiente Bandeirante, um enorme sucesso na recém-criada indústria aérea de transporte regional, mas compreendeu que a crise criaria um impacto negativo para os outros modelos da Embraer. Os executivos da empresa enterraram os programas do Araguaia e do Tapajós, decidindo concentrarem-se exclusivamente no Xingu, um turboélice pequeno, de seis passageiros, projetado para o serviço de táxi aéreo, treinamento e transporte de autoridades.

No projeto do Xingu, Pessotti acoplou uma nova fuselagem pressurizada e novos motores Pratt & Whitney PT6A-28 a asas e naceles, no estilo do Bandeirante. Os engenheiros descreveram a fase de projeto do Xingu como algo similar a recortar partes de outras aeronaves da Embraer e combiná-las no novo avião, como em um quebra-cabeças.

Quando o primeiro protótipo do Xingu voou, em 22 de outubro de 1975, apresentou oscilações intensas, conhecidas no meio aeronáutico como *Dutch roll*.[29] Para resolver o problema, José Renato Oliveira Melo, à época integrante da equipe de engenheiros aerodinamicistas da Embraer, concentrou-se na redução do arrasto, em parte modificando as asas e ajustando os controles de voo. Alterou igualmente a configuração do leme convencional.[30] Após a implementação dessas alterações, o Xingu adquiriu características de voo confortável e estável.

Contudo, mesmo após extensas revisões e melhorias, o desempenho do Xingu nos mercados privados ficou aquém do esperado. Um número muito pequeno foi vendido no Brasil; a maior encomenda, de 43 unidades, foi destinada à Força Aérea e à Marinha francesas com a finalidade de treinamento. O governo brasileiro adquiriu cinco unidades. No cômputo geral, a Embraer fabricou somente 105 Xingus. "Projetar e produzir cerca de 100 aviões tão somente não era grande coisa", afirmou

He inspected the Bandeirante, but preferred an aircraft with large rear cargo doors. Although Smith never ordered from Embraer, his visit would inspire Ozires to develop a Bandeirante specially designed to handle cargo operations.

Embraer built 200 aircraft in 1975, almost double the number it built in 1974. Embraer's total fleet in operation had flown a combined 80,000 hours and more than 15 million miles.[34] Locally, Embraer signed a manufacturing deal with Neiva to build the Ipanema, and the Bandeirante architecture was flexible enough to be easily retooled to meet most military and civilian needs.

Embraer had proved itself nimble in the face of constantly changing external market forces, and the company's innovative, dedicated workforce had overcome financial hardships and taken difficult working conditions in stride. The company had the engineering talent to think big and build fast. This would serve as the company's unspoken motto for decades to come.

Pessotti, comparando-o com os aviões pressurizados, e menores, da Cessna. "O Xingu era grande demais, reforçado demais, e o preço não era muito competitivo".

Acordos de Cooperação

A despeito das vendas decepcionantes do Xingu, o crescimento mundial para aviões leves, pesando menos de 5.700 quilos, encorajou, em meados da década de 1970, os executivos da Embraer a fazer uma outra tentativa para conquistar o mercado. A Embraer procurou assinar acordos de cooperação industrial e licenciamento com a Piper Aircraft, Inc. e com a Northrop Aircraft Corp.

Depois de anos de árduas negociações, a Embraer e a Piper firmaram seu primeiro acordo de licenciamento conjunto, em 19 de agosto de 1975. De acordo com os termos do acordo, a Embraer fabricaria seis modelos para a Piper: o EMB 710 Carioca, o EMB 711 Corisco, o EMB 720 Minuano, o EMB 721 Sertanejo, o EMB 810 Seneca e o EMB 820 Navajo.[31]

A Embraer vendeu aproximadamente 3.000 aviões Piper durante toda a vigência do acordo, o que trouxe para a empresa a tão necessária estabilidade no fluxo de caixa. O acordo também permitiu à Embraer estabelecer uma forte aliança com a Piper, além de novas técnicas de fabricação de aviões leves com uma empresa melhor estabelecida no mercado.[32]

Naquele mesmo ano, como compensação pela aquisição de 49 caças supersônicos Tiger II pelo governo brasileiro, a Embraer conseguiu um acordo de licenciamento com a Northrop para produzir partes e componentes do avião de caça F-5 para a companhia americana. O negócio provou ser vantajoso para a Embraer, não apenas porque significou fluxo adicional e estável de receitas, mas porque também propiciou conhecimentos valiosos de manufatura. Graças ao negócio com a Northrop, os técnicos e engenheiros da Embraer ganharam o domínio de tecnologias de vanguarda, tais como soldagem metal-metal, usinagem química de ligas de alumínio-magnésio e fabricação de peças de colmeia em alumínio.[33]

Também em 1975, a Embraer recebeu a visita de um importante empresário dos Estados Unidos: Frederick W. Smith, presidente da Federal Express. Smith, que estava interessado em 600 aviões turboélices especializados para transporte de cargas, passou uma semana conversando com engenheiros da Embraer. Inspecionou o Bandeirante, mas preferiu uma aeronave com portas de cargas traseiras grandes. Embora Smith nunca tenha feito encomendas à Embraer, sua visita inspiraria Ozires a desenvolver uma versão do Bandeirante especialmente projetada para operações de carga.

A Embraer fabricou 200 aeronaves em 1975, quase o dobro do produzido em 1974. A frota em operação da empresa voou um total de 80.000 horas e mais de 15 milhões de milhas.[34] Fato importante, a Embraer assinou um contrato de fabricação com a Neiva para construir o Ipanema, e a arquitetura do Bandeirante era suficientemente flexível de modo a ser facilmente readaptada para atender a maior parte das necessidades militares e civis.

A Embraer tinha-se demonstrado ágil diante das forças externas de mercado em constante mudança. Seus dedicados e criativos profissionais haviam superado as adversidades financeiras, aceitando enfrentar com calma difíceis condições de trabalho. A companhia contava com o talento dos engenheiros para pensar grande e produzir rápido. Isso serviria como *slogan* não oficial da Embraer nas décadas seguintes.

SKYWEST
PT-SJR

CHAPTER III CAPÍTULO

Embraer Flies Abroad

A Embraer Transpõe Fronteiras

1975–1985

We jumped out into the global markets.

—Ozires Silva,
Embraer's first CEO[1]

Nos lançamos nos mercados globais.

—Ozires Silva, primeiro diretor
superintendente da Embraer[1]

In the late 1970s and early 1980s, Embraer experienced a period of astounding growth. Embraer made its first export in 1975, selling five EMB 110 Bandeirantes to the Uruguayan Air Force and introducing the EMB 200 Ipanema crop duster to Uruguay's Agricultural Ministry. Embraer expanded to France, finding success in both the commercial and military aviation markets. By 1977, Embraer had reached a deal to provide the EMB 110P2, a 21-passenger stretched version of the Bandeirante to Air Littoral in France, marking the company's first overseas sale of a commercial aircraft.

As the company grew, obtaining Federal Aviation Administration (FAA) approval took on increasing importance. Without approval from the FAA, Embraer faced limited international opportunities, and the company took several steps toward achieving certification in 1978. Just two years later, Embraer had expanded even further, purchasing Neiva (Sociedade Construtora Aeronáutica Neiva) in 1980, the future manufacturing home for the popular EMB 200 Ipanema.

In 1979, Embraer opened its first U.S. subsidiary, Embraer Aircraft Corporation (EAC), and in 1981, the company further extended its international profile by selling

No final dos anos 1970 e no começo dos anos 1980, a Embraer viveu período de notável crescimento. A empresa realizou sua primeira exportação em 1975, vendendo cinco EMB 110 Bandeirante à Força Aérea Uruguaia e apresentando o avião agrícola EMB 200 Ipanema ao Ministério da Agricultura do Uruguai. A Embraer também chegou à França, obtendo sucesso tanto no mercado da aviação comercial quanto no mercado da aviação militar. Em 1977, a companhia concluiu um bom negócio ao fornecer o EMB 110P2, uma versão ampliada do Bandeirante com lugar para 21 passageiros, à Air Littoral na França. Essa foi a primeira venda de um avião comercial da Embraer no exterior.

À medida que a companhia crescia, a obtenção da aprovação da Administração Federal de Aviação (Federal Aviation Administration—FAA), dos Estados Unidos, ganhava uma importância cada vez maior. Sem essa aprovação, as oportunidades internacionais da Embraer eram limitadas e por isso foram vários os passos da companhia em 1978 rumo à certificação. Em apenas dois anos, a Embraer expandiu-se ainda mais, adquirindo, em 1980, a Sociedade Construtora Aeronáutica Neiva, futura fabricante do popular EMB 200 Ipanema.

Opposite: Utah-based SkyWest Airlines became one of the largest U.S. customers of Embraer's Brasilia in 1985.

Oposto: Em 1985, a SkyWest Airlines, companhia baseada em Utah, tornou-se um dos maiores clientes norte-americanos do avião Brasilia da Embraer.

From left to right: Renato José da Silva, Guido Pessotti, Ozílio Carlos da Silva, Ozires Silva, and Antonio Garcia da Silveira stand before a Xingu.

Da esquerda para a direita, Renato José da Silva, Guido Pessotti, Ozílio Carlos da Silva, Ozires Silva, e Antonio Garcia da Silveira, diante de um Xingu.

41 EMB 121 Xingus to the French military. Embraer also opened its first European subsidiary in 1983, Embraer Aviation International (EAI), under the leadership of Irajá Buch Ribas, a member of the original Bandeirante design team.[2]

Embraer's expansion was part of an effort to stabilize the company's long-term prospects. Antonio Garcia da Silveira, Embraer's first industrial relations director, explained:

> *Embraer needed to keep its feet in the present and its eyes on the future and stop depending only on government purchases. This is the period when it gained the conditions to guarantee its presence in the foreign market.*[3]

A Growing American Market

In 1975, the U.S. aviation market achieved record growth, reaching more than US$1 billion in sales, up 13.6 percent from 1974. The General Aviation Manufacturers Association (GAMA) forecasted that 1976 sales would rise even further, up to US$1.2 billion.[4] Embraer executives recognized that the company needed to enter the U.S. marketplace to remain competitive with other international aviation manufacturers.

The Brazilian government had banned most aircraft imports, leading to complaints of protectionism from U.S. competitors, such as Beech Aircraft Corporation. Aviation companies kept a close watch on Embraer's future plans, especially its efforts to develop light turbine engines for a proposed new line of turboprop aircraft. According to *Aviation Week*, U.S. industry executives remained anxious about the new competitor from Brazil. Reports estimated that Brazil's new trade rules on foreign aircraft would cost U.S. manufacturers approximately US$30 million in lost export revenue.[5]

However, the Brazilian government maintained that such measures were necessary to prevent experienced foreign aviation companies from flooding its domestic market with inexpensive imports. Brazil had spent millions of dollars supporting Embraer's development and officials felt

Em 1979, a Embraer inaugurou sua primeira subsidiária americana, a Embraer Aircraft Corporation (EAC); em 1981, ampliou sua presença internacional, ao vender 41 EMB 121 Xingu aos militares franceses. E em 1983, abriu sua primeira subsidiária europeia, a Embraer Aviation Internacional (EAI), sob direção de Irajá Buch Ribas, um dos membros da equipe original de projeto do Bandeirante.[2]

A expansão da Embraer fez parte de um esforço para estabilizar as perspectivas de longo prazo da companhia. Antonio Garcia da Silveira, seu primeiro diretor de relações industriais, explica:

A Embraer necessitava manter os pés no presente e os olhos no futuro, e parar de depender apenas das compras governamentais. Foi esse o período em que ela reuniu as condições para garantir sua presença no mercado externo.[3]

O Crescente Mercado Americano

Em 1975, o mercado de aviação dos Estados Unidos registrou crescimento recorde, alcançando mais de US$ 1 bilhão em vendas, total 13,6% superior ao de 1974. A Associação dos Fabricantes da Aviação Geral (General Aviation Manufacturers Association—GAMA) previu que as vendas em 1976 cresceriam ainda mais, superando US$ 1,2 bilhão.[4] Os executivos da Embraer reconheciam que a companhia necessitava entrar no mercado americano para permanecer competitiva em relação a outros fabricantes internacionais.

O governo brasileiro havia banido a maior parte das importações de aviões, levando a queixas de protecionismo por parte de competidores americanos, como a Beech Aircraft Corporation. De acordo com a revista *Aviation Week*, executivos da indústria americana estavam preocupados com o novo concorrente que vinha do Brasil. Relatórios estimavam que as novas regras aplicáveis à comercialização de aeronaves estrangeiras no Brasil representariam uma perda de aproximadamente US$ 30 milhões em receitas de exportação para os fabricantes dos EUA.[5]

Não obstante, o governo brasileiro afirmava que essas medidas eram necessárias para evitar que empresas aeronáuticas estrangeiras mais experientes inundassem o mercado doméstico com importações baratas. O Brasil havia gastado milhões de dólares apoiando o desenvolvimento da Embraer. As autoridades achavam que medidas econômicas especiais ajudariam a garantir o retorno dos investimentos do governo. Naquele período, a Embraer continuava focada no desenvolvimento de sua capacitação tecnológica e construindo protótipos para aumentar o portfólio de produtos.[6]

Crescimento Internacional

Em 1975, o presidente do Uruguai, Juan Maria Bordaberry, visitou Brasília e se reuniu com autoridades brasileiras, que fizeram grandes elogios à Embraer. Os comentários despertaram a curiosidade de Bordaberry e ele decidiu visitar as instalações da empresa em São José dos Campos. Originalmente interessado no avião agrícola EMB 200 Ipanema, Bordaberry ficou imediatamente impressionado com o Bandeirante. Segundo Ozires Silva, "Quando Bordaberry viu o Bandeirante, afirmou: 'Precisamos ter esse avião.' "[7]

Naquela época, os aviões da Embraer eram certificados pelo Centro Técnico Aeroespacial (CTA), uma organização aeronáutica estritamente doméstica. A compra, pelo Uruguai, de dez EMB 200 Ipanema e cinco EMB 110C Bandeirante comprovou sua grande confiança nos padrões da aviação brasileira.[8] Ozires Silva foi um dos criadores do sistema de certificação de aviação do CTA, preocupando-se em assegurar que as aeronaves brasileiras respeitassem requisitos estritos. Explica:

Sabíamos que precisávamos de uma certificação muito forte a fim de sermos

Neiva (Indústria Aeronáutica Neiva) headquarters is located in Botucatu, in the state of São Paulo. Embraer acquired Neiva in 1980.

Buying Neiva

A Compra da Neiva

Neiva (Indústria Aeronáutica Neiva) has a long history in Brazil, reaching back to its inception in 1954 as one of the country's first aviation manufacturers. In 1975, Neiva began producing light aircraft under licensing agreements with Embraer, marking the beginning of a long and productive relationship between the two companies.

At the end of 1979, new Brazilian Aeronautics Minister Délio Jardim de Mattos, a former colleague of Ozires in the Brazilian Air Force, met with Neiva founder and president José Carlos Neiva to discuss a possible government bailout of the company, which had been under financial duress. However, they decided that a better option would be to encourage Embraer to acquire its longtime partner. "It was a surprise," recalled Ozires Silva, Embraer's first president. "[They] wanted to transform Neiva into a wholly owned subsidiary of Embraer."[1]

Neiva became a part of Embraer on March 11, 1980.[2] Neiva's first projects

Uma das primeiras fabricantes de aviões do país, a Indústria Aeronáutica Neiva tem uma longa história no Brasil que remonta à sua fundação, em 1954. Em 1975, a Neiva iniciou a produção sob licença de aeronaves leves da Embraer, marcando o começo de uma longa e produtiva relação entre as duas empresas.

No final de 1979, o novo ministro da Aeronáutica, Délio Jardim de Mattos, ex-colega de Ozires na Força Aérea Brasileira, reuniu-se com o fundador e presidente da Neiva, José Carlos Neiva, para discutir um possível auxílio do governo à companhia, que então enfrentava sérios problemas financeiros. Decidiram, entretanto, que a melhor opção seria estimular a Embraer a adquirir a sua parceira de longa data. "Foi uma surpresa", relembra Ozires Silva, o primeiro diretor superintendente da Embraer. "[Eles] queriam transformar a Neiva em uma subsidiária integral da Embraer."[1]

A Neiva tornou-se parte integrante da Embraer em 11 de março de 1980.[2] Os primeiros projetos da Neiva como subsidiária incluíam a transferência da fabricação do avião agrícola EMB 200 Ipanema, bem como a versão modificada dos bimotores turboélices EMB 820 Navajo e EMB 821 Carajá. O EMB 202, versão do Ipanema movido a álcool, foi lançado em 2002.

Em 3 de abril de 2005, durante a terceira edição da Conferência e Exposição Latino-Americana de Aviação Executiva (Latin American Business Aviation Conference and Exhibition; LABACE 2005) em São Paulo, Ed Bolen, presidente e diretor-executivo da Associação Nacional de Aviação Executiva (National

A sede da Neiva (Indústria Aeronáutica Neiva) está localizada em Botucatu, no interior do estado de São Paulo. A Embraer comprou a Neiva em 1980.

as a subsidiary included building the EMB 201 Ipanema crop duster, as well as the modified twin turboprop EMB 820 Navajo and the EMB 821 Carajá. An ethanol-powered EMB 202 Ipanema was launched in 2002.

On April 3, 2005, during the third annual Latin American Business Aviation Conference and Exhibition (LABACE 2005) in São Paulo, Brazil, Ed Bolen, president and CEO of the U.S.-based National Business Aviation Association (NBAA), awarded 85-year-old Neiva founder José Carlos the "Aviation Executive Emeritus" designation for his contribution to the field of flight.[3]

That year, Neiva delivered the 1,000th Ipanema crop duster, an ethanol-powered model, during a ceremony at its Botucatu, São Paulo, headquarters. The Ipanema remains Embraer's best-selling aircraft with more than 30 years of uninterrupted production.

Neiva has also continued to serve as a manufacturing center for various Embraer models and parts. In 1997, it started producing segments for the ERJ 145, Embraer's modern regional jet. In 1999, it took over on-demand production of the EMB 120 Brasilia. In 2002, Neiva also began manufacturing components for Embraer's largest passenger airplanes, the EMBRAER 170 and EMBRAER 190, and in 2003, it began producing parts for the Super Tucano. Today, the industrial unit also manufactures the fuselage, wings, and other components of the Phenom 100 and Phenom 300 executive jets.

Business Aviation Association; NBAA), entidade sediada nos EUA, premiou o fundador da Neiva, José Carlos Neiva, então com 85 anos, com o título de "Executivo Emérito da Aviação" por sua contribuição à atividade aeronáutica.[3]

Naquele ano, a Neiva entregou o milésimo avião agrícola Ipanema, um modelo movido a álcool, durante uma cerimônia na sede da empresa, em Botucatu, no interior de São Paulo. Produzido há mais de 30 anos e de forma ininterrupta, o Ipanema permanece sendo a aeronave mais vendida da Embraer.

A Neiva também continuou a servir de centro de fabricação de diferentes modelos e partes de aviões da Embraer. Em 1997, começou a produzir segmentos do ERJ 145, um moderno jato regional. Em 1999, assumiu a responsabilidade pela produção, sob encomenda, do EMB 120 Brasilia. Em 2002, também começou a fabricar componentes para os maiores aviões de passageiros da Embraer, o EMBRAER 170 e o EMBRAER 190. Em 2003, deu início à produção de partes para o Super Tucano. Hoje, a unidade industrial também fabrica a fuselagem, as asas e outros componentes dos jatos executivos Phenom 100 e Phenom 300.

Embraer had early success with the Bandeirante's civil and military variants, such as the EMB 110C and EMB 111A maritime patrol aircraft, respectively.

the special economic measures would help guarantee the government's return on its investment. At the time, Embraer remained focused on developing its technological expertise and building prototypes to expand its portfolio.[6]

International Growth

In 1975, Uruguay's President Juan María Bordaberry visited Brasília and met with Brazilian officials eager to praise Embraer. Their descriptions awakened Bordaberry's curiosity, and he traveled to São José dos Campos to view Embraer's facilities for himself. Originally interested in the EMB 200 Ipanema crop duster, Bordaberry was immediately impressed by the Bandeirante. According to Ozires Silva, "When he saw the Bandeirante, he said, 'We need to have this plane.'"[7]

At the time, Embraer's aircraft were certified by the Aerospace Technical Center (Centro Técnico Aeroespacial; CTA), a strictly domestic aviation organization. Uruguay's purchase of 10 EMB 200 Ipanema and five EMB 110C Bandeirantes proved its considerable confidence in Brazil's strong aviation standards.[8] Ozires Silva had been one of the founders of the CTA's aviation certification system and had focused on ensuring that Brazilian aircraft adhered to strict criteria. He explained:

> *We knew we needed very strong certification in order to succeed in the international market. We also had to have external agreements on certification matters. This was vital. I made sure the CTA was independent and could run tests the way it wanted to, which gave it external credibility.*

The CTA and its sister institutions maintained close ties with Embraer, but Ozires and other executives remained determined to prevent any conflicts of interest between the CTA's aviation authority and the government-backed company it helped create. Any such suspicions would have been disastrous for Embraer. "This helped a lot when we started to talk to the FAA," Ozires recalled.

A Embraer teve sucesso desde o início com variantes civis e militares do Bandeirante, como o EMB 110C e a aeronave de patrulhamento marítimo EMB 111A, respectivamente.

A group of Brazilian and Uruguayan authorities pose with the Bandeirante. In 1975, Uruguay's government became the first international buyer of the EMB 110 Bandeirante.

bem-sucedidos no mercado internacional. Também necessitávamos de acordos externos sobre questões de certificação. Isso era vital. Fiz questão de que o CTA fosse independente e de que pudesse executar testes da forma que desejasse. Isso lhe deu credibilidade externa.

O CTA e suas instituições coirmãs mantinham laços estreitos com a Embraer, mas Ozires e outros executivos continuavam determinados a evitar quaisquer conflitos de interesse entre a agência certificadora, o CTA, e a empresa apoiada pelo governo que este ajudara a criar. Qualquer tipo de suspeita teria se mostrado desastrosa para a Embraer. "Isso nos ajudou muito quando começamos a conversar com a FAA", relembra Ozires.

Nos primeiros anos da Embraer, até o momento em que começou a expandir suas oportunidades internacionais, a equipe de teste de voo do CTA que trabalhava na companhia "tinha dois chapéus", segundo Walter Bartels, que atuou como chefe do centro de teste de voo no CTA e que desempenharia importante papel como diretor do programa AMX da Embraer em meados dos anos 1980.[9]

Sucesso nos Mercados Externos

Para obter sucesso no mercado da aviação internacional, a Embraer tinha de manter-se uma companhia flexível, enquanto se esforçava para satisfazer aos rigorosos padrões da indústria. A companhia centrou foco na renovação e modificação do Bandeirante para melhor se ajustar a requisitos específicos de versões militares, de passageiros e de carga, de novos e potenciais compradores. Os modelos mais populares da Embraer de 1975 a 1985 incluíam a aeronave EMB 110P1 Bandeirante "de conversão rápida" passageiros/carga, e o avião commuter EMB 110P2, destinado à ligação entre cidades de pequeno porte e projetado

Um grupo de autoridades brasileiras e uruguaias posa diante do Bandeirante. Em 1975, o governo do Uruguai tornou-se o primeiro comprador internacional do EMB 110 Bandeirante.

In Embraer's early years, up to the point when it began seeking to expand its international opportunities, the CTA flight test team that worked at Embraer "had two hats," according to Walter Bartels, who served as chief of the flight test center at the CTA and would play an important role as Embraer's AMX program director in the mid-1980s.[9]

Success in Foreign Markets

To gain success in the international aviation marketplace, Embraer had to remain flexible while striving to meet stringent aviation standards. The company focused on renovating and modifying the Bandeirante to better fit the specific military, passenger, and cargo requirements of new and potential buyers. Embraer's most popular models from 1975 to 1985 included the EMB 110P1 Bandeirante "quick-change" cargo/passenger aircraft, and the EMB 110P2 commuter aircraft, designed for both military and civilian use. The flexible P1 Bandeirante could easily switch from a 17-passenger arrangement to a cargo configuration capable of hauling 1,700 kilograms, while the P2 offered an appealing and spacious 21-passenger design. Both the P1 and P2 Bandeirantes ran on 750 shp Pratt & Whitney PT6A-34 engines.[10]

Chile announced in 1977 that it would purchase nine Bandeirantes for its navy—three EMB 110C models and six EMB 111A maritime patrol models. That year, Embraer also sold EMB 326GB Xavante attack trainers to the Togo Air Force and entered into an agreement with the Togo military to train its pilots on the Xavante. Togo continues to use the Xavante into the 21st century.[11]

That year, on December 21, France became the first European nation to grant the Bandeirante international flight certification after the Direction Générale de l'Aviation Civile (DGAC) awarded the EMB 110 certification in Paris. The approval served as a homecoming for the Bandeirante, since French designer Max Holste had served as the brainchild behind the first prototype. French airline Air Littoral became the first commercial airline in Europe to sign a contract for a Brazilian aircraft on May 5, 1977.[12]

Embraer's success in France helped pave the way for the company's further international expansion. By 1978, the British Civil Aviation Authority and Australian Department of Transportation had also certified the Bandeirante. Following Embraer's certification, several small European airlines purchased Bandeirantes, including Air Écosse, Air Wales, Brit Air, and Kar Air, as well as Australian airline Air Masling.[13]

However, Embraer faced multiple challenges as it entered the international marketplace. Convincing potential buyers proved a major stumbling block. Many of Embraer's foreign markets already had domestic aviation manufacturers, often established decades earlier. While the Embraer brand was becoming better known throughout the world, manufacturers based in the United Kingdom, France, Germany, and the United States already dominated their individual domestic markets. In response, Embraer made concerted efforts to prove to potential foreign buyers that it was capable of meeting their needs while also providing adequate training and customer support services.

The company's success with commercial ally Rio Sul, a Brazilian airline that was one of the first to purchase Bandeirantes for its fleet, helped demonstrate to prospective buyers the benefits of switching to Embraer. Whenever potential foreign customers visited Embraer's São José dos Campos facilities, the company would fly them to Rio Sul headquarters to see the Bandeirante in action. Rio Sul executives praised Embraer aircraft as an affordable, safe, and comfortable way to fly.[14]

para uso militar e civil. O flexível P1 Bandeirante podia passar facilmente de um arranjo de 19 passageiros para uma configuração de carga, capaz de transportar 1.700 quilos, ao passo que o P2 oferecia um desenho atraente e espaçoso, comportando 21 passageiros. Ambos os Bandeirantes P1 e P2 funcionavam com motores Pratt & Whitney PT6A-34 de 750 shp.[10]

O Chile anunciou em 1977 que iria comprar nove Bandeirantes para sua Marinha—três modelos EMB 110C e seis modelos EMB 111A de patrulhamento marítimo. Naquele ano, a Embraer também vendeu aviões de instrução de ataque EMB 326GB Xavante para a Força Aérea do Togo e entrou em acordo com os militares do país africano para treinar seus pilotos. O Togo continua a usar o Xavante no século XXI.[11]

Naquele ano, em 21 de dezembro, a França tornou-se a primeira nação europeia a conceder um certificado internacional de voo ao Bandeirante, depois que a Direção Geral de Aviação Civil (Direction Générale de l'Aviation Civile; DGAC) outorgou a homologação ao EMB 110 em Paris. A aprovação serviu como uma "volta ao lar" para o Bandeirante, uma vez que o projetista francês Max Holste fora o inspirador do primeiro protótipo do avião. A companhia aérea francesa Air Littoral tornou-se, em 5 de maio de 1977, a primeira linha aérea comercial na Europa a receber uma aeronave brasileira.[12]

O sucesso da Embraer na França ajudou a pavimentar o caminho da companhia em sua posterior expansão internacional. Em 1978, a Autoridade de Aviação Civil da Grã-Bretanha e o Departamento de Transporte da Austrália também certificaram o Bandeirante. Em decorrência da certificação da Embraer, diversas pequenas companhias aéreas europeias, entre as quais a Air Écosse, a Air Wales, a Brit Air e a Kar Air, bem como a companhia australiana Air Masling, compraram aviões Bandeirante.[13]

Todavia, a Embraer teve de enfrentar múltiplos desafios enquanto ingressava no mercado internacional. Convencer compradores em potencial revelou-se um grande obstáculo. Muitos dos mercados externos da Embraer já contavam com fabricantes

In 1977, Embraer made its first overseas commercial aircraft sale when French airline Air Littoral purchased the EMB 110P2, a 21-passenger stretched version of the Bandeirante.

A Embraer fez sua primeira venda de um avião comercial para o exterior em 1977, quando a empresa aérea francesa Air Littoral adquiriu o EMB 110P2, uma versão alongada do Bandeirante, para 21 passageiros.

Brazilian airline Rio Sul was one of the earliest buyers of the Bandeirante.

A empresa aérea brasileira Rio Sul foi uma das primeiras a adquirir o Bandeirante.

Achieving FAA Certification

Embraer's string of international certifications marked the company's first tentative steps into the rapidly growing U.S. market, which at the time accounted for 50 percent of the global commuter aircraft market.[15] However, achieving true FAA certification would prove a difficult task. The FAA insisted that Embraer's aircraft would not be considered unless a U.S. company appeared seriously interested in purchasing them. "We knew our airplanes had to have an American willing to buy them," said Antonio Garcia da Silveira.

Brazil's CTA certification was not accepted at first in the United States, Europe, or Australia because of the need for additional cold weather and wind tests. Embraer considered it a top priority to make the necessary modifications to ensure FAA approval, but there remained the difficult task of entering the U.S. market and finding a committed buyer.

In January 1979, Robert "Bob" Terry, an entrepreneur who built California-based Mountain West Airlines, stepped in with a firm offer to purchase three EMB 110P1 Bandeirantes. He established a new company, Aero Industries, to become the Bandeirante's sales agent in the all-important U.S. market.[16] "Terry's interest in the plane made the FAA approval possible," Garcia said. "The doors for our Bandeirante and all of the models that followed were really opened to the United States and the world thereafter."[17]

Terry wanted his new venture to serve air passengers in smaller cities and con-

domésticos de aviões, quase sempre estabelecidos havia décadas. Embora a marca Embraer começasse a tornar-se mais conhecida em todo o mundo, fabricantes baseados no Reino Unido, na França, na Alemanha e nos Estados Unidos já dominavam os mercados internos desses países. Em resposta, a Embraer promoveu esforços concentrados para provar a compradores estrangeiros em potencial que era capaz de atender às suas necessidades, ao mesmo tempo que provia treinamento adequado e serviços de apoio ao cliente.

O sucesso da companhia com a parceira comercial Rio Sul, empresa aérea brasileira que foi uma das primeiras a comprar o Bandeirante para sua frota, ajudou a demonstrar aos potenciais compradores os benefícios de optarem pela Embraer. Sempre que clientes estrangeiros em potencial visitavam as dependências da Embraer em São José dos Campos, a companhia levava-os de avião à sede da Rio Sul para mostrar-lhes o Bandeirante em ação. Os executivos da Rio Sul elogiavam muito os aviões da Embraer como uma forma econômica, segura e confortável de voar.[14]

Recebendo a Certificação da FAA

A sequência de certificações internacionais obtidas pela Embraer marcou suas primeiras tentativas de penetrar no cada vez maior mercado dos EUA, que representava, na época, 50% do mercado mundial de aviação regional.[15] No entanto, obter a certificação da FAA não seria uma tarefa fácil. A FAA insistia que as aeronaves da Embraer só seriam consideradas para fins de certificação se alguma empresa americana se mostrasse seriamente interessada em adquiri-las. "Estávamos conscientes de que nossos aviões tinham de ser objeto do desejo de alguma empresa americana," afirmou Garcia.

A certificação brasileira conferida pelo CTA foi aceita de imediato pelos EUA, Europa ou Austrália em virtude da necessidade de testes adicionais relacionados a baixas temperaturas e vento. A Embraer considerou uma prioridade absoluta promover as modificações necessárias para assegurar a aprovação da FAA, mas continuava a defrontar-se com o desafio de entrar no mercado dos EUA e encontrar um comprador interessado.

Isso aconteceu em janeiro de 1979, quando o empresário Robert "Bob" Terry, dono da empresa californiana Mountain West Airlines, entrou em cena com uma oferta firme—comprar três EMB 110P1 Bandeirante. Terry criou uma nova companhia, a Aero Industries, tornando-se o agente de vendas do Bandeirante no extremamente importante mercado americano.[16] "O interesse de Terry pelo avião tornou possível a aprovação da FAA", afirma Garcia. "Desde então, as portas para o nosso Bandeirante e para todos os modelos que se seguiram foram realmente abertas nos Estados Unidos e, na sequência, em todo o mundo."[17]

Terry queria que sua nova empresa atendesse a passageiros em cidades pequenas, considerando o Bandeirante a aeronave mais adequada para o serviço.[18] Ele criara a Mountain West para desenvolver o novo segmento de mercado de voos regionais na Califórnia. No entanto, o segmento da aviação regional ainda estava na infância e as companhias lutavam para sobreviver. Embora a Mountain West tenha sucumbido em 1991, a visão de Terry e o seu interesse inicial revelaram-se fundamentais para que a FAA se convencesse a considerar os aviões da Embraer para fins de certificação.[19]

Em 1978, o Departamento de Estado dos Estados Unidos e a FAA firmaram um acordo bilateral com o CTA, o que levou à primeira certificação de uma aeronave brasileira para voar no espaço aéreo americano. Em 18 de agosto de 1978, o representante da FAA, Keith Blythe, visitou São José dos Campos e certificou o EMB 110. "Depois disso, nos lançamos nos mercados em todo o mundo", afirmou Ozires.[20]

Newton Urbano Berwig (center) served as president of Embraer's first U.S. sales, training, and repair subsidiary in Dania, Florida, just minutes from Fort Lauderdale.

sidered the Bandeirante the best-suited aircraft for the job.[18] He created Mountain West to develop the young commuter market flights segment in California. However, the regional airline industry remained in its infancy and companies struggled for survival. Although Mountain West folded in 1991, Terry's vision and early interest proved instrumental in convincing the FAA to consider Embraer aircraft for certification.[19]

In 1978, the U.S. Department of State and the FAA entered into a bilateral aviation agreement with Brazil's CTA, which led to the first certification of a Brazilian aircraft in U.S. airspace. On August 18, 1978, FAA representative Keith Blythe visited São José dos Campos and certified the EMB 110. "After that, we jumped out into the global markets," said Ozires.[20]

Soon after the Bandeirante achieved FAA certification, Embraer delivered the first Bandeirante to fledgling Wyoming Airlines. This proved the beginning of a period of remarkable international growth for Embraer. From 1979 to 1982, the U.S. market for 15- to 19-passenger aircraft averaged 73 units on an early basis. Embraer's share of that market reached 31 percent of U.S. aircraft sales for that particular style, accounting for 61 percent of imports. Between 1975 and 1985, the United States rapidly became Embraer's most important export market. Of the more than 480 Bandeirantes delivered, 130 operated in the United States.[21]

The Bandeirante P1s and P2s were renowned for their rugged durability and low maintenance requirements, as well as their flexibility to alternate between cargo and passenger applications. Although both models suffered from a shorter range than their principal competitors, as well as higher fuel consumption, Embraer aircraft benefited from significant cost advantages, partially due to the lower overhead costs of manufacturing products in Brazil. In addition, Embraer offered buyers a 45-day delivery deadline and lower interest rates of approximately 9 percent, compared to standard rates of between 15 percent and 18 percent, for U.S. aircraft.[22]

Embraer's success in the United States was also influenced by events in the Middle East. The oil embargo of 1973 led to soaring jet fuel costs. Due to the changing international circumstances, Embraer's lower cost aircraft proved to have additional

Newton Urbano Berwig (centro) chefiou a primeira subsidiária de vendas, treinamento e manutenção da Embraer nos Estados Unidos, localizada em Dania, Flórida, a alguns minutos de Fort Lauderdale.

In the 1970s, Embraer's global portfolio of aircraft included (from left to right) the Xavante, Ipanema, and Bandeirante.

Na década de 1970, o portfólio global da Embraer de aeronaves incluía, da esquerda para a direita, o Xavante, o Ipanema e o Bandeirante.

Logo depois de o Bandeirante ter garantido a certificação da FAA, a Embraer entregou o primeiro Bandeirante à recém-criada Wyoming Airlines. Isso marcou o início de um período de notável crescimento internacional para a companhia. De 1979 a 1982, o mercado americano de aeronaves de 15 a 19 passageiros absorveu uma média anual de 73 unidades. A participação da Embraer chegou a 31% das vendas de aviões nos EUA para esse segmento, representando 61% das importações americanas. Entre 1975 e 1985, os EUA tornaram-se o mais importante mercado de exportação da Embraer. Dos mais de 480 Bandeirantes entregues pela companhia, 130 operavam nos Estados Unidos.[21]

Os Bandeirantes P1 e P2 ganharam boa reputação devido à extrema durabilidade e aos requisitos simples de manutenção, bem como à flexibilidade para alternar sua utilização como aeronave de transporte de carga ou passageiros. Embora ambos os modelos apresentassem alcance menor do que os seus principais competidores, além de consumo de combustível mais elevado, os aviões da Embraer beneficiavam-se de significativas vantagens de custo, em parte devido aos custos inferiores de mão de obra no Brasil. Ademais, a Embraer oferecia aos compradores um prazo máximo de entrega de 45 dias e juros mais baixos, de aproximadamente 9%, comparados aos juros padrão para as aeronaves americanas, que se situavam entre 15% e 18%.[22]

O sucesso da Embraer nos Estados Unidos também foi influenciado pelos acontecimentos no Oriente Médio. O embargo do petróleo de 1973 fez os custos do combustível para jatos dispararem. Devido às mudanças na conjuntura internacional, o custo mais baixo das aeronaves da Embraer representou benefícios adicionais para as companhias aéreas em seus esforços para lidar com custos operacionais cada vez mais elevados.[23] No entanto, a eficiência da Embraer era apenas um dos fatores no convencimento de clientes em potencial das linhas aéreas. A Embraer necessitava igualmente entregar uma aeronave de aspecto impecável para poder competir com fabricantes consagrados, como

The Bandeirante was Brazil's first regional aircraft, tapping into what would later become one of the most lucrative, fastest-growing aircraft markets in the world.

cost benefits for airlines struggling to compete with escalating costs of operation.[23] However, Embraer's efficiency was only one factor in winning over prospective airline customers. Embraer also needed to deliver a superior aircraft tailored to compete against established manufacturers, such as Beech and Fairchild, which had complained to the U.S. International Trade Commission that Brazil's low-interest loans were anticompetitive.

Embraer entered the U.S. market at a historic time. On October 24, 1978, U.S. President Jimmy Carter signed the Airline Deregulation Act (ADA), changing the way airlines and airports conduct business. It was the first time in decades that the United States had deregulated a major national industry. The act allowed new regional carriers to offer lower fares and opened up air travel to people living in areas not previously served by major airlines. According to Carter, prior to the law "it had been impossible for a new carrier meeting all safety and financial requirements to receive permission to serve the public. But under the new bill, the opportunities for entry of new airlines in this service will be greatly improved."[24]

Between 1979 and 1982, the ADA led to a 34 percent increase in passenger air traffic on regional airlines, city-to-city routes doubled, and new fleets to service those routes expanded by as much as 50 percent.[25]

Global Locations

October 1979 marked the opening of the Embraer Aircraft Corporation (EAC) subsidiary, Embraer's first sales, service, training, and repair center in the United States, located in Dania, Florida. Within just two years, Embraer expanded its Dania facilities, moving a short distance away to its current location at 276 SW 34th Street at the Fort Lauderdale–Hollywood International Airport. The center would grow to

O Bandeirante foi a primeira aeronave regional do Brasil, ingressando naquele que se tornaria, mais tarde, um dos mercados de aeronaves mais lucrativos e de crescimento mais rápido do mundo.

a Beech e a Fairchild, que se queixavam na Comissão de Comércio Internacional dos EUA que os empréstimos a juros baixos do Brasil eram anticompetitivos.

A Embraer entrou no mercado dos EUA em um momento histórico. Em 24 de outubro de 1978, o presidente norte-americano Jimmy Carter assinou o Ato de Desregulamentação das Linhas Aéreas (Airline Deregulation Act—ADA), mudando a maneira pela qual companhias aéreas e aeroportos conduziam o negócio de transporte aéreo. Foi a primeira vez, em décadas, que os Estados Unidos desregulamentaram um importante ramo de atividade. O ato permitiu que novas empresas aéreas regionais oferecessem tarifas mais econômicas, abrindo o transporte aéreo a pessoas que moravam em regiões anteriormente não atendidas pelas grandes companhias. De acordo com Carter, antes da lei "era impossível que uma nova empresa aérea satisfizesse todos os requisitos de segurança e financeiros necessários para receber permissão para servir ao público. Mas sob a nova legislação, as oportunidades para a entrada de novas empresas aéreas nesse serviço serão enormemente ampliadas".[24]

Entre 1979 e 1982, o ADA provocou um aumento de 34% no tráfego aéreo de passageiros em linhas aéreas regionais, enquanto o número de novas rotas entre dois destinos (rota "ponto a ponto") duplicou. As novas frotas para servir essas rotas expandiram-se o equivalente a 50%.[25]

Instalações ao Redor do Mundo

Outubro de 1979 foi marcado pela inauguração da subsidiária Embraer Aircraft Corporation (EAC), o primeiro centro de vendas, serviços, treinamento e manutenção da Embraer nos Estados Unidos, localizado em Dania, Flórida. Em apenas dois anos, a Embraer ampliou as instalações em Dania, transferindo-se para seu endereço atual em 276 SW 34th Street, no Aeroporto Internacional de Fort Lauderdale–Hollywood. O centro cresceu, chegando a ocupar uma área de 2.438 m² e a empregar 200 pessoas. Newton Urbano Berwig, anteriormente ligado à Piper Aircraft Corp., assumiu a chefia da subsidiária.[26]

Em 1983, o Xingu alcançou enorme sucesso na França, levando a Embraer a abrir novas instalações no exterior, dessa vez no aeroporto de Le Bourget, nas proximidades de Paris. Irajá Buch Ribas assumiu a chefia da nova subsidiária, a Embraer Aviation International (EAI). As instalações ocupavam uma área de 1.219 m², empregando um staff de 33 pessoas.[27] A equipe atendia aos clientes, principalmente os proprietários do Xingu e os militares franceses, em treinamento, serviços técnicos e de apoio. Estabelecendo sólidos laços com os militares franceses, e com as empresas aéreas regionais, a EAI cresceria em importância, vindo a ter o seu quadro ampliado para 250 empregados.[28]

O Tucano

Depois que a Cessna interrompeu a fabricação do avião de treinamento T-37, a Embraer e a Força Aérea Brasileira enxergaram a oportunidade perfeita para planejar uma substituição, em virtude das mudanças no comportamento dos Estados Unidos com o Brasil. Em meados dos anos 1970, a administração Carter anunciou um boicote às vendas de equipamento e material de defesa ao Brasil, com base em acusações de abusos dos direitos humanos por parte do governo brasileiro. De acordo com Carlos Henrique Berto, que mais tarde atuaria como gerente de ensaios em voo do popular Tucano, o boicote obrigou os militares brasileiros a desenvolverem uma solução doméstica para substituir o Cessna T-37, em vez de se voltar para os fabricantes norte-americanos.[29]

O coronel da FAB indicado para encontrar o substituto para o Cessna foi Lélio Viana Lobo, velho companheiro de escola de Ozires. Lobo pressionou os engenheiros

Irajá Buch Ribas served as president of Embraer's first European subsidiary in 1983.

include 2,438 square meters of space with a staff of 200. Newton Urbano Berwig, formerly of Piper Aircraft Corp., served as president of the subsidiary.[26]

By 1983, the Xingu had proven itself a resounding success in France, compelling Embraer to open another international facility at the Le Bourget Airport in the vicinity of Paris. Irajá Buch Ribas led the new Embraer Aviation International (EAI) subsidiary. The location featured 1,219 square meters of space and employed a staff of 33, mostly focused on servicing the training, customer, and technical support needs of the Xingu owners and the French military.[27] EAI maintained solid ties with the French military as well as regional airline customers. The location would grow in importance, expanding to a staff of 250.[28]

The Tucano

After Cessna discontinued its T-37 pilot trainer, Embraer and the Brazilian Air Force foresaw a perfect opportunity to design a replacement due to changes in U.S. policies toward Brazil. The Carter Administration announced a boycott on the sales of defense material and equipment to Brazil during the mid-1970s, based on charges of human rights abuses by the Brazilian government. According to Carlos Henrique Berto, who would later go on to serve as flight test manager for the popular Tucano, the boycott forced Brazil's military to develop a domestic solution instead of turning to U.S. manufacturers to replace the Cessna T-37.[29]

The Air Force colonel designated to find the Cessna replacement was Lélio Viana Lobo, an old classmate of Ozires. He pressed Embraer engineers to work as hard and efficiently as possible, since the Air Force needed a quick turnaround on the project and had requested more than 100 aircraft.

In May 1977, Embraer sent its first proposal to the military regarding its new trainer, the EMB 312, named the Tucano after the Portuguese word for toucan, a beautifully plumed bird found throughout Central and South America. The new design featured a full cover Plexiglas canopy, retractable landing gear, modern avionics, and specialized hardpoints designed to carry external fuel or munitions. The standard Tucano was equipped with the Pratt & Whitney PT6A-25C of 750 shp, which powered the three-bladed propeller aircraft to a maximum speed of 448 kilometers per hour. The design specified a ceiling altitude of 30,000 feet and a maximum range of 2,055 kilometers. The Tucano weighed just 1,810 kilograms and was capable of carrying 12.7 millimeter machine guns, as well as rockets and bombs.

The Brazilian Air Force assisted in the design of the Tucano, suggesting modifications and enhancements, such as specialized ejection seats. Embraer's engineers worked fast, and by 1980 the Tucano prototype completed its first flight. The company swiftly completed both the design and testing phases, and in 1982, the Brazilian Air Force ordered 118 Tucanos with options to buy 50 more.

Embraer delivered its first six Tucanos in 1983. That same year, Embraer also

Irajá Buch Ribas tornou-se presidente da primeira subsidiária europeia da Embraer, em 1983.

da Embraer a trabalhar da forma mais dura e eficiente possível, uma vez que a Força Aérea Brasileira necessitava rapidamente do projeto e demandava mais de 100 aeronaves.

Em maio de 1977, a Embraer enviou a primeira proposta aos militares relativa ao novo avião de treimamento, o EMB 312, batizado de Tucano. O novo projeto comportava uma capota (*canopy*) única em *plexiglas*, trem de pouso retrátil, aviônica moderna e pontos duros sob as asas, projetados para fixação e transporte de combustível externo ou armamento. O Tucano era equipado com motor Pratt & Whitney PT6A-25C de 750 shp, que movimentava a aeronave turboélice de três pás a uma velocidade máxima de 448 quilômetros por hora. O projeto previa uma altitude máxima de 30.000 pés e um alcance máximo de 2.055 quilômetros. O Tucano pesava apenas 1.810 quilos, podendo transportar metralhadoras de 12,7 milímetros, bem como foguetes e bombas.

A Força Aérea Brasileira auxiliou no desenvolvimento do projeto do Tucano, sugerindo modificações e aperfeiçoamentos, tais como assentos ejetáveis especiais. Os engenheiros da Embraer trabalharam rapidamente. Em 1980 o protótipo do Tucano realizou o seu primeiro voo. A companhia concluiu em pouco tempo as fases de projeto e de teste e, em 1982, a Força Aérea Brasileira encomendou 118 Tucanos, com opção de compra de 50 unidades adicionais.

A Embraer entregou os seis primeiros Tucanos em 1983. No mesmo ano, a empresa também assinou um contrato internacional para fornecer dez Tucanos a Honduras. Foi nessa ocasião que Ozílio

The EMB 312 Tucano was built specifically for the Brazilian Air Force. The sign to the lower right announces there are "just 50 more days for the [first] EMB 312 to fly."

O EMB 312 Tucano foi desenvolvido especialmente para a Força Aérea Brasileira. O cartaz abaixo, à direita, anuncia que restam "somente 50 dias para o [primeiro] EMB 312 voar".

The first Tucano prototype took to the skies in 1980. It was conceived in 1978 for the Brazilian Air Force as a single-engine low wing turboprop.

O primeiro protótipo do Tucano ganhou os céus em 1980. Foi projetado em 1978 para a Força Aérea Brasileira como um monomotor turboélice de asa baixa.

signed an international contract to supply Honduras with 10 Tucanos. Ozílio Carlos da Silva began serving as Embraer's sales director and traveled to Cairo in an effort to sell the Tucano to the Egyptian military. Ozílio recalled the trip:

> *I remember going to meet the Egyptian defense minister at a hotel in Cairo. To get there you had to go through several security checkpoints. ... The defense minister was too busy so he said we had to talk to a colonel, and anything we agreed to with the colonel was acceptable. The colonel said, "We are ready to make a contract. The airplane is the best for our needs, but we need a 6 percent discount."*
>
> *He wasn't joking. I made concessions, but told him we couldn't make up that difference. He said, "Okay, thank you very much," and that was it. Just before I got into the elevator, a general grabs me and tells me we can't leave, he has to make this deal or he will be kicked out of the air force. I remember talking to him from midnight to 6 in the morning with an 8 o'clock flight to catch to Paris then to Brazil. I got the contract, though. It was worth the trouble.*[30]

Egypt and Embraer entered into an agreement worth approximately US$180 million for the purchase of 120 Tucanos, with an option for 60 more. Under the contract, 10 Tucanos would be assembled in Brazil and the rest in Cairo.

The Tucano's early success impressed executives at Short Brothers, a British aircraft manufacturer founded in 1908. Embraer and Short Brothers joined forces to supply Britain's Royal Air Force (RAF) with new training aircraft in 1985. As part of the licensing agreement, both companies worked together to provide the RAF with 130 specialized Short Tucano T1 trainers, with options for 15 more, to replace its training fleet of older British Aircraft Corporation Jet Provosts. Short Brothers manufactured the Tucano T1 at its Belfast, Northern Ireland, facilities.

The Tucano T1's maximum takeoff weight reached 2,550 kilograms, with a top speed of 447 kilometers per hour. It was built to hold up to 1,000 kilograms of

Carlos da Silva assumiu o cargo de diretor de vendas da Embraer, viajando para o Cairo com a missão de vender o Tucano aos militares egípcios. Ele recorda a viagem:

> *Lembro-me de que fui ao encontro do ministro da Defesa egípcio num hotel do Cairo. Para se chegar lá, você tinha que passar por diversos postos de controle. ... O ministro da Defesa estava muito ocupado e por isso ele disse que nós tínhamos de falar com um coronel, e qualquer coisa que acordássemos com o coronel seria aceito. O coronel declarou: "Estamos prontos para firmar um contrato. A aeronave é a que melhor atende às nossas necessidades, mas precisamos de 6% de desconto".*
>
> *Ele não estava brincando. Fiz algumas concessões, mas lhe disse que não podíamos oferecer-lhe aquela diferença toda. Ele respondeu: "Tudo bem, agradeço muito" e ficou nisso. Um segundo antes de eu entrar no elevador, um general me segurou pelo braço, dizendo que não podíamos ir embora, que ele tinha de fazer o negócio de qualquer jeito ou senão ele seria colocado para fora da Força Aérea. Lembro-me de que conversei com ele da meia-noite às seis da manhã, tendo de pegar um avião para Paris, e daí para o Brasil, às oito horas. Acabei saindo com o contrato. Valeu a pena o trabalho.*[30]

O Egito e a Embraer firmaram acordo no valor aproximado de US$ 180 milhões para compra de um total de 120 Tucanos, com opção para mais 60. De acordo com o contrato, dez Tucanos seriam montados no Brasil e o restante no Cairo.

O rápido sucesso do Tucano impressionou os executivos da Short Brothers, uma fabricante britânica de aeronaves, fundada em 1908. A Embraer e a Short Brothers somaram forças para atender à Real Força Aérea (Royal Air Force—RAF) da Grã-Bretanha com um novo avião de treinamento em 1985. Como parte do acordo de fabricação sob licença, as duas companhias acordaram em trabalhar em conjunto para fornecer à RAF 130 aviões de treinamento especializado Short Tucano T1, com opção de compra para 15 unidades adicionais, para substituir sua frota de treinamento, composta de velhos jatos Provost da British Aircraft Corporation. A Short Brothers fabricou o Tucano T1 em suas instalações de Belfast, na Irlanda do Norte.

O peso máximo de decolagem do Tucano T1 subiu para 2.550 quilos, com uma velocidade máxima de 447 quilômetros por hora. Foi construído para suportar até 1.000 quilos de uma variada gama de armamentos, fixos em quatro pontos duros sob as asas. Ao nível do mar, a aeronave podia voar entre 210 e 215 nós, segundo Walter Bartels, que fez parte da equipe de engenheiros do Tucano.

The cockpit of the Tucano featured advanced avionics and a large Plexiglas canopy.

A cabine do piloto do Tucano apresentava uma aviônica avançada e um único grande *canopy* em *plexiglas*.

THE TUCANO AND THE AMX

O TUCANO E O AMX

THE TUCANO AND THE AMX (AERITALIA Macchi Experimental) symbolized Embraer's growing maturity as a defense aircraft manufacturer. Both have remained in operation decades after their conception. Variants of the Tucano remain in use throughout the world, in countries including Brazil, Britain, France, Venezuela, and Colombia. The AMX, meanwhile, is used in Italy and Brazil.

As of 2007, the Brazilian Air Force operated 690 aircraft, of which 359 were produced by Embraer. The company's most popular defense planes in Brazil are the Tucano (124 units), Super Tucano (34 units), AMX (56 units), and Xavante (20 units). France owns 47 EMB 312 Tucanos and the Royal Air Force (RAF) of Britain still has 67 Tucanos.[1] In 2008, Prince William, heir to the British throne, learned to fly for the RAF in a Tucano T1.[2]

O TUCANO E O AMX (AERITALIA MACCHI Experimental) simbolizaram o amadurecimento da Embraer como fabricante de aviões de defesa. Ambos permaneceram em operação por décadas após a concepção. Variantes do Tucano continuam em uso em todo o mundo, em países como Brasil, Grã-Bretanha, França, Venezuela e Colômbia. Já o AMX é utilizado na Itália e no Brasil.

Em 2007, a Força Aérea Brasileira operava 690 aeronaves, das quais 359 produzidas pela Embraer. Os aviões de defesa mais populares na FAB são o Tucano (124 unidades), o Super Tucano (34 unidades), o AMX (56 unidades) e o Xavante (20 unidades). A França possui 47 EMB 312 Tucanos e a RAF, da Grã-Bretanha, conta ainda com 67 Tucanos.[1] Em 2008, o príncipe William, herdeiro do trono britânico, aprendeu a voar na RAF em um Tucano T1.[2]

assorted ordnance for weapons training, attached to four underwing hardpoints. At sea level, it could fly between 210 and 215 knots, according to Walter Bartels, who was part of the Tucano's engineering team.

The AMX

Concurrent with the development of the Tucano, Embraer entered into talks with Aermacchi, an established Italian aviation manufacturer. Embraer and Aermacchi had a long-standing relationship that began when the companies worked together to build the Italian-designed AT-26 Xavante, a variant of the Aermacchi MB-326. By 1980, Embraer had completed delivery of 167 Xavantes to the Brazilian Air Force and both companies decided to team up to create a new jet fighter.

At the time, the Italian government was considering replacements for its fleet of Lockheed F-104 and Fiat G-91 attack jets, making the prospect of a new partnership with Embraer especially appealing. In 1981, Brazil's Aeronautics Ministry formally signed an agreement with the Aeronautica Militare Italiana (Italy's Aeronautics Ministry) to develop the AMX (Aeritalia Macchi Experimental) jet fighter program, giving the Brazilian Air Force extensive access to highly advanced aircraft technology while bypassing U.S. defense contractors. "AMX marked a new milestone for Embraer," explained Walter Bartels,

O AMX

Em paralelo ao desenvolvimento do Tucano, a Embraer entrou em conversações com a Aermacchi, conhecida fabricante italiana de aviões. A Embraer e Aermacchi mantinham um relacionamento de longa data, iniciado quando as companhias trabalharam juntas na construção do AT-26 Xavante, aeronave de projeto italiano, uma variante do Aermacchi MB-326. Em 1980, a Embraer tinha completado a entrega de 167 Xavantes à Força Aérea Brasileira, e as duas companhias decidiram associar-se para criar um novo caça a jato.

Nessa ocasião, o governo italiano começou a considerar a possibilidade de fazer algumas substituições em sua frota de jatos de ataque Lockheed F-104 e Fiat G-91, o que tornava a perspectiva de uma nova parceria com a Embraer especialmente atraente. Em 1981, o Ministério da Aeronáutica do Brasil assinou um acordo formal com a Aeronautica Militare Italiana (o Ministério da Aeronáutica da Itália) para desenvolver o programa do jato de caça AMX (Aeritalia Macchi Experimental), abrindo à Força Aérea Brasileira amplo acesso a uma tecnologia aeronáutica extremamente avançada, ao mesmo tempo em que evitava fornecedores militares americanos. "O AMX representou um novo marco para a Embraer", explica Walter Bartels, engenheiro-chefe e diretor do programa do AMX na Itália. "Ele trouxe a integração computacional e a tecnologia *fly-by-wire* à fabricação de aeronaves brasileiras. Nós usaríamos essa tecnologia mais tarde, eventualmente, até mesmo para aviões maiores".[31]

O negócio proporcionou à Embraer um conhecimento de engenharia aviônica que se mostraria especialmente útil para o seu futuro desenvolvimento tecnológico.[32] Segundo o engenheiro Emílio Kazunoli

Embraer and Short Brothers joined together to produce Tucano light attack flight trainers for Britain's Royal Air Force.

A Embraer e a Short Brothers se associaram para produzir os aviões de treinamento Tucano de ataque leve para a Real Força Aérea da Grã-Bretanha.

chief engineer and AMX program manager in Italy. "It brought computer integration and fly-by-wire technology to Brazilian aircraft manufacturing that we would eventually use for even bigger airplanes later on."[31]

The deal provided Embraer with avionics engineering knowledge that would prove especially useful for Embraer's future technological development.[32] According to Emilio Kazunoli Matsuo, Embraer's vice president of engineering, who worked on the AMX program in both Brazil and Italy:

> *We had to do our homework very quickly. We started the real development phase of the AMX in 1982. Fly-by-wire was a much-updated system at the time. With fly-by-wire, instead of mechanical and hydromechanical systems, we could optimize weight and other parameters of the design. You can implement a lot of different functions on the system very easily without having to add new components.*[33]

AMX's workload was distributed among three companies—Aeritalia (which merged with Selenia in 1990 to become Alenia Aeronautica) as the main contractor with 46 percent, Aermacchi (a subsidiary of Alenia Aeronautica as of 2003) with 24 percent, and Embraer with 30 percent. Embraer's responsibilities included designing, developing, manufacturing, and testing the wings, engine air intakes, weapons pylons, jettisonable fuel tanks, main landing gear, and portions of the electrical and nav/attack systems and avionics subsystem, as well as developing and installing the flight backup rig and the reconnaissance pallets. The program foresaw six prototypes, two of which would be assembled entirely in Brazil.

Aeritalia wanted the three companies' industrial agreement of 1980, signed in Turin, Italy, to be accompanied by an agreement signed by their respective governments. Ozires encouraged the idea, and in March 1982, a government and industrial agreement on the AMX fighter was reached.

The AMX had a low-level dash speed in excess of 500 knots in any armed configuration, and was considered the most advanced fighter in South America at the time, according to a March 1988 article in *Aviation Week*. In addition, the AMX was equipped with fly-by-wire electric

Embraer's first jet fighter, the Xavante, is pictured under construction. The Xavante was Embraer's first foray into the military fighter market.

O primeiro jato de combate da Embraer, o Xavante, é apresentado aqui em fase de construção. O Xavante representou a primeira incursão da Embraer no mercado de aviões de caça.

Matsuo, atual vice-presidente de engenharia, que trabalhou no programa do AMX no Brasil e na Itália:

> *Tivemos que fazer nosso dever de casa muito rapidamente. Começamos a fase de desenvolvimento real do AMX em 1982. O controle de voo fly-by-wire era um sistema extremamente avançado naquele momento. Com o fly-by-wire, em vez de sistemas mecânicos e hidromecânicos, podíamos otimizar peso e outros parâmetros do projeto. Você pode implementar uma porção de funções diferentes no sistema com muita facilidade sem ter de adicionar novos componentes.*[33]

As tarefas envolvendo o AMX foram distribuídas entre três companhias—a Aeritalia (que se fundiu com a Selenia em 1990, dando origem à Alenia Aeronautica), na condição de principal contratante, com 46%, a Aermacchi (que se tornou subsidiária da Alenia Aeronautica em 2003) com 24%, e a Embraer com 30%. As responsabilidades da Embraer incluíam projeto, desenvolvimento, fabricação e teste das asas, entradas de ar para o motor, pilones de armamentos, tanques de combustível externos e internos, trem de pouso principal e partes dos sistemas elétrico e de *nav/attack* e do subsistema aviônico. Era responsável também pelo desenvolvimento e instalação do chamado rig de *flight back-up* e dos *pallets* de reconhecimento. O programa previa seis protótipos, dois dos quais seriam inteiramente montados no Brasil.

A intenção da Aeritalia era que o acordo industrial firmado entre as três companhias em 1980, em Turim, na Itália, fosse acompanhado por um acordo assinado por seus respectivos governos. Ozires apoiou a ideia, e em março de 1982 foi formalizado um acordo em nível de governo e industrial sobre o avião de caça AMX.

O AMX tinha uma velocidade, em voo nivelado em baixa altitude, acima de 500 nós, em qualquer configuração armada. Era considerado o mais avançado avião de caça na América do Sul na época, de acordo com um artigo publicado em março de 1988 na *Aviation Week*. Além disso, o AMX era equipado com sistemas elétricos de controle de voo tipo *fly-by-wire*. Suas asas eram altas e enflexadas, dotadas de extremidades quadradas, com duas entradas de ar nas extremidades das raízes das asas, e escapamento único. A fuselagem comportava nariz proeminente e *canopy* em forma de bolha.

Acionado por um motor *turbofan* Rolls Royce RB168-807, de 5.000 quilos de empuxo, o AMX podia alcançar altas velocidades subsônicas. Estava equipado com os sistemas de navegação, ataque e contramedida mais modernos disponíveis na época. Foi construído para transportar até 3.800 quilos de armamentos, possuía dois mísseis ar-ar AIM-9 Sidewinders (mais tarde substituído pelo Mectron MAA-1 Piranha, fabricado no Brasil) nas pontas das asas e canhões DEFA 554 de 30 milímetros, de fabricação francesa, instalados na fuselagem. Seus principais competidores eram o Dassault/Dornier Alpha Jet, o Dassault Mirage F1 e o McDonnell Douglas AV-8B Harrier.[34]

O programa previa a fabricação de 266 aeronaves, das quais o governo brasileiro encomendou 79. O AMX realizou seu voo inaugural na Itália em 15 de maio de 1984, pilotado por Manlio Quarantelli, ex-piloto

Pictured here is the cockpit of an early AMX prototype. The subsonic fighter was a first for Brazil, and stood as a testament to the Brazilian Air Force's goal of making the country less dependent on foreign defense aircraft.

A imagem ao lado mostra a cabine de piloto de um dos primeiros protótipos do AMX. O caça subsônico foi o primeiro do Brasil na categoria. Representou uma evidência da intenção da FAB de tornar o país menos dependente dos aviões militares estrangeiros.

The AMX fighter was built as part of a 1981 joint venture between Embraer, Aermacchi, and Aeritalia. Here, a new AMX rolls out of the hangar in São José dos Campos, in 1985.

O caça AMX foi construído por iniciativa de uma *joint venture* firmada em 1981 entre a Embraer, a Aermacchi e a Aeritalia. Aqui, um novo AMX deixa o hangar em São José dos Campos, em 1985.

flight control systems. Its wings were mounted high, swept back, and tapered with square tips, with two air intakes forward on the wing roots and a single exhaust. The fuselage featured a pointed nose and a bubble canopy.

Powered by a 5,000-kilogram thrust Rolls Royce RB168-807 turbofan engine, the AMX could reach the high subsonic range and was equipped with the latest navigation, attack, and countermeasure systems available at the time. It was built to carry up to 3,800 kilograms of weaponry and had two air-to-air AIM-9 Sidewinders (later replaced with Brazilian-made Mectron MAA-1 Piranhas) on the wingtips and 30-millimeter DEFA 554 French aircraft cannons installed in the fuselage. Its main competitors were the Dassault/Dornier Alpha Jet, Dassault Mirage F1, and McDonnell Douglas AV-8B Harrier.[34]

The program called for 266 aircraft, of which the Brazilian government ordered 79. The AMX took its maiden flight in Italy on May 15, 1984, piloted by former Italian Air Force Commander Manlio Quarantelli, who unfortunately died from crash injuries after flying the same aircraft weeks later. Brazil's AMX flew on October 16, 1985, flown by Embraer's flight test chief-pilot Luiz Fernando Cabral.[35]

The Brasilia

While the Tucano was a commercial success, flying over the Thames and French countryside, the Airline Deregulation Act opened up even more promising opportunities. Inspired by the success of the Bandeirante and the promising advances in technology that made the Xingu so unique, Embraer designed and produced three prototypes of the Brasilia EMB 120, a pressurized twin turboprop, T-tailed, low-winged, 30-passenger aircraft designed to appeal to

da Aeronáutica Militare Italiana, que infelizmente viria a falecer em consequência dos ferimentos sofridos semanas mais tarde, após acidente com a mesma aeronave. No Brasil, o AMX voou em 16 de outubro de 1985, conduzido pelo chefe dos pilotos de teste da Embraer, Luiz Fernando Cabral.[35]

O Brasilia

Enquanto o Tucano era um sucesso comercial, voando sobre o Tâmisa e o interior da França, o Airline Deregulation Act abria oportunidades ainda mais estimulantes. Inspirada pelo êxito do Bandeirante e os promissores avanços na tecnologia que fazia o Xingu tão único, a Embraer projetou e produziu três protótipos do EMB 120 Brasilia. Era um bimotor turboélice, pressurizado, com cauda em T, de asa baixa, para 30 passageiros, projetado para atrair o interesse das empresas aéreas regionais. O protótipo do Brasilia fez o primeiro voo em 29 de julho de 1983, em São José dos Campos.

Cinquenta e quatro executivos de companhias aéreas, repórteres e uma equipe de agentes de vendas da Embraer juntaram-se a milhares de pessoas para ver o Brasilia ganhar os céus. Nesse momento, as empresas aéreas de norte a sul dos Estados Unidos estavam procedendo à substituição dos aviões para 20 passageiros mais antigos, dotados de cabines não pressurizadas, por aviões mais silenciosos, pressurizados e que respeitavam estritamente os novos regulamentos de segurança da FAA. O Brasilia foi uma das primeiras aeronaves projetadas para atender a esses novos padrões. Por isso, atraiu as atenções dos dirigentes da indústria aeronáutica de todo o mundo. Na cerimônia de lançamento do Brasilia, John Van Arsdale, Jr., então presidente da norte-americana Provincetown-Boston Airlines (PBA), afirmou: "Esse é um grande dia para todo mundo. Finalmente, depois de todo esse tempo, encontramos um substituto para o inesquecível, mas velho DC-3."[36]

Esse foi um grande elogio, considerando que o DC-3, que voava comercialmente desde os anos 1940, havia revolu-

Above: Embraer's flight test chief-pilot Luiz Fernando Cabral was the first Brazilian to pilot the AMX.

Below: The first Brazilian serial-produced AMX, designated A-1 5500, flew on August 21, 1989, and was delivered to the 1st Squadron of the 16th Aviation Group (Grupo de Aviação) of the Brazilian Air Force in Rio de Janeiro.

Acima: O piloto-chefe da equipe de ensaios em voo da Embraer, Luiz Fernando Cabral, foi o primeiro brasileiro a pilotar o AMX.

À esquerda: O primeiro AMX produzido em série no Brasil, denominado A-1 5500, voou em 21 de agosto de 1989, e foi entregue ao 1° Esquadrão do 16° Grupo de Aviação da Força Aérea Brasileira no Rio de Janeiro.

A pressurized twin-turboprop, T-tailed, 30-passenger EMB 120 Brasilia sits in Embraer's hangars in São José dos Campos.

regional airlines. The Brasilia prototype's first flight took place on July 29, 1983, in São José dos Campos.

Fifty-four airline executives, reporters, and a team of Embraer sales agents joined a gathering of thousands to see the Brasilia take to the skies. At the time, airlines across the United States were in the process of replacing older 20-passenger aircraft that had nonpressurized cabins with quieter, pressurized aircraft under strict new FAA safety regulations. The Brasilia was one of the first aircraft designed to meet the new standards and therefore attracted the attention of aviation industry leaders from across the globe. At the rollout ceremony, John Van Arsdale, Jr., then president of Provincetown–Boston Airlines (PBA) of New England, explained, "This is a big day for everyone. Finally, after all this time, we have found a substitute for the unforgettable yet old DC-3."[36]

High praise, considering that the DC-3, flown commercially since the 1940s, had revolutionized the aviation industry. When the Brasilia entered the market, it was the fastest and most economical in the 30-seat passenger class aircraft marketplace and was designed to comply with FAA FAR Part 25 certification requirements, the same as Boeing's 747, McDonnell Douglas' MD-11, and the Airbus 340. "Our focus was on direct operation cost," said Brasilia engineer Alcindo Rogério Amarante de Oliveira.[37]

Powered by two 1,500 shp Pratt & Whitney PW115 engines, the Brasilia could cruise up to 584 kilometers per hour, approximately 315 knots at an altitude of 32,000 feet, and featured the lightest takeoff weight in its class at a mere 11,500 kilograms.[38]

Embraer engineers designed the Brasilia with a focus on the specialized needs of the airline industry. As airports faced pressure to reduce noise, the Brasilia featured reduced internal and external noise compared with that of its competitors, an attractive prospect for airlines. In addition, the Brasilia offered comfort and luggage space previously unavailable to regional airlines operating out of smaller hub airports.[39] However, the Brasilia faced direct competition from similar turboprop aircraft, such as the Saab 340, De Havilland Dash 8, British Aerospace Jetstream 41, Dornier 328, and

Um EMB 120 Brasilia bimotor turboélice pressurizado, com cauda em T, para 30 passageiros, no hangar da Embraer em São José dos Campos.

The Brasilia was a world leader in the 21- to 40-seat passenger turboprop category throughout the 1980s in the United States, due in part to its spacious interior.

cionado a indústria da aviação. Quando o Brasilia entrou no mercado, era o mais rápido e o mais econômico na classe dos aviões para 30 passageiros. Fora planejado para atender aos requisitos de certificação estabelecidos pelo FAR (Federal Aviation Regulation) Parte 25 da FAA, os mesmos aplicados ao 747 da Boeing, ao MD-11 da McDonnell Douglas e ao Airbus 340. "Nosso foco recaía sobre o custo direto da operação", recorda-se o engenheiro do Brasilia, Alcindo Rogério Amarante de Oliveira.[37]

Acionado por dois motores Pratt & Whitney PW115, de 1.500 shp, o Brasilia podia atingir uma velocidade de cruzeiro de até 584 quilômetros por hora, aproximadamente 315 nós, a uma altitude de 32.000 pés. Tambén apresentava o menor peso de decolagem na sua classe, uns meros 11.500 quilos.[38]

Quando projetaram o Brasilia, os engenheiros da Embraer estavam direcionados para as necessidades específicas da indústria aeronáutica. Como os aeroportos encontravam-se então sob pressão para reduzir o nível de ruído, o Brasilia apresentava níveis reduzidos de ruído—tanto externos como internos—, se comparado ao de seus competidores. Esse era um atributo atraente para as companhias aéreas. Além disso, o Brasilia oferecia conforto e espaço de bagagem que não existiam até então nas empresas aéreas regionais que operavam a partir de aeroportos de menor porte.[39] Ainda assim, o Brasilia enfrentou a competição direta de aeronaves turboélices similares, tais como o Saab 340, o De Havilland Dash 8, o British Aerospace Jetstream 41, o Dornier 328 e o Fokker 50. De todo modo, as características únicas reunidas pelo Brasilia tornaram-no um sucesso nos Estados Unidos.

O Brasilia foi realmente um produto novo no mercado naquele momento, explica José Renato de Oliveira Melo, engenheiro aerodinâmico do Brasilia. "Nós tínhamos

O Brasilia foi líder mundial na categoria de turboélices para passageiros entre 21 e 40 assentos, ao longo dos anos 1980 nos Estados Unidos, devido, em parte, ao seu amplo espaço interno.

From left to right, Guido, Ozílio, and Ozires sit with executives of Atlanta-based Atlantic Southeast Airlines (ASA) taking delivery of its first Brasilia in August 1985.

Da esquerda para direita, Guido, Ozílio e Ozires, com executivos da Atlantic Southeast Airlines (ASA), empresa sediada em Atlanta, na entrega do seu primeiro Brasilia, em agosto de 1985.

Fokker 50. Yet the unique features offered by the Brasilia helped make the aircraft a success in the United States.

The Brasilia was really a new product in the market at the time, explained José Renato de Oliveira Melo, aerodynamics engineer for the Brasilia. "We had new [Collins EFIS] avionics on board. It was the first with electronic digital displays. ... We had to be inventive."[40]

The FAA certified the Brasilia on July 9, 1985, after a 23-month, 2,300-hour flight test campaign. The first Brasilia was delivered in August 1985 to Atlanta-based Atlantic Southeast Airlines (ASA). Commercial flights of the Brasilia began on October 1, 1985.[41]

Although serial production of the Brasilia would end in 2001, the aircraft remained available for on-demand order into 2007. The Brasilia was flown by 29 companies in 14 countries. The world fleet logged more than 5 million flight hours and carried more than 60 million passengers as of 2007, and the EMB 120 Brasilia commanded a 24 percent share of the worldwide sales market in the 21- to 40-seat category.[42] Utah-based SkyWest continued operating the largest fleet of EMB 120s under the United Express and Delta Connection airlines as of early 2008 and Air France's Régional maintains six EMB 120s in operation.[43]

According to technical director Guido Pessotti:

> *The airplane was a success. It was very reliable system-wise and structure-wise. ... Everything the pilots like was on that airplane. The Brasilia played a big role in developing regional airlines in the United States. It was, and is, a historic plane for Embraer.*[44]

The first Brasilia was delivered in August 1985 to Atlanta-based Atlantic Southeast Airlines. The company favored Embraer aircraft early on, allowing the Brasilia an entry into the growing regional airline industry.

uma nova aviônica [Collins EFIS] a bordo, a primeira com displays eletrônicos e tecnologia digital. ... Tínhamos de ser criativos."[40]

A FAA certificou o Brasilia em 9 de julho de 1985, após uma campanha de 23 meses e 2.300 horas de testes de voo. O primeiro Brasilia foi entregue em agosto de 1985 à Atlantic Southeast Airlines (ASA), empresa sediada em Atlanta. Os voos comerciais começaram em 1° de outubro de 1985.[41]

Embora a produção em série do Brasilia chegasse ao fim em 2001, a aeronave continuou disponível sob encomenda até 2007 . O Brasilia foi adquirido por 29 empresas em 14 países. A frota mundial registrou mais de cinco milhões de horas de voo, transportando mais de 60 milhões de passageiros até 2007. O EMB 120 Brasilia atingiu 24% das vendas no mercado mundial na categoria de 21 a 40 passageiros.[42] A SkyWest, companhia baseada em Utah, continuou operando a maior frota do modelo, voando sob as bandeiras da United Express e da Delta Connection até o início de 2008, ao passo que a Régional da Air France mantém seis unidades em operação.[43]

De acordo com o diretor técnico Guido Pessotti:

> *A aeronave foi um sucesso. Era muito confiável, tanto no que concerne a sistemas quanto à estrutura. ...Tudo do que os pilotos gostam estava naquele avião. O Brasilia desempenhou um papel importante no desenvolvimento das linhas aéreas regionais nos Estados Unidos. Ele foi, e é, um avião histórico para a Embraer.*[44]

O primeiro Brasilia foi entregue em Agosto de 1985 à Atlantic Southeast Airlines, baseada em Atlanta, nos EUA. A empresa optou pela Embraer logo no início, permitindo a entrada do Brasilia no crescente segmento da aviação regional.

CHAPTER IV CAPÍTULO

Signs of Turbulence Ahead

Sinais de Turbulência à Frente

The 1980s

On May 16, 1986—it was a Friday—I stepped up on a stage amid a crowd of nearly 6,000 Embraer employees. With a small, aching heart, I addressed these people for the last time, bidding farewell to a company I helped build.

—Ozires Silva,
Embraer's founding CEO

Assim foi que, em 16 de maio de 1986, uma sexta-feira, com o coração apertado e pequeno, subi num pequeno palanque colocado no centro de uma multidão de quase seis mil empregados da Embraer para, pela última vez, dirigir-lhes a palavra, despedindo-me da empresa que ajudei a construir.

—Ozires Silva, fundador e ex-diretor
superintendente da Embraer

The 1970s had proven a decade of success for Embraer, marked by a successful first start with the Bandeirante as well as a growing technological maturity thanks to defense contracts for the Bandeirante Patrulha and the Tucano. The 1980s featured several promising aircraft endeavors for Embraer, including an agreement between Brazil and Argentina for the production of a high-technology aircraft.

However, the company would soon face mounting problems at home and abroad, and by the second half of the 1980s, Embraer began struggling to succeed in an exceedingly competitive marketplace. By 1982, Embraer had slipped into the red after a decade of profitability. Yet, as of December 1984, most major U.S. commuter airlines were flying Bandeirante aircraft.[1]

Toward the end of the decade, Embraer ventured into the realm of regional transport, stepping further away from its dependence on government and military contracts and wading into a growing market driven by the emergence of regional jet aircraft. The *Journal of American Academy of Business* described the next 11 years as Embraer's "Crisis Era."[2]

Os anos 1970 tinham se constituído uma década de sucesso para a Embraer, marcados por um bem-sucedido início, com o Bandeirante, e por uma crescente maturidade tecnológica impulsionada por contratos de defesa como o do AMX e do Tucano. A década de 1980 caracterizou-se por diversas atividades promissoras para a Embraer, incluindo um acordo entre Brasil e Argentina para a construção de uma aeronave dotada de tecnologia de ponta.

No entanto, em pouco tempo a companhia se veria diante de problemas crescentes, tanto domésticos quanto no exterior, e na segunda metade dos anos 1980 a Embraer passou a enfrentar dificuldades na busca por sucesso em um mercado cada vez mais competitivo. Em 1985, a Embraer entrou no vermelho depois de uma década e meia de lucratividade. Ainda assim, em dezembro de 1984, muitas das principais empresas aéreas regionais dos Estados Unidos voavam aeronaves Bandeirante.[1]

Com a aproximação do final da década, a Embraer avançou no campo do transporte aéreo regional, afastando-se mais e mais da dependência dos contratos com o governo e com clientes militares, investindo firme em um mercado que mais à frente seria totalmente direcionado pelo

Embraer's crew prepares for the first flight of the ERJ 145.

A tripulação da Embraer prepara-se para o primeiro voo do ERJ 145.

Embraer's Equipment Division (Embraer Divisão do Equipamentos; EDE) was founded in 1984 to develop and manufacture mechanical equipment and fine hydraulics, mainly landing gear, allowing Embraer to meet its stringent component production requirements.

Precision Manufacturing

In the 1980s, most Brazilian subcontractors were unable to produce high-grade aircraft-quality equipment properly, leaving Embraer with few options besides seeking out suppliers from the United States or Europe, which would have significantly increased production costs.[3]

To meet rising production demands, the Embraer Equipment Division (Embraer Divisão do Equipamentos; EDE) was created in 1984. The EDE served as the company's components engineering and manufacturing division, with responsibilities for landing gear manufacturing ranging from concept and design, through development, production, and certification, as well as component maintenance and repairs.[4] Because of requirements stemming from the high-precision nature of the cutting-edge equipment involved, as well as the need for self-sufficient laboratories, quality control test areas, and space to accommodate specialized precision tools, EDE was housed in its own separate location, away from Embraer's main manufacturing plant.[5]

According to Roberto Negrini Pastorelli, general manager of EDE at the time of its inauguration, although Embraer primarily established EDE to assist with the AMX program, the division had already set its sights on obtaining additional subcontracts.[6] EDE would remain a part of Embraer until 1999, when a joint venture was formed with Swiss group Liebherr. The division became known as Embraer Liebherr Equipamentos do Brasil S.A. (ELEB), which now produces and exports aerospace equipment for multiple companies. On July 3, 2008, Embraer announced the acquisition of the remaining 40 percent of the capital of ELEB, and the company name was changed to ELEB Equipamentos Ltda.

Changing Leadership

In 1986, Embraer executives flew to London, where they signed the largest deal to date by the Brazilian aeronautics industry—the sale of 130 EMB 312 Tucanos to the Royal Air Force (RAF).[7] That year, Brazilian President José Sarney and Brigadier Moreira Lima, the minister of aeronautics at the time, visited Embraer headquarters. Both were suitably impressed with the company's

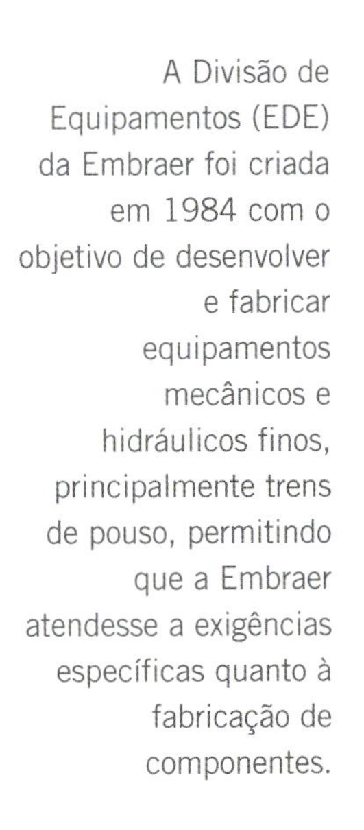

A Divisão de Equipamentos (EDE) da Embraer foi criada em 1984 com o objetivo de desenvolver e fabricar equipamentos mecânicos e hidráulicos finos, principalmente trens de pouso, permitindo que a Embraer atendesse a exigências específicas quanto à fabricação de componentes.

aparecimento de aviões regionais a jato. O *Journal of American Academy of Business* descreveu os 11 anos que se seguiram como o "Período de Crise" da Embraer.[2]

The Brasilia was developed in the 1980s.

O Brasilia foi desenvolvido nos anos 1980.

Fabricando Precisão

Nos anos 1980, a maioria dos fornecedores brasileiros era incapaz de produzir, de forma adequada, equipamentos aeronáuticos de qualidade, deixando a Embraer com poucas opções a não ser procurar fornecedores fora do país, nos Estados Unidos ou na Europa, o que aumentava significativamente os custos de produção.[3]

Para atender à crescente demanda de produção, a Embraer criou, em 1984, a Divisão de Equipamentos (EDE), com o objetivo de desenvolver e fabricar equipamentos mecânicos e hidráulicos finos, incluindo, entre suas responsabilidades, a fabricação do trem de pouso, desde o conceito e projeto, passando pelo desenvolvimento, pela produção e certificação, até a manutenção e reparo de componentes.[4] Em virtude de uma série de requisitos—a alta precisão dos equipamentos de última geração envolvidos, a necessidade de estrutura própria de laboratórios, de áreas de teste de controle de qualidade e de espaço para acomodar máquinas de precisão—, a EDE foi alojada em instalações à parte, fora da planta principal da Embraer.[5]

De acordo com Roberto Negrini Pastorelli, gerente geral da EDE à época da sua inauguração, embora a Embraer tivesse designado à EDE a tarefa de prestar assistência ao programa do AMX, a divisão já mirava a obtenção de subcontratos adicionais.[6] A EDE foi parte integrante da Embraer até 1999, quando foi constituída uma *joint venture* com o grupo suíço Liebherr. A divisão passou a ser conhecida como Embraer Liebherr Equipamentos do Brasil S.A. (ELEB), que atualmente produz e exporta equipamento aeroespacial para um grande número de empresas. Em 3 de julho de 2008, a Embraer anunciou a compra dos 40% restantes do capital da ELEB e o nome da companhia foi alterado para ELEB Equipamentos Ltda.

Mudando a Liderança

Em 1986, executivos da Embraer voaram para Londres, onde assinaram o maior negócio da indústria aeronáutica brasileira até aquela data—a venda de 130 EMB 312 Tucanos à Real Força Aérea (Royal Air Force—RAF).[7] Naquele ano, o presidente, José Sarney, e o ministro da Aeronáutica, brigadeiro Moreira Lima, visitaram a sede da Embraer. Ambos ficaram agradavelmente surpresos com os esforços de produção da companhia. No entanto, a visita de Moreira Lima tinha também um outro motivo. Ele viera à Embraer para oferecer a Ozires Silva, fundador da companhia e por muito tempo seu diretor superintendente, um novo cargo, o de presidente da Petrobras, a empresa estatal de petróleo e gás do Brasil.[8]

À frente da companhia por 16 anos, "um longo período", segundo ele mesmo, Ozires decidiu aceitar o convite, aproveitando a oportunidade para ajudar a Embraer do lado de fora. De acordo com as suas próprias palavras:

> *A Petrobras é uma das empresas mais importantes do Brasil. ... Com o poder da*

Despite its promise, by 1987 the AMX project had begun to suffer from delays and an overextended budget.

Apesar de seu futuro promissor, atrasos recorrentes e custos excessivos, em comparação ao orçamento original, passaram a afligir o projeto AMX a partir de 1987.

production efforts. However, Lima's visit had an ulterior motive. He had come to Embraer to offer founder and longtime CEO Ozires Silva a new position at Petrobras, Brazil's state-owned oil and gas company.[8]

At that point, Ozires had been at the head of the Brazilian aviation company for 16 years, "a long time," according to him. He decided to accept the opportunity and use the chance to assist Embraer from afar. As he explained:

> *Petrobras is a very important company in Brazil. ... With the power of Petrobras, I hoped to avoid some kind of legislation that would potentially create tremendous trouble to Embraer. ... I discovered that it was necessary to have some important position in the Brazilian government in order to say to them: "Look, let's stop this," and so I decided to leave Embraer.*[9]

Before leaving Embraer, Ozires Silva recommended to the Board of Directors Ozílio Carlos da Silva as his successor.

Ozílio was also an aeronautical engineer and had enjoyed a very productive working relationship with Ozires for decades, stretching back to the mid-1960s.[10]

In 1969, Ozílio had been elected Embraer's director of production. Ten years later, he took over as commercial director, appointed by the company's shareholders, and by 1981 served as Embraer's main representative to the AMX program.

Troubles with the AMX

In 1987, the Brazilian government began to question the production of the AMX military aircraft due to the Ministry of Aeronautics' dramatically overextended budget. A lack of available funds caused a production decrease, and Embraer was forced to pay for the continuation of the manufacturing process out of its own pockets in order to deliver previously placed orders by the Italian government. There was also no immediate promise of a refund.

According to Ozílio, "budget strangleholds and legislation complicated the company's life, reduced our ability, our dynamic, to respond fast. For every single funding stage, we had to get approval from the Senate," which had serious negative consequences for the company throughout the 1980s. He explained:

> *Industry is, in general, an activity of high business risk. The aeronautical industry especially, in dealing with high technology products, is among those with the highest latent risk. Decisions to invest or launch new programs should always be based upon an adequate pondering of factors, the main ones being identification of funding sources, a proper evaluation of the technological leap that will be taken, and the precise identification of a market that can absorb a sufficient amount of the product and provide returns that justify the investment. That is how Embraer got to where it is now.*[11]

Petrobras, tinha a esperança de evitar leis que potencialmente viessem a criar grandes problemas para a Embraer. ... Verifiquei que era necessário ocupar um cargo importante no governo brasileiro de modo que pudesse dizer: "Vamos parar com isso" e, assim, resolvi deixar a Embraer.[9]

Antes de se afastar da Embraer, Ozires Silva recomendou, ao Conselho de Administração, Ozílio Carlos da Silva como seu sucessor. Ozílio tambén era engenheiro aeronáutico e desfrutava, havia décadas, de uma relação de trabalho com Ozires muito produtiva e que remontava a meados dos anos 1960.[10]

Em 1969, Ozílio fora escolhido diretor de produção da Embraer. Dez anos mais tarde, por decisão dos acionistas da companhia, ele assumira o cargo de diretor comercial e, em 1981, fora indicado o principal representante da Embraer no programa AMX.

Problemas com o AMX

Em 1987, o governo brasileiro começou a colocar em questão a produção da aeronave militar AMX, em função de seu enorme impacto no orçamento do Ministério da Aeronáutica. A indisponibilidade de recursos provocou a redução da produção. A Embraer foi obrigada a arcar com recursos próprios a manutenção do sistema produtivo, de modo a poder entregar encomendas previamente feitas pelo governo italiano. Além disso, não havia nenhuma perspectiva de imediato reembolso das despesas incorridas.

Segundo Ozílio, "as restrições orçamentárias e a legislação complicaram a vida da companhia, reduziram nossa capacidade, nossa dinâmica, para darmos respostas rápidas. Para toda e qualquer etapa de financiamento, tínhamos de contar com a aprovação do Senado", o que acarretou consequências muito negativas para a empresa ao longo dos anos 1980. Explica:

A indústria é, em geral, uma atividade de elevado risco. A indústria aeronáutica, especialmente, ao lidar com produtos de elevada tecnologia, é uma das que apresentam riscos mais latentes. As decisões de investir ou de lançar novos programas devem ser sempre baseadas em uma adequada ponderação de fatores, sendo os principais deles a identificação das fontes de financiamento, uma avaliação apropriada do salto tecnológico a ser dado, e a precisa identificação do mercado que pode absorver uma quantidade suficiente de produtos e assegurar retornos que justifiquem o investimento. Foi assim que a Embraer chegou onde está hoje.[11]

Aproximadamente dois anos depois que Ozílio assumiu a superintendência da Embraer, a empresa começou a trabalhar no desenvolvimento de um revolucionário jato regional, que anos mais tarde iria mudar completamente o perfil da companhia. Porém, naquele momento, o jato regional estava apenas começando a despontar. Quando o Brasil e a Argentina decidiram intensificar suas relações comerciais, os dois países deram início a um projeto que contribuiria, de forma significativa, para a produção do ERJ 145.

Em meados da década de 1980, a Embraer havia produzido bem mais de 400 unidades do popular Bandeirante, que operavam em 32 países, resultado das vendas diretas asseguradas pela rede mundial da Embraer. O novo EMB 120 Brasilia já havia sido entregue a muitos clientes e a previsão era de que a produção alcançasse o ritmo de quatro aviões por mês, no começo de 1987.[12]

Ozílio Silva considera esse momento um período positivo na trajetória da companhia:

Quando o Brasilia foi lançado, a Embraer estava se expandindo nos mercados internacionais. Entregamos 135 aviões Tucano completos para a Força Aérea

Brazil and Argentina teamed up to build the CBA 123. The high-tech aircraft was born of an agreement between the two countries, in which one-third of the costs would be paid by Aerospace Materials Factory of Argentina (Fábrica Argentina de Materiales Aeroespaciales; FAMA), with the other two-thirds belonging to Embraer.

Brasil e Argentina se associaram para fabricar o CBA 123. A aeronave, de alta tecnologia, nasceu de um acordo entre os dois países, segundo o qual um terço dos custos correriam por conta da Fábrica Argentina de Materiales Aeroespaciales (FAMA), cabendo os dois terços restantes por conta da Embraer.

Approximately two years after Ozílio took over as Embraer's CEO, the company began working on the development of a revolutionary regional jet, which years later would completely change the company's profile. At the time, however, the regional jet was just on the verge of emergence. When Brazil and Argentina decided to increase ties in commerce, the two countries began a project that would significantly contribute to production of the ERJ 145.

By the mid-1980s, Embraer had manufactured well above 400 of its popular Bandeirante, which operated in 32 countries—a result of direct sales by Embraer's worldwide network. The new Brasilia EMB 120 had already been delivered to multiple customers, and monthly production was expected to reach four planes by the beginning of 1987.[12]

Ozílio Silva recalled the period as a favorable one for the company:

> *Embraer was expanding in international markets when the Brasilia was introduced. We delivered 135 finished airplanes, Tucanos, to the Egyptian Air Force. They were great years for Embraer.*[13]

Optimism reigned, despite an increasingly aggressive and volatile global marketplace. Few recognized the early warning signs of the impending troubles facing the worldwide aeronautical manufacturing sector.

CBA 123

In 1985, Brazilian President José Sarney and Argentine President Raúl Alfonsín signed an agreement for increased cultural, commercial, industrial, and technological cooperation between the countries, setting the stage for what would later become the Southern Common Market (Mercado Comum do Sul; Mercosul). The treaty would also pave the way for a joint venture program to design a 19-seater

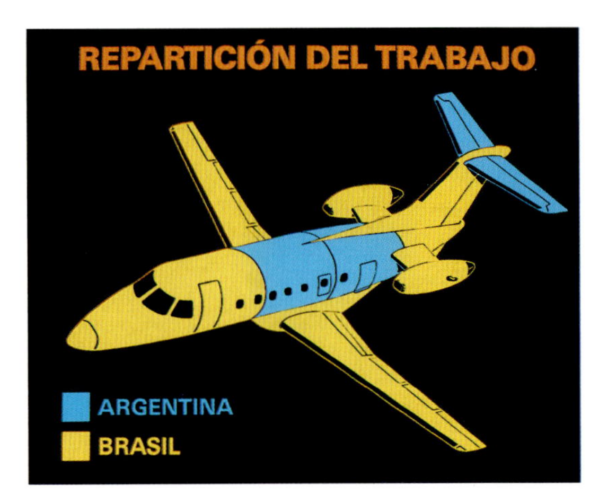

known as the EMB 123, later renamed CBA 123. The new aircraft was intended to serve as the Bandeirante's successor in the regional airline industry. As part of the arrangement, one-third of the costs belonged to Aerospace Materials Factory of Argentina (Fábrica Argentina de Materiales Aeroespaciales; FAMA), with the other two-thirds belonging to Embraer.[14] Executives at both companies hoped the deal would help spread the estimated US$300 million financial burden for the project while also diversifying the initial demand for the aircraft, involving the Argentine government and private markets.

The original design for the CBA 123 was based on a lengthened Xingu cabin with two-abreast seating. This setup required an extended front fuselage, balanced by engines far aft, with canard surfaces up front. Unfortunately, this layout proved to have severe design limitations, and engineers soon switched to a shortened Brasilia cabin with three-abreast seating in five rows, with one final row of four seats.[15] The latter design made the use of canard surfaces unnecessary, and accommodated all loading conditions with an adequate center of gravity range since the galley, closet, toilet, and flight attendant seat were all located up front.[16]

The aircraft was first unveiled in mockup form at the 1987 Paris Air Show. Prior to the CBA 123's inaugural flight, however, the design was slightly modified

do Egito. Foram anos muito bons para a Embraer.[13]

O otimismo reinava, a despeito do mercado global se mostrar cada vez mais agressivo e volátil. Poucos percebiam os primeiros sinais reveladores dos problemas iminentes que o setor de produção de aeronaves iria enfrentar em escala mundial.

O CBA 123

Em 1985, o presidente, José Sarney, e seu colega argentino Raúl Alfonsín assinaram um acordo voltado para a intensificação da cooperação cultural, comercial, industrial e tecnológica entre os dois países, lançando as bases do que seria conhecido mais tarde por Mercado Comum do Sul, ou Mercosul. O tratado também abriria caminho para a constituição de um acordo de cooperação com o objetivo de projetar um avião com capacidade para 19 passageiros, conhecido como EMB 123, mais tarde rebatizado de CBA 123. A nova aeronave foi concebida para substituir o Bandeirante no segmento de transporte aéreo regional. Como parte do acordo, um terço dos custos correriam por conta da Fábrica Argentina de Materiales Aeroespaciales (FAMA) e os dois terços restantes correriam por conta da Embraer.[14] Os executivos das duas companhias esperavam que o acordo fosse contribuir para distribuir a carga financeira do projeto, estimada em 300 milhões de dólares, e também diversificar a demanda inicial pela aeronave, uma vez que passava a abranger o mercado argentino, governamental e privado.

O projeto original do CBA 123 foi baseado em uma cabine ampliada do Xingu, com fileiras de dois assentos, lado a lado. Essa solução exigia uma fuselagem dianteira muito comprida, devidamente compensada por motores instalados na parte posterior da fuselagem e *canards* na fuselagem dianteira. Infelizmente, esse *layout* mostrou severas limitações em termos de projeto. Os engenheiros logo se voltaram para uma fuselagem do Brasilia encurtada, com cinco fileiras de três assentos e uma última fileira de quatro assentos.[15] O último projeto tornou desnecessário o uso de *canards* e permitiu acomodar todas as condições de carga em um envelope adequado à variação do centro de gravidade, uma vez que a *galley*, o armário, o toalete e o assento da comissária estavam todos localizados à frente.[16]

A aeronave foi exibida pela primeira vez sob a forma de maquete no Paris Air Show de 1987. Antes do voo inaugural do CBA 123, todavia, o projeto foi ligeiramente modificado para reduzir a resistência do ar e aumentar a tração. As melhorias incluíram o remodelamento da fuselagem traseira e a eliminação dos canos de descarga.[17]

A aeronave resultante tinha um desenho revolucionário, com hélices instaladas atrás do motor. Portanto, empurravam o avião, em lugar de puxá-lo. Os projetistas previram a instalação de asas aerodinamicamente mais eficientes, assim como drásticas reduções no ruído de cabine, estando as hélices localizadas aproxima-

The CBA 123 was introduced to the market in 1987. Unfortunately, the product faced multiple delays and had to be redesigned several times. *(Illustration by Kobayashi.)*

O CBA 123 foi introduzido no mercado em 1987. Infelizmente, a aeronave enfrentou muitos atrasos e teve de ser reprojetada diversas vezes. *(Ilustração por Kobayashi.)*

Embraer first introduced the CBA 123 mockup at the Paris Air Show in 1987.

A Embraer apresentou a maquete do CBA 123 pela primeira vez em 1987, no Paris Air Show.

to reduce drag and increase thrust. Refinements included the reshaping of the rear fuselage and elimination of the exhaust pipes.[17]

The resulting aircraft had a revolutionary design, with propellers mounted aft of the engine, thus pushing the aircraft rather than pulling. Designers foresaw the installation of more aerodynamically efficient wings, as well as drastic reductions in cabin noise, with propellers located approximately 4 meters behind the last row of seats. The pressurized aircraft also offered more comfort than preceding nonpressurized, small-seat commuter models that had previously dominated the market.[18]

"I have flown in the CBA 123," announced Guido Pessotti, Embraer's former head of engineering. "Magic airplane. The noise level, the vibration level, was very low. It was similar to a jet, and it was very fast too. Faster than a jet, in fact. Quiet."[19]

The CBA 123 was powered by two 1,300 shp Garrett TPE-351-20 engines with six-blade propellers. It cruised at a

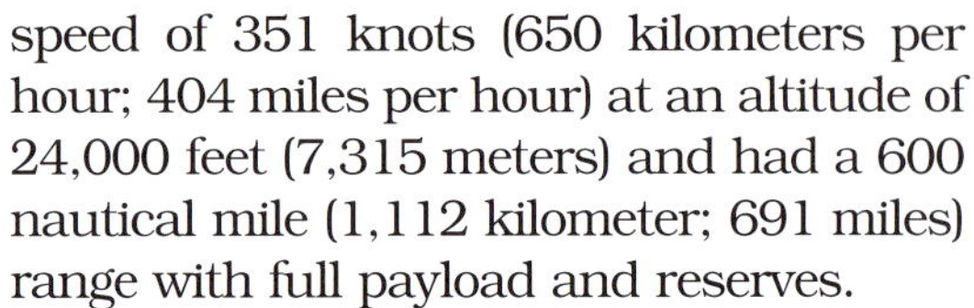

speed of 351 knots (650 kilometers per hour; 404 miles per hour) at an altitude of 24,000 feet (7,315 meters) and had a 600 nautical mile (1,112 kilometer; 691 miles) range with full payload and reserves.

The CBA 123 was christened the Vector on July 30, 1990, at a ceremony presided over by Brazilian President Fernando Collor de Mello and Argentine President Carlos Saul Menem. The name Vector was chosen by way of an international selection from among more than 6,000 entries worldwide. The author of the name, U.S. citizen Nancy Bodstein, won a trip to Brazil and a visit to Embraer.

Technologically speaking, the CBA 123 Vector was a success and represented significant advancement in its class. Luís Carlos Affonso, future executive vice president of executive jets, began his career at Embraer as an engineer in 1983. The CBA 123 Vector was one of his first projects. "I worked on landing gear and flight controls, including mechanical, electromechanical, and autopilot," he recalled. "It was the first experience in which we integrated different kinds of expertise into one group."[20]

When the project was launched in the mid-1980s, Embraer had expected that 1,500 to 2,000 of the models would flood the market by the turn of the millennium. However, the sophisticated technology that made the Vector so promising also led to a high price tag of US$5 million.[21] In addition, the aircraft was heavy, even for a 19-seater, and less powerful than some of the other aircraft in the growing regional commercial aircraft marketplace.[22]

Unfortunately, the Vector faced other mounting difficulties as well. Both Brazil and Argentina failed to follow through with the payment of funds they had promised for the project. Potential customers had placed about 150 purchase options, but none of the deals went through. Pessotti recalled the difficulties:

> *It was a very expensive, redundant project. Expensive engine. Dual sys-*

damente quatro metros atrás da última fileira de assentos. A aeronave pressurizada também oferecia mais conforto do que os modelos não pressurizados mais antigos, pequenos *commuters* que anteriormente dominaram o mercado.[18]

"Eu voei no CBA 123", anuncia Guido Pessotti, o ex-diretor técnico da Embraer. "Avião mágico. O nível do ruído, o nível da vibração, eram muito baixos. Era semelhante a um jato e era também muito veloz. Mais veloz do que um jato, para dizer a verdade. Silencioso."[19]

O CBA 123 era acionado por dois motores Garrett TPE-351-20 de 1.300 shp, com hélices de seis pás. Voava a uma velocidade de 351 nós (650 quilômetros por hora; 404 milhas por hora), a uma altitude de 24.000 pés (7.315 metros) e possuía um alcance de 600 milhas náuticas (1.112 quilômetros; 691 milhas), com 100% de carga paga e reservas.

O CBA 123 foi batizado com o nome de Vector em 30 de julho de 1990, em cerimônia presidida pelos presidentes Fernando Collor de Mello, do Brasil, e Carlos Saul Menem, da Argentina. O nome Vector foi escolhido via concurso internacional, entre mais de 6.000 sugestões vindas do mundo inteiro. A vencedora, a cidadã norte-americana Nancy Bodstein, ganhou uma viagem ao Brasil, além de uma visita à Embraer.

Em termos tecnológicos o CBA 123 Vector foi um sucesso, representando avanço significativo em sua classe. Luís Carlos Affonso, atual vice-presidente executivo para o mercado de aviação executiva, começou sua carreira na Embraer como engenheiro do departamento técnico, em 1983. O CBA 123 Vector foi um dos seus primeiros projetos. "Trabalhei no trem de pouso e nos controles de voos, incluindo o mecânico, o eletromecânico e o piloto automático", relembra, "Foi a primeira experiência na qual nós integramos diferentes tipos de especialidades em um único grupo."[20]

Quando o projeto foi lançado em meados dos anos 1980, a Embraer tinha a expectativa de que entre 1.500 e 2.000 unidades inundariam o mercado por volta da passagem do milênio. No entanto, a tecnologia sofisticada que fazia o Vector tão atraente também era responsável pelo alto preço a ser pago—US$ 5 milhões.[21] Além disso, a aeronave era pesada, mesmo para um avião de 19 assentos, e menos potente do que outras aeronaves disponíveis no crescente mercado de aviões comerciais regionais.[22]

The CBA 123 Vector project suffered losses approaching US$280 million even before its first flight in 1990.

O projeto CBA 123 Vector acumulou prejuízos de quase US$ 280 milhões antes mesmo do seu voo inaugural, em 1990.

The twin-turbo prop CBA 123 featured rear-mounted propellers, known as "pushers."

tem. Capacity to carry only 18 to 20 people total. We had some orders. I think, at the end, we had 60 orders for the airplane. The company hit the apex of its financial troubles around that time, 1990 to 1991. Then there was the union employees strike. There were strikes one or two weeks every month. It was a really very bad time.[23]

Embraer had suffered accumulated losses in the range of US$280 million before the CBA 123 Vector had made its inaugural flight in 1990.[24] "By the time the market was ready for the plane, the market was hit with a crisis with the oil price hike," Affonso explained. "The market was not ready to pay the premium for that airplane."[25]

The company learned an important lesson about dictating prices in a depressed marketplace. Products do not dictate their prices on the market, but instead the market dictates product prices.

In hindsight, a number of creative changes might have salvaged the program, but constraints placed on Embraer as a state-run company impeded any further developments. The technology and experience accrued in the CBA 123 project, however, proved an important launching pad for other future programs such as the EMB 145 regional jet.[26]

Bleak Economic Scenario

Several international and domestic economic factors added to Embraer's financial woes in the late 1980s. The end of the Cold War meant the cancellation of billions of dollars' worth of military programs worldwide and the air transport industry would soon face an air travel downturn, following the end of the first Gulf War.

As a fast-growing country in the 20th century, Brazil faced a slew of macroeconomic problems and racked up a significant amount of foreign debt. Serious budget pressures assailed the government and significantly constrained government procurement along with programs to support exports by national companies.[27] By the end of the 1980s, Brazil's inflation rate had surged to dizzying levels, and prices

O bimotor turboélice CBA 123 apresentava hélices instaladas na parte posterior, conhecidas como *pushers*.

Infelizmente, o Vector enfrentou ainda outras e crescentes dificuldades. Os governos do Brasil e da Argentina não conseguiram dar continuidade ao desembolso dos recursos que haviam prometido para o projeto. Clientes potenciais haviam assinado cerca de 150 opções de compra, mas nenhum dos negócios foi adiante. Pessotti relembra as dificuldades:

> *Era um projeto muito caro. Motor caro. Sistemas duplos redundantes. Capacidade para transportar apenas 18 a 20 pessoas, ao todo. Tínhamos algumas encomendas. No final, acho que tínhamos umas 60 encomendas para a aeronave. Os problemas financeiros da companhia atingiram o ápice por volta dessa época, de 1990 a 1991. Havia as greves do sindicato. Havia greves de uma ou duas semanas todo mês. Foi um período realmente muito ruim.*[23]

Os prejuízos acumulados pela Embraer chegaram a cerca de US$ 280 milhões antes do voo inaugural do CBA 123 Vector em 1990.[24] "No momento em que o mercado ficou pronto para o avião, foi atingido pela crise provocada pelo aumento dos preços do petróleo", explica Affonso. "O mercado não estava pronto para pagar pela qualidade daquela aeronave."[25]

A companhia aprendeu uma importante lição a respeito da imposição de preços em um mercado deprimido. Produtos não ditam seus preços no mercado; ao contrário, é o mercado que dita os preços dos produtos.

Fazendo um retrospecto, algumas mudanças criativas poderiam ter salvado o programa, mas as obrigações impostas à Embraer, na condição de empresa estatal, impediram quaisquer novos desdobramentos. A tecnologia e a experiência adquiridas no projeto CBA 123, contudo, provaram ser um importante ponto de partida para outros programas no futuro, tais como o do jato regional EMB 145.[26]

This artist's rendering shows an early concept for the EMB 145, later renamed ERJ 145, which featured wing-mounted engines, a design that was abandoned in favor of the fuselage-mounted engines in service today.

Esse estudo mostra o primeiro conceito do EMB 145, mais tarde rebatizado de ERJ 145. Apresentava motores instalados nas asas, projeto abandonado em favor da configuração de motores instalados na fuselagem, atualmente em serviço.

Cenário Econômico Sombrio

Diversos fatores econômicos internacionais e domésticos contribuíram para os infortúnios financeiros da Embraer no final dos anos 1980. O fim da Guerra Fria representou o cancelamento de programas militares em todo o mundo no valor de bilhões de dólares. A indústria do transporte aéreo logo enfrentaria a retração nas viagens aéreas que se seguiu à primeira Guerra do Golfo.

Como país de crescimento acelerado no século XX, o Brasil teve de encarar uma sucessão de problemas macroeconômicos e o acúmulo de uma pesada dívida externa. Sérias pressões orçamentárias assaltaram o governo, prejudicando sua capacidade de compra, assim como programas de apoio a exportações feitas por empresas nacionais.[27] No final dos anos 1980, a taxa de inflação atingiu níveis estratosféricos, e os preços só seriam colocados sob controle anos após o início da próxima década. "A taxa de inflação no Brasil chegou a 30% ao mês", declarou Ozílio. "Ou seja, 1% ao dia."[28]

Com o fim da ditadura militar em 1985, o presidente, José Sarney, começou a rever políticas industriais protecionistas em um período instável para a indústria global. O apoio à reestruturação das companhias, contudo, revelou-se ineficaz. Apesar de o mercado ter começado a se abrir durante os cinco anos em que Sarney ocupou a presi-

The ERJ 145 was so popular that more than 850 of them are in commercial airline use.

would only be brought under control a few years into the following decade. "The inflation rate in Brazil reached 30 percent a month," Ozílio said. "That's 1 percent a day."[28]

With the end of the military dictatorship in 1985, President José Sarney started reviewing industrial protectionism policies during an unstable period for global industry. Support for the restructuring of companies, however, proved lacking, and although the market did begin to open during Sarney's five years in office, it was only significantly expanded when Fernando Collor de Mello took office in 1990, and instituted a number of macroeconomic reorientation policies.[29]

The weaknesses of Embraer as a business were related to the company's over-reliance on government and defense contracts. That weakness became painfully clear during a decline in profitable foreign defense markets, such as the Middle East. Up until that point, Embraer's focus had been primarily on technical performance requirements, in some ways at the cost of real world market considerations.[30]

Ozires Silva, president of Embraer up to 1986, wrote in his book, *A Take off of a Dream*:

> *We had finally reached the point we had always dreamed of, but, suddenly, faced with the rough reality [of current times], we understood there was still much to be done.*

The New Regional Jet Marketplace

Market evolution at the end of the 1980s brought on controversial discussions regarding new concepts to be used in regional aviation. Passengers developed a growing aversion to turboprops just as demand for short-range regional travel grew. A new era, marked by jet engines, appeared on the horizon.

In 1989, Embraer decided to enter the relatively new, fast-growing regional jet marketplace. This proved a decisive strategic step as the market for its turboprop aircraft fell into a declining phase that only accelerated in future years. Jets not only provided increased passenger comfort and the capacity to fly at higher

O ERJ 145 revelou-se tão popular que mais de 850 deles estão em uso na aviação comercial.

dência, ele só se ampliou de forma significativa quando Fernando Collor de Mello assumiu o cargo em 1990, instituindo número significativo de políticas de reorientação macroeconômica.[29]

Como negócio, as vulnerabilidades da Embraer estavam relacionadas à sua extrema dependência do governo e de contratos de defesa. Essa debilidade tornou-se dolorosamente evidente com a retração dos lucrativos mercados militares externos, como o Oriente Médio. Até aquele momento, o foco da Embraer havia se concentrado primordialmente nas exigências de desempenho técnico, de algum modo ao custo de considerações do mercado mundial real.[30]

Ozires Silva, presidente da Embraer até 1986, escreveu em seu livro *A Decolagem de um Sonho*:

> *Finalmente tínhamos chegado ao ponto com que sempre sonháramos, mas, de repente, confrontados com a amarga realidade daqueles tempos, compreendemos que ainda havia muito a ser feito.*

O Novo Mercado dos Jatos Regionais

A evolução do mercado no final dos anos 1980 provocou discussões acaloradas sobre os novos conceitos usados na aviação regional. Os passageiros demonstravam uma aversão cada vez maior aos turboélices, exatamente quando crescia a demanda por viagens regionais de curtas distâncias. Uma nova era, marcada por motores a jato, surgia no horizonte.

Em 1989, a Embraer decidiu entrar no mercado—relativamente novo, mas em rápido crescimento—de jatos regionais. Essa decisão revelou-se um passo estratégico decisivo, uma vez que o mercado para suas aeronaves turboélices encontrava-se numa fase de declínio que só fez se aprofundar nos anos subsequentes. Os jatos têm a capacidade de voar a velocidades maiores e acima da turbulência, proporcionando um maior conforto para os passageiros.[31]

A Comair, empresa baseada nos Estados Unidos, e importante operadora do EMB 120, contactou a Embraer para discutir a possibilidade de operar um jato na faixa de 50 passageiros. A Embraer respondeu ao chamado do mercado, por aviões maiores e mais rápidos, acionados por motores *turbofan* e caracterizados por custos operacionais mais baixos, lançando o EMB 145, mais tarde denominado ERJ 145. O avião surgiu pela primeira vez nas pranchetas de desenho da Embraer em 1988, durante o período do desenvolvimento do CBA 123.

Em seu conceito original, o ERJ 145 era uma versão a jato do Brasilia, ampliado para acomodar 45, em lugar de 30 passageiros. Os desenhos iniciais previam a instalação de turbinas em cada uma das asas, em substituição aos motores turboélices do Brasilia. O jato poderia ser equipado quer com o sistema aviônico padrão do Brasilia, quer com a aviônica totalmente digital do *high tech* CBA 123.

Projetistas e engenheiros esperavam reduzir os custos lançando mão da estrutura e de componentes comuns aos dois aviões, o que também permitiria, potencialmente, acelerar a produção. Os custos de produção para o novo jato foram estimados em US$ 300 milhões.[32]

Testes desenvolvidos no túnel de vento na sede da Boeing Technologies, revelaram que o ERJ 145, segundo suas especificações originais, jamais satisfaria os objetivos da Embraer, de modo que a companhia decidiu redesenhar a aeronave. Uma asa totalmente nova foi projetada e o motor a jato foi deslocado para baixo da asa, como no Boeing 737.[33]

Essas modificações, contudo, revelaram-se insuficientes. O projeto da aeronave teve de passar por novas modificações. Para reduzir os custos associados à necessidade de um trem de pouso maior e para acomodar as portas e escadas reprojetadas para passageiros, ao mesmo tempo em que se ampliava a fuselagem para comportar

speeds and above turbulence, but also allowed airlines a higher usage rate due to increased passenger comfort.[31]

U.S.-based Comair, a major operator of the EMB 120, contacted Embraer to discuss the possibility of operating a jet that would seat 50 passengers. Embraer responded to the market's call for faster and larger airplanes, powered by turbofan engines and characterized by lower operational costs, with the EMB 145, later renamed the ERJ 145. The aircraft first appeared on Embraer's drawing boards in 1988, during the period of the CBA 123 development.

In its original concept, the ERJ 145 was a jet-powered version of the Brasilia, stretched to accommodate 45 instead of 30 passengers. Initial designs called for placement of the turbines on top of each wing, where the Brasilia turboprop engines had been. The jet could be fitted with either standard avionics equipment from the Brasilia or fully digital avionics from the high-tech CBA 123 craft.

Designers and engineers hoped to cut costs by using frames and components common to both airplanes, which would also potentially speed up production. Production costs for the new jet were estimated at US$300 million.[32]

Tests performed in the wind tunnel at Boeing Technologies headquarters showed that the ERJ 145 under the original specifications would never meet Embraer's objectives, so the company decided to redesign the aircraft. A whole new wing was designed and the jet engine was moved under the wing, as in the Boeing 737.[33]

Those modifications, however, proved insufficient and the aircraft design required further modification. To cut costs associated with the need for larger landing gear and to accommodate redesigned passenger doors and stairs while further lengthening the fuselage to accommodate the changes, designers opted to move the engines on the fuselage closer to the tail, as in the Sud Aviation SE 210 Caravelle and Boeing 727. Because of that, price per unit manufactured rose from an initial US$11 million to US$13 million. According to Affonso, the alterations were worth the effort:

> *It's very difficult to launch a brand-new aircraft of that size, and it's very expensive. Embraer was gambling, but the executives knew it was their only ticket to survival. We were in a very difficult situation, because of three simultaneous crises taking place—an external oil crisis at the end of the 1980s, the world was in recession, and Brazil was in a tough situation as a country, and could no longer support Embraer as a state-owned company. A business like this requires constant investment.*[34]

In its final, approved configuration, the aircraft was powered by two 3,194 kilogram thrust Allison AE3007A engines. The aircraft was capable of carrying a payload of up to 5,515 kilograms and seated 50 passengers. Embraer expected to sell at least 450 ERJ 145s up to the turn of the century. Continental Express also gave an important boost to the company by purchasing the ERJ 145 for its regional jet service. This high-performing 50-seat regional jet put Embraer on the map, with more than 850 of them flying with commercial airlines.

Sliding Deeper

The first signs that something had gone gravely amiss within Embraer's books appeared in 1989, when the company celebrated its 20th birthday. A São Paulo newspaper celebrated the company's second decade with the prescient headline: "Embraer: Perils Arise Amid Success." Net profits appeared to ride a rollercoaster from its slightly positive balance in 1984, at US$160,000, to a significant US$4.8 million loss the following year, returning to US$10 million

The ERJ 145, a jet-powered regional workhorse, became a successful and popular aircraft due to the early support of such companies as American Eagle and Continental Express.

essas mudanças, os projetistas optaram por deslocar os motores na fuselagem posterior, próxima à cauda, como no Sud Aviation SE 210 Caravelle e no Boeing 727. Com isso, o preço por unidade fabricada subiu dos US$ 11 milhões iniciais para US$ 13 milhões.

De acordo com Affonso, as alterações compensaram o sacrifício:

> *É muito difícil lançar um avião completamente novo, daquele tamanho. E é também muito caro. A Embraer estava fazendo uma aposta, mas seus executivos sabiam que era a sua única cartada para sobreviver. Estávamos em uma situação muito difícil por causa das três crises simultâneas que estavam ocorrendo—uma crise externa do petróleo, no final dos anos 1980; o mundo estava em recessão e o Brasil encontrava-se numa situação complicada como país, e não podia apoiar a Embraer, enquanto empresa pública, por muito mais tempo. Um negócio como esse requer investimentos constantes.*[34]

Na configuração final aprovada, a aeronave era propelida por dois motores Allison AE3007A de tração de 3.194 quilos. A aeronave era capaz de transportar uma carga paga de até 5.515 quilos, acomodando 50 passageiros sentados. A Embraer esperava vender pelo menos 450 ERJ 145 até a virada do século. A Continental Express também deu um importante incentivo à Embraer, adquirindo o ERJ 145 para o seu serviço de jatos regionais. Foi esse jato regional, de alto desempenho, com capacidade para 50 passageiros, que colocou a Embraer no mapa. Mais de 850 desses jatos voam hoje apenas na aviação comercial.

Descendo mais Fundo

Os primeiros sinais de que algo de muito errado estava acontecendo com a Embraer, patentes nos seus livros contábeis, surgiram em 1989, quando a companhia celebrou seu 20º aniversário. Um jornal de São Paulo comemorou a segunda década da empresa com uma profética manchete: "Embraer: perigos despontam no meio do sucesso." Os lucros líquidos pareciam estar cavalgando uma montanha russa. O balanço da companhia, ligeiramente positivo em 1984—US$ 160 mil—apresentou um prejuízo significativo—US$ 4,8 milhões—em 1988, voltando a apresentar lucros em 1986 e 1987, de US$ 10 milhões e US$ 12,9 milhões, respectivamente. Mas, em 1988 mergulhou no

O ERJ 145, um jato robusto usado no transporte regional, tornou-se um avião bem-sucedido e popular devido ao apoio que recebeu desde o início de empresas como American Eagle e a Continental Express.

The ERJ 145 featured comfortable three-abreast seating for 50.

O ERJ 145 comporta 50 passageiros, distribuídos em confortáveis assentos em fileiras de três, lado a lado.

and US$12.9 million in profits in 1986 and 1987, respectively, then taking a nose-dive into 1988 with US$35.2 million in the red, with little hope of reversing the scenario the following year.[35]

Ozílio remained stoic in the face of adversity, staunchly opposing the top management's proposal to increase fund-raising for the construction of the regional ERJ 145 jet because of the US$300 million the company owed in short-term debt. Embraer's board had hoped to raise US$560 million by converting US$100 million in debt, issuing US$85 million in debentures, and applying for a US$150 million loan from the Brazilian Development Bank (Banco Nacional de Desenvolvimento Econômico e Social; BNDES). The remaining US$225 million would have been provided by risk funds.

"Seeking out resources on the market in order to keep control of the company is an unrealistic idea," Ozílio warned. "You cannot turn to the market for funds without handing away part of your power to shareholders."[36]

Instead, he hoped the Ministry of Aeronautics would remain Embraer's majority shareholder. Unfortunately, in 1988, Brazil rewrote its federal constitution, removing many of the sales support and new development initiatives Embraer had once enjoyed. This development set the stage for outside investments and Embraer's eventual privatization.

Many experts considered the faltering CBA 123 project one of the main reasons behind Embraer's massive debt.[37]

Throughout the difficult transition, Ozires Silva, who had traded one state-owned company for another in 1986, maintained close ties with Embraer's administrative council. He encouraged the sale of the company's common shares, which would give shareholders a voting voice in Embraer, and he would soon return to lead the company he founded and guide it toward privatization.

vermelho em US$ 35,2 milhões, sendo poucas as expectativas do cenário ser revertido no ano seguinte.[35]

Ozílio reagiu de forma estoica diante da adversidade, opondo-se firmemente à proposta da diretoria em aumentar a captação de recursos para a construção do jato regional ERJ 145, por causa da dívida de curto prazo de US$ 300 milhões. Os executivos da Embraer estimaram levantar US$ 560 milhões, convertendo US$ 100 milhões em débito, emitindo US$ 85 milhões em debêntures e contraindo um empréstimo de US$ 150 milhões junto ao Banco Nacional de Desenvolvimento Econômico e Social (BNDES). Os US$ 225 milhões restantes teriam de ser obtidos mediante fundos de risco. "Buscar recursos no mercado com o intuito de manter o controle da companhia é uma ideia irrealista," advertiu Ozílio. "Não se pode ir a mercado em busca de recursos sem transferir parte do seu poder para os acionistas."[36]

Na realidade, sua expectativa era de que o Ministério da Aeronáutica continuasse a ser o acionista majoritário da Embraer. Infelizmente, em 1988, a nova constituição federal então aprovada retirava muitas das medidas de apoio às vendas e à expansão da empresa, medidas das quais desfrutara no passado. Esse curso dos acontecimentos preparou o terreno para investimentos externos e a futura privatização da companhia.

Muitos especialistas consideram o fracasso do projeto do CBA 123 uma das principais razões por trás do enorme volume da dívida da Embraer.[37]

Ao longo dessa difícil transição, Ozires Silva, que em 1986 trocara a presidência de uma empresa estatal pela de uma outra, manteve laços estreitos com o Conselho de Administração da Embraer. Estimulou a venda de ações ordinárias da companhia, que daria aos acionistas direito a voto. Em pouco tempo voltaria a comandar a empresa que havia fundado, dessa vez guiando-a rumo à privatização.

CHAPTER V CAPÍTULO

A Deepening Crisis

O Aprofundamento da Crise

1990–1992

Difficulties are immense [at this time]. … The world is going through dramatic change and we must all, with courage and determination, learn to change quickly. In order to change, we must understand once and for all that the methods and processes used in the past have failed.

—Ozires Silva,
addressing Embraer employees[1]

As dificuldades são imensas [a esta altura]. … O mundo está atravessando mudanças profundas e precisamos todos, com coragem e determinação, aprender a mudar rapidamente. Para mudar, devemos compreender de uma vez por todas que os métodos e processos usados no passado fracassaram.

—Ozires Silva, discursando para os empregados da Embraer[1]

As early as 1988, Brazilian federal laws made it increasingly difficult for state-run companies to secure government financing. The move forced Embraer to turn to private banks with high interest rates for both working capital and funding of projects. Fernando Collor de Mello, Brazil's newly elected president, decided to discontinue the country's export support program, which resulted in hundreds of millions of dollars in broken contracts for the Brasilia aircraft, as well as the cancellation of many new sales. This setback contributed to Embraer's faltering financial situation.

Embraer's accumulated debts reached more than US$1.2 billion, and in November 1990, the company announced it would lay off nearly one-third of its employees to cut costs. Troubled times and faltering CBA 123 sales prompted Embraer CEO João Rodrigues da Cunha Neto, newly elected in December 1990, replacing Ozílio da Silva, to leave the company after just seven months. Ozires Silva, Embraer's first CEO, took the controls and instituted an expense-slashing strategy to keep Embraer flying, while insisting the company be privatized. He explained:

Embraer's development through the years resulted from a long-term govern-

Já em 1988, as leis federais brasileiras tornaram cada vez mais difícil para as empresas controladas pelo Estado assegurarem financiamento governamental. A mudança forçou a Embraer a se voltar para bancos privados, que cobravam taxas de juros elevadas tanto para capital de giro quanto para financiamento de projetos. Fernando Collor de Mello, presidente recém-eleito, decidiu interromper o programa de apoio às exportações do país, o que resultou em centenas de milhões de dólares em contratos rompidos, relativos ao avião Brasilia, bem como no cancelamento de um grande número de novas vendas. Esse revés contribuiu para a instável situação financeira da Embraer.

As dívidas acumuladas da Embraer chegaram a mais de US$ 1,2 bilhão e, em novembro de 1990, a empresa anunciou que despediria aproximadamente um terço dos empregados para reduzir os custos. Os tempos conturbados e a não concretização das vendas do CBA 123 contribuíram para que o então diretor superintendente da Embraer, João Rodrigues da Cunha Neto, eleito em dezembro de 1990 em substituição a Ozílio Carlos da Silva, deixasse a empresa depois de apenas sete meses no cargo. Ozires Silva, primeiro diretor superintendente da companhia, assu-

The Subcontracting and Services Division, created in 1987, helped increase Embraer's revenues during troubled times. The company signed contracts with companies including Boeing and McDonnell Douglas to build such items as flaps and winglets.

A Divisão de Subcontratos e Serviços, criada em 1987, ajudou a aumentar a receita da Embraer durante os tempos conturbados. A companhia assinou contratos com empresas como a Boeing e a McDonnell Douglas para construir itens como *flaps e winglets*.

Argentine President Carlos Menem (left), Brazilian President Fernando Collor de Mello (center), and Embraer CEO Ozílio da Silva (right) watch the CBA 123 takeoff during its official presentation in July 1990. Under Collor de Mello's presidency, the CBA 123 program faltered, and the federal government grew hostile to state-run companies such as Embraer.

O presidente argentino, Carlos Menem (à esquerda), o presidente brasileiro, Fernando Collor de Mello (ao centro), e o diretor superintendente da Embraer, Ozílio da Silva (à direita), observam o CBA 123 decolar durante apresentação oficial em julho de 1990. No governo Collor, o programa CBA 123 enfrentou sérios problemas e o governo federal demonstrou crescente hostilidade com as empresas controladas pelo Estado, entre as quais a Embraer.

ment policy aimed at providing the nation with self-sufficiency in aircraft design, development, and manufacture. Supported by this policy, Embraer exceeded, by far, its initial goal and made its presence known, in no uncertain terms, in the world's fiercely competitive aerospace market. ... For almost 20 years, Embraer had great management flexibility, along with growing sales and profits. Nevertheless, from the mid-1980s on, the federal government no longer had aerospace as one of its priorities, and also displayed a certain hostility toward state-owned enterprises.[2]

At the time, the world faced monumental geopolitical changes such as the dissolution of the Soviet Union and the fall of the Iron Curtain, military budget cuts due to the end of the Cold War, and the first Gulf War. Partially in response to those factors, the global civil aviation market was hit with the worst recession in history.[3]

In August 1990, the U.S.-led Operation Desert Storm was launched in the Persian Gulf region. Both the military intervention and the preceding events leading up to the crisis had a dramatic impact on the aviation industry. "With Iraq's invasion of Kuwait, no one was spared," Ozires Silva said. "Impact was felt throughout the segment as orders for commercial aircraft lagged."[4]

All aircraft manufacturers suffered and many announced layoffs. Saab, a direct competitor of Embraer, announced a 15 percent workforce reduction. British Aerospace closed its Hatfield plant and laid off 3,000 employees. Even Boeing, the world's largest aircraft manufacturer, reduced its workforce by 5,000 employees and reduced production.[5]

"It was a tremendous crash all over the world," Ozires recalled. "Orders were dropped. Even Boeing put out thousands of employees."

Hostility at Home

According to French magazine *Air & Cosmos*, between 1991 and October 1992, 267,000 positions were eliminated in the aerospace industry worldwide, of which 197,000 were on the manufacturing side.

miu novamente o controle, instituindo uma estratégia de redução de despesas com o objetivo de manter a Embraer em funcionamento, ao mesmo tempo em que insistia na sua privatização. Ele explica:

> *O desenvolvimento da Embraer através dos anos resultou de uma política governamental de longo prazo, voltada para assegurar ao país a autosuficiência no projeto, no desenvolvimento e na fabricação de aeronaves. Apoiada nessa política, a Embraer excedeu, de longe, sua meta inicial e tornou-se conhecida, de forma consistente, no agressivo e competitivo mercado mundial de aviões. ... Por quase 20 anos, a Embraer exibiu grande flexibilidade administrativa, juntamente com vendas e lucros crescentes. Não obstante, a partir de meados dos anos 1980, o governo federal deixou de ter na indústria aeronáutica uma de suas prioridades, além de manifestar uma certa hostilidade com as empresas estatais.*[2]

Naquele período, o mundo enfrentava mudanças geopolíticas de grandes proporções, como a dissolução da União Soviética e a queda da Cortina de Ferro, cortes no orçamento militar provocados pelo fim da Guerra Fria e a primeira Guerra do Golfo. Em parte como resposta a esses fatores, o mercado global de aviação civil foi atingido pela pior recessão de sua história.[3]

Em agosto de 1990, foi desencadeada, na região do golfo Pérsico, a Operação Tempestade no Deserto, liderada pelos Estados Unidos. Tanto a intervenção militar quanto os eventos que a precederam e que culminaram na crise, tiveram um profundo impacto sobre a indústria da aviação. "Com a invasão do Kuwait pelo Iraque, ninguém foi poupado", afirma Ozires Silva. "O impacto foi sentido em todos os segmentos, ao mesmo tempo em que as encomendas de aviões comerciais diminuíram."[4]

Todos os fabricantes de aviões foram atingidos e muitos anunciaram demissões. A Saab, competidor direto da Embraer, anunciou uma redução de 15% na força de trabalho. A British Aerospace fechou sua fábrica em Hatfield, demitindo 3.000 empregados. Até mesmo a Boeing, a maior fabricante de aviões do mundo, reduziu a força de trabalho em 5.000 empregados e diminuiu a produção.[5]

"Foi um tremendo impacto em todo o mundo", recorda Ozires. "As encomendas despencaram. Até mesmo a Boeing demitiu milhares de empregados."

Hostilidade em Casa

De acordo com a revista francesa *Air & Cosmos*, entre 1991 e outubro de 1992, 267.000 postos de trabalho foram eliminados na indústria aeronáutica mundial, dos quais 197.000 no setor de fabricação. Em meio ao declínio em escala global, a Embraer também teve de lutar contra um mercado doméstico cada vez mais contraído. Segundo Ozires, o novo presidente brasileiro tornou-se hostil em relação às empresas estatais. "Tínhamos então três fatores contra nós", relembra ele. "O problema do financiamento externo, a queda no mercado externo causada pela invasão do Kuwait, e também essa hostilidade."[6]

Às voltas com dívidas crescentes e um mercado declinante, a Embraer anunciou a maior rodada de demissões da história da companhia. Em novembro de 1990, a empresa começou a tomar medidas drásticas destinadas a economizar US$ 24 milhões no ano seguinte. Como parte da reestruturação, a Embraer dispensou 4.000 empregados.[7]

Frederico Fleury Curado, atual diretor presidente da Embraer, relembra o estado da companhia após a reestruturação: "Quatro mil pessoas, 61 gerentes. Voltei à companhia 60 dias após as demissões, e me lembro bem ... a moral era terrível."[8]

No final de 1990, o governo não cumpriu com a promessa de emprestar cerca de US$ 550 millhões à Embraer.[9]

Até aquele ano, o Banco Central brasileiro mantinha o programa Fundos para o

Ozílio da Silva (right) with Brazilian President Fernando Collor de Mello. Collor de Mello was in favor of quickly privatizing as many state-run companies as possible to aid the government's balance of payments. Embraer executives tried to convince the government to keep partial ownership. Collor de Mello didn't like the idea.

In the midst of the global decline, Embraer also struggled against an increasingly strained domestic market. According to Ozires, the new Brazilian president became hostile toward all state-owned companies. Ozires recalled, "We then had three factors against us: the problem of foreign financing, the drop in the external market caused by the invasion of Kuwait, and also this hostility."[6]

Faced with mounting debts and a sagging market, Embraer announced the largest round of layoffs in the company's history. In November 1990, Embraer began to take drastic measures designed to save the company US$24 million the following year. As part of the restructuring, Embraer let go of 4,000 employees.[7]

Frederico Fleury Curado, current president and CEO of Embraer, recalled the state of the company after the restructuring: "Four thousand people, 61 managers, so I came back 60 days after the layoffs, and I remember ... morale was terrible."[8]

By the end of 1990, the government had defaulted on approximately US$550 million it had promised Embraer, according to the Central Bank and the Ministry of Aeronautics.[9]

Until that year, the Brazilian Central Bank ran the Fund for Export Financing (Finex) program. It provided pre-shipment financial support as subsidized working capital for goods that took longer than 18 months to manufacture, taking into account that long-term capital remained relatively scarce and expensive. Post-shipment credit for buyers and suppliers had also been offered to exporters of consumable durables and capital goods.[10] However, President Fernando Collor de Mello decided to do away with Finex.

Even with a former Embraer executive as a minister in his office—Ozires Silva left Petrobras in 1989 and the new president invited him to become Minister of Infrastructure—Collor de Mello maintained an aversion towards the military. In fact, one of the president's first moves in office was to slash strategic projects such as the Navy's nuclear program. Intrinsically connected to the Air Force and the Ministry of Aeronautics, Embraer suffered, as the president did little to alleviate the company's financial difficulties.

Ozílio da Silva (à direita) com o presidente brasileiro, Fernando Collor de Mello. Collor era favorável a uma rápida privatização do maior número possível de empresas estatais a fim de ajudar a balança de pagamentos do governo. Os executivos da Embraer tentaram convencer o governo a manter uma propriedade parcial, mas Collor não gostou da ideia.

Financiamento de Exportações (Finex), que proporcionava aporte financeiro pré-embarque, na forma de capital de giro subsidiado, para bens que levavam mais de 18 meses para serem fabricados, uma vez que o capital de longo prazo continuava relativamente escasso e caro. Crédito pós-embarque, para compradores e fornecedores, também era oferecido aos exportadores de bens de consumo duráveis e bens de capital.[10] Contudo, o presidente Fernando Collor de Mello decidiu acabar com o Finex.

Mesmo tendo um ex-executivo da Embraer como ministro do seu gabinete—Ozires Silva deixara a Petrobras em 1989, mas o novo presidente convidou-o a assumir o Ministério da Infra-Estrutura—Collor de Mello tinha aversão aos militares. De fato, uma das primeiras medidas do presidente no exercício do cargo foi promover cortes em projetos estratégicos, como o programa nuclear da Marinha. Ligada umbelicalmente à Força Aérea e ao Ministério da Aeronáutica, a Embraer foi diretamente afetada, uma vez que o presidente pouco fez para aliviar as suas dificuldades financeiras.

No final de 1991, Ozílio da Silva renunciou ao cargo de diretor superintendente que ocupava desde quando Ozires Silva se afastara da Embraer para assumir a presidência da Petrobras, em 1986. João Rodrigues da Cunha Neto substituiu Ozílio, mas renunciou sete meses mais tarde, em 26 de junho de 1991. Em resposta a um convite do brigadeiro Sócrates Monteiro, ministro da Aeronáutica e ex-companheiro de escola, Ozires uma vez mais assumiu o controle da empresa que ele ajudara a criar. Nos 16 anos que chefiou a Embraer, Ozires ganhara respeito e prestígio por sua competência no comando da companhia no mercado global.[11] Durante esse tempo de crise, Ozires retornava à Embraer para ajudar na sua sobrevivência.

Entretanto, antes de Ozires concordar em tomar novamente as rédeas, impôs uma importante condição: "A companhia tem de ser privatizada."

Ozires também pleiteava completa autonomia para dirigir a empresa, incluindo o poder de escolher seus diretores. Ao retornar, enfrentou a árdua tarefa de comandar uma companhia às voltas com dívidas e com perdas declaradas de US$ 700 milhões.[12] O quadro de pessoal da Embraer havia sido reduzido a aproximadamente 9.000 empregados, com uma folha de pagamentos fixa de US$ 10 milhões. Fleury Curado relembra a difícil transição:

> *Foi um momento muito triste. ... Não tínhamos muito tempo para lamentar [a perda de nossos 4.000 companheiros] por causa das nossas imensas dificuldades financeiras. Não tínhamos dinheiro para a folha de pagamentos. Decidimos incluir a Embraer no programa de privatização, que no Brasil foi um processo altamente politizado, e então, a meio caminho, o presidente do país sofreu um impeachment, e a coisa toda travou.*[13]

As negociações com as companhias estrangeiras entraram em colapso. Os credores externos exigiam seu dinheiro de volta. Com o retorno de Ozires, o presidente Collor concordou em viabilizar um empréstimo de US$ 407 milhões do Banco do Brasil. A Embraer conseguiu levantar US$ 100 milhões, em adição aos fundos governamentais.

A despeito dos desafios, Ozires Silva declarou à imprensa que a companhia teria um futuro brilhante.[14] Como resposta à crise financeira e institucional da indústria, propôs uma série de mudanças estratégicas e medidas criativas, incluindo diretrizes para a privatização, que, segundo se acreditava, eram, naquelas circunstâncias, a única saída para a companhia.[15]

Apesar de ter inicialmente se posicionado contra o projeto do EMB 145, Ozires rapidamente mudou de ideia e retomou o programa, incorporando algumas modificações estruturais e de concepção. Também sugeriu que a Embraer desen-

By the end of 1991, Ozílio da Silva resigned from the position he had held as CEO since Ozires Silva had left for Petrobras in 1986. João Rodrigues da Cunha Neto replaced Ozílio, but resigned seven months later on June 26, 1991. In response to an invitation from Lieutenant Brigadier Sócrates Monteiro, Minister of Aeronautics and a former schoolmate, Ozires once again took control of the company he helped create. In his 16 years leading Embraer, Ozires had earned respect and prestige for his competence in leading the company into the global marketplace.[11] During its time of crisis, Ozires returned to help Embraer survive.

However, before Ozires agreed to take the reins yet again, he had one important condition: "The company must be privatized."

Ozires also wanted full autonomy to run the company, including the ability to choose its directors. Upon his return, Ozires faced the arduous task of running a company struggling with debt, as well as declared losses of US$700 million.[12] At the same time, Embraer's staff had dropped to approximately 9,000 employees with a fixed payroll of US$10 million.

Fleury Curado recalled the difficult transition:

> *It was a very sad moment. ... We didn't have much time to mourn the loss of our 4,000 colleagues because we were in such great financial difficulty. We didn't have money for payroll. We had decided to include Embraer in the privatization program, which was a highly political process here in Brazil, and then, in the middle of the process, the president of the country was impeached, and the whole thing was stalled.*[13]

The deals with overseas companies collapsed and foreign creditors asked for their money back. After Ozires' return to Embraer, President Collor did agree to the arrangement of a US$407 million loan from Banco do Brasil. Embraer was able to raise US$100 million in addition to the government funds.

Despite the challenges, Ozires Silva told the press the company would have a brilliant future.[14] In response to the industry's financial and institutional crisis Ozires proposed a number of strategic changes and creative moves—including guidelines for privatization, which was generally believed to be the company's only way out under the circumstances.[15]

Although against the EMB 145 project at first, Ozires resumed the program with a number of structural and design modifications. He also suggested that Embraer should develop new versions of the Tucano and market them in foreign countries, increasing the popular aircraft's attractiveness and flexibility in multiple markets.[16] He also decided to request funds from the Ministry of Aeronautics to continue production of the AMX in conjunction with the Italian government to avoid the stagnation of the program.[17]

According to Edson Mallaco, future vice president of customer support and services for executive jets, the difficult transition created a strong sense of camaraderie:

> *It was difficult to work here, very difficult, but the ones that survived worked very hard to change the company. That created a very strong team of incredibly committed people. I remember at one point we didn't have money to buy new paper, so we reused paper in the copy machine—double-faced printing.*[18]

Creative Fund-raising

With slashed armed forces budgets worldwide, spending for military aircraft plummeted. With few opportunities to obtain necessary short-term cash, Embraer embarked on a series of strategies designed to keep the company afloat. Embraer shifted its focus toward heavier involve-

volvesse novas versões do Tucano, vendendo-as em países estrangeiros, ampliando o poder de atração e a flexibilidade do popular avião em vários mercados.[16] Também decidiu solicitar recursos ao Ministério da Aeronáutica para dar continuidade à produção do AMX, em cooperação com o governo italiano, a fim de evitar a interrupção do programa.[17]

Segundo Edson Mallaco, futuro vice-presidente de serviços aeronáuticos, a difícil transição terminou por criar forte senso de camaradagem na equipe:

> *Era duro trabalhar aqui, muito duro, mas aqueles que sobreviveram trabalharam arduamente para mudar a companhia. Isso criou uma equipe muito forte, com pessoas incrivelmente comprometidas. Eu me lembro de que em determinado momento nós não tínhamos dinheiro nem para comprar papel, de modo que decidimos reaproveitar papel já usado em copiadoras, imprimindo em ambos os lados.*[18]

Levantamento Criativo de Recursos

Com a redução dos orçamentos das forças armadas em todo o mundo, os gastos com a aviação militar despencaram. Como eram poucas as oportunidades para obter os recursos necessários no curto prazo, a Embraer adotou uma série de estratégias destinadas a manter-se em pé, deslocando seu foco para um envolvimento mais consistente na subcontratação e em serviços em outros segmentos industriais.

A companhia já adquirira uma importante experiência de subcontratação no passado. Em 1987, ganhou um contrato muito importante, no valor de US$ 120 milhões, para a fabricação de flaps para o MD-11. O contrato permitiu à Embraer aprimorar técnicas relativas a compósitos de carbono, além de acumular experiência em gestão de contratos.

A companhia construiu 200 flaps externos para a McDonnell Douglas, com opção para mais 100. O negócio propiciou a criação da Divisão de Subcontratos e Serviços. Os flaps foram construídos em fibra de carbono, medindo 8,90 metros de comprimento por 1,90 e 1,29 metros de largura interna e externa, respectivamente. Graças ao projeto moderno, os flaps pesavam 168 quilos a menos do que um modelo equivalente tradicional feito de metal.[19]

Em 1990, a Embraer assegurou um segundo contrato, dessa vez com a Boeing. Segundo os termos do acordo, a Embraer foi encarregada de fabricar suportes mecânicos dos flaps para as aeronaves Boeing 747 e 767. O negócio deu certo e, no ano seguinte, a Boeing contratou a Embraer para construir estabilizadores verticais, além de carenagens de ponta de asa para o último modelo da Boeing, o 777.[20]

Apesar das novas perspectivas, em 1992, a Embraer continuava atolada em problemas financeiros. Como resposta, a companhia começou a buscar contratos de fabricação fora do mercado aeronáutico.[21] A empresa passou a produzir moldes para empresas automobilísticas como a Autolatina (*joint venture* formada pelas fabri-

João Rodrigues da Cunha Neto departed as Embraer's CEO after just seven months. A failed CBA 123 aircraft program, massive layoffs, and US$1.2 billion in debt made Embraer an increasingly difficult company to manage.

João Rodrigues da Cunha Neto deixou a presidência da Embraer depois de apenas sete meses no cargo. O fracasso do programa da aeronave CBA 123, as maciças demissões e uma dívida de US$ 1,2 bilhão faziam da Embraer uma empresa cada vez mais difícil de administrar.

Embraer's contract to build MD-11 wing flaps for McDonnell Douglas brought in US$120 million in much-needed revenues.

ment in subcontracting and services in other industrial segments.

Embraer had already gained valuable subcontracting experience in the past. In 1987, Embraer had won a very important US$120 million contract for the construction of MD-11 flaps. The valuable contract allowed Embraer to gain valuable access to carbon fiber–related technologies and contract management experience.

The company built 200 of the outboard flaps for McDonnell Douglas, with an option for another 100. The venture led to the creation of the Subcontracting and Services Division. The flaps were constructed of carbon fiber composite materials and measured 8.90 meters long by 1.90 meters wide at inboard and 1.29 meters wide at outboard. Thanks to the modern design, the flaps weighed 168 kilograms less than a traditional flap made of metal.[19]

In 1990, Embraer secured a second contract, this time with Boeing. Under the terms of the agreement, Embraer manufactured mechanical flap supports for Boeing 747 and 767 aircraft models.

O contrato da Embraer com a McDonnell Douglas, para produzir os flaps das asas do MD-11, trouxe US$ 120 milhões em receitas.

The deal went well, and the following year, Boeing hired Embraer to build vertical fin fairings and wingtip fairings for Boeing's latest aircraft, the 777.[20]

Despite the new prospects, by 1992, Embraer remained mired in financial woes. In response, the company began to look for manufacturing contracts outside the aerospace marketplace.[21] Embraer began manufacturing stamped molds for automotive companies such as Autolatina (a joint venture between automakers Volkswagen and Ford aimed at the Latin American market) and GM do Brasil, alongside equipment for the plastic injection molding of internal refrigerator parts on behalf of Brastemp, the country's largest household appliance brand. Embraer also supplied instrument calibration equipment for Ericsson's ISO 9000 certification and aluminum switchboard parts for NEC Brasil. The aircraft manufacturer even began producing soap molds for Gessy Lever.[22]

The technological advancement Embraer injected into the market led to substantial benefits for Brazilian manufacturers overall. A study by the Getúlio Vargas Foundation (Fundação Getúlio Vargas; FGV) showed Embraer was 98 percent technologically up-to-date, at the forefront of national companies, and comparable to strong international groups. This was one of the main reasons Embraer was able to land such projects as the MD-11 flap fabrication contract.[23]

The Continuing Saga of the ERJ 145

By the early 1990s, Embraer had accumulated a US$1.2 billion debt, exacerbated in part by acquiring short-term loans at high interest rates.[24] Even with its financial burdens, the company elected to delay new aircraft programs rather than risk criticism for lagging in post-sale technical assistance. The company prided itself on its customer service, and Embraer continued to support its aircraft vigorously, assuring operators that they would have

cantes de veículos Volkswagen e Ford, voltada para o mercado da América Latina) e a GM do Brasil, juntamente com equipamentos para a injeção plástica de componentes internos de refrigerador para a Brastemp, a principal marca de eletrodomésticos linha branca do país. A companhia também forneceu equipamento para calibração de instrumentos para o certificado ISO 9000 da Ericsson e partes de alumínio do quadro de distribuição para a NEC Brasil. A fabricante de aviões chegou até a produzir moldes de sabonete para a Gessy Lever.[22]

O avanço tecnológico que a Embraer injetou no mercado provocou benefícios substanciais para os fabricantes brasileiros como um todo. Um estudo realizado pela Fundação Getúlio Vargas (FGV) revelou que a Embraer estava 98% tecnologicamente atualizada, na linha de frente das empresas nacionais, e podia ser comparada a grupos internacionais sólidos. Essa foi uma das principais razões pelas quais a Embraer pôde conquistar projetos, como o contrato de fabricação do flap do MD-11.[23]

A Saga Permanente do ERJ 145

No início dos anos 1990, a Embraer havia acumulado uma dívida de US$ 1,2 bilhão, exacerbada, em parte, pela contratação de empréstimos a curto prazo, com taxas de juros elevadas.[24] Às voltas com encargos financeiros, a companhia preferiu adiar o início de novos programas aeronáuticos do que correr o risco de sofrer críticas por falhar na prestação de assistência técnica no pós-venda. A Embraer orgulhava-se do seu serviço ao cliente e continuava a oferecer um suporte consistente às suas aeronaves, garantindo aos operadores um amplo acesso às peças de reposição, bem como aos serviços de manutenção.[25]

Ao mesmo tempo em que redefinia prioridades, o ambicioso projeto ERJ 145 mantinha-se em compasso de espera. O revolucionário projeto do jato regional de 50 lugares ficou na prateleira até outubro de 1991, três meses após o retorno de Ozires Silva. No final daquele ano, Satoshi Yokota, que havia ingressado na Embraer em 1970 como engenheiro de sistemas eletrônicos, foi encarregado do programa. Convencer os parceiros internacionais a investir seu próprio dinheiro e a dividir os riscos inerentes ao projeto tornou-se a primeira tarefa da equipe de desenvolvimento.

"Não foi uma tarefa fácil convencer companhias do porte de uma Sonaca e de uma Gamesa a investir centenas de milhões de dólares em um programa comandado por uma companhia que estava descendo ladeira abaixo", admite Fleury Curado.[26]

Apesar das dificuldades, a Embraer foi capaz de assegurar cartas de intenção de 14 empresas aéreas na Austrália, Europa, América Latina e Estados Unidos.[27] Fornecedores de estruturas e de equipamentos também reconheciam o potencial do programa e se associaram à Embraer, fornecendo recursos de engenharia e produção para o ERJ 145. As companhias participantes investiram sua própria infra-estrutura e ativos para produzirem componentes. A participação europeia proveio da empresa espanhola Gamesa, que forneceu as asas da aeronave, e de uma companhia aeronáutica belga, a Sonaca, que fabricou os anéis da fuselagem. Além dessas duas, a Embraer pôde contar com a companhia chilena Enaer para a produção das empenagens horizontal e vertical, e com a empresa C&D Interiors, baseada nos Estados Unidos, responsável pelo projeto do interior do avião.[28]

A empresa aérea europeia Régional foi a primeira a comprar o ERJ 145, o novo jato regional da Embraer, seguida pela Manx Airlines, com sede no Reino Unido. "Tivemos uma espécie de ressuscitamento", lembra Fleury Curado. "O ERJ 145 tornou-se o veículo da ressureição da Embraer."

De acordo com o ex-presidente da ExpressJet, David Siegel, a oportunidade de se envolver no renascimento da Embraer

Satoshi Yokota, future executive vice president of strategic planning and technology development, served as the program manager for the EMB 145. He was responsible for creating a series of innovative risk-sharing partnerships that helped keep Embraer afloat.

Satoshi Yokota, futuro vice-presidente executivo de Planejamento Estratégico e Desenvolvimento Tecnológico, atuou como gerente de programa para o ERJ 145. Foi responsável pela criação de uma série de parcerias inovadoras, envolvendo compartilhamento de riscos, o que ajudou a manter a Embraer de pé.

full access to replacement parts and maintenance services.[25]

As the company refocused its priorities, Embraer temporarily kept its ambitious ERJ 145 project on hold. The revolutionary 50-seat regional jet project was shelved until October 1991, three months after Ozires returned. By the end of the year, Satoshi Yokota, who had joined Embraer in 1970 as an electronic systems engineer, was placed in charge of the program. Convincing international partners to invest their own money and share the risks for the project became the development team's first task.

"It was quite a task to convince companies such as Sonaca and Gamesa to invest hundreds of millions of dollars in a program run by a company that was going down the drain," Fleury Curado admitted.[26]

Despite the odds, Embraer was able to secure letters of intent from 14 airlines in Australia, Europe, Latin America, and the United States.[27] Suppliers of structures and equipment also recognized the potential for the program and joined Embraer in providing engineering and production resources for the ERJ 145. Participating companies invested their own infrastructure and assets to produce parts. European participation came from Gamesa, a Spanish firm that provided the aircraft's wings, and Belgian aerospace company Sonaca, which manufactured the fuselage rings. In addition, Embraer counted on Chilean company Enaer for horizontal and vertical empennage production, and U.S.-based C&D Technologies for the aircraft's interior design.[28]

European airline Régional was the first to purchase Embraer's new ERJ 145 regional jet, followed by UK-based Manx Airlines. "We had a kind of resurgence," Fleury Curado recalled. "The ERJ 145 became the vehicle of Embraer's resurrection."

According to former ExpressJet CEO, David Siegel, the opportunity to become involved in the rebirth of Embraer proved

too attractive to pass up for many companies. "You had the new market opportunities, and you had the complementary flying opportunities," he explained. "You also had an opportunity because it was early on in the regional jet world."[29]

The configuration of the ERJ 145 underwent several modifications. The engines were moved back to the rear fuselage and then inched forward for aerodynamic effect. The landing gear was redesigned and the passenger doorway was modified. However, the aircraft retained many features developed for Embraer's previous aircraft, including the fuselage section from the Brasilia.[30] Commonality of design and parts with other Embraer aircraft saved the company valuable time and money, and costs were shaved by utilization of many solutions originally developed for the CBA 123. "Probably the ERJ 145 would be much, much more difficult to complete and design without the CBA 123," Yokota said.[31]

"Back to basics" remained the slogan for the aircraft, recalling a lesson learned after the disappointing performance of

revelou-se extremamente atraente para muitas companhias e não podia ser desperdiçada. "Você tinha novas oportunidades de mercado e tinha oportunidades de novas rotas", explica. "Você também tinha uma oportunidade porque era o início da era do jato regional."[29]

A configuração do ERJ 145 passou por diversas modificações. Os motores foram deslocados para a parte traseira da fuselagem e depois trazidos ligeiramente à frente para melhorar o efeito aerodinâmico. O trem de pouso foi reprojetado e a porta de passageiros, modificada. No entanto, a aeronave manteve muitas características desenvolvidas para modelos anteriores da Embraer, incluindo a seção de fuselagem do Brasilia.[30] O fato de o ERJ 145 compartilhar projeto e partes comuns com outro avião da Embraer representou para a companhia uma economia valiosa de tempo e dinheiro. Os custos foram reduzidos pela utilização de muitas soluções originalmente desenvolvidas para o CBA 123. "Provavelmente teria sido muito, muito mais difícil completar e projetar o ERJ 145 sem o CBA 123", afirma Yokota.[31]

"De volta ao básico" continuou sendo o *slogan* para o avião, relembrando uma lição aprendida após o desempenho decepcionante do CBA 123. "Eu me lembro daquele *slogan*", diz Edson Mallaco. "Não vamos complicar o avião. Trata-se de um avião básico, projetado para o mercado."[32]

Os projetistas rebaixaram o piso do ERJ 145, acrescentando altura à cabine para adaptar a aeronave aos clientes europeus, mais altos. A altura à cabine, do piso ao teto, aumentou de 1,76 para 1,82 metros.[33]

Foram desenvolvidos diversos modelos do ERJ 145. O modelo básico era o ERJ 145ER, com um peso máximo de decolagem (*maximum takeoff weight*—MTOW) de 20.600 quilos. Os modelos ERJ 145EU e ERJ 145EP, com MTOWs de 19.900 quilos e 20.900 quilos, respectivamente, foram desenvolvidos para a Europa.[34]

"É uma fonte de orgulho, uma fonte de proeza técnica, um produto que é globalmente aceito no mercado. É alta tecnologia, e é um símbolo da cultura e do país", declara Gary Spulak, presidente da Embraer Aircraft Holding, Inc. (EAH).[35] E acrescenta:

> *Nós nunca perdemos a crença de que o programa ERJ 145 seria um vencedor. Acreditávamos no fundo dos nossos corações, nunca duvidamos dele e, quando comentávamos com as pessoas, tínhamos a convicção, a crença, de que iria acontecer e que os méritos do produto iriam falar por si mesmos, assim que chegasse ao mercado.*[36]

Devido ao imenso sucesso da aeronave, a companhia alcançaria um pico de produção de 18 aviões por mês em 2001. Embora o lançamento do ERJ 145 não tenha ocorrido sem dificuldades, o novo jato deu à Embraer a oportunidade para ampliar a base de clientes da companhia. Dessa maneira, a empresa foi capaz de conquistar uma vantagem crescente sobre os competidores.

Nessa ocasião, a fabricante canadense Bombardier anunciou o CRJ 200, jato regional destinado aos exatos mesmos clientes que a Embraer esperava atrair com o ERJ 145. No final, porém, empresas aéreas como a Continental Express, precursora da ExpressJet, convenceram-se das significativas vantagens econômicas que o ERJ 145 oferecia em relação ao CRJ 200.[37] A direção da Embraer estimava de US$ 2 milhões a US$ 3 milhões a vantagem do ERJ 145 sobre o jato canadense, em custos de produção.[38]

O ERJ 145 tinha menores custos fixos por voo, especialmente voos mais curtos, os quais representavam 70% dos voos efetuados por jatos de passageiros com menos de 110 assentos, de acordo com o *Official Airline Guide* da época. O ERJ 145 também tinha preço de mercado inferior ao seu concorrente canadense, custando apenas

Embraer employees test the overhead bins of the EMB 145 in a mock-up in São José dos Campos. The aircraft suffered from a lack of government funding, but eventually proved successful in the growing regional airline market.

Empregado da Embraer testa os compartimentos de bagagem do ERJ 145 em uma maquete em tamanho real, em São José dos Campos. A aeronave se ressentiu da falta de financiamento governamental, mas ao final demonstrou-se bem-sucedida no crescente mercado da aviação regional.

the CBA 123. "I remember that slogan," Edson Mallaco said. "Let's not complicate the airplane. It's a basic airplane, designed for the market."[32]

Designers lowered the ERJ 145's floor, adding height in the cabin to adapt the aircraft to its taller European customers. The height from floor to ceiling in the cabin increased from 1.76 meters to 1.82 meters.[33]

Several models of the ERJ 145 were developed. The basic model was the ERJ 145ER, with a maximum takeoff weight (MTOW) of 20,600 kilograms, and the ERJ 145EU and ERJ 145EP models, with respective MTOWs of 19,900 kilograms and 20,900 kilograms, developed for Europe.[34]

"It was a source of pride, a source of technical prowess, a product that's globally accepted in the marketplace, high tech, and it's a symbol of the culture and the country," said Gary Spulak, president of Embraer Aircraft Holding, Inc. (EAH).[35] He added:

> *We never wavered from our belief that the ERJ 145 program was going to be a winner. We believed it down deep inside our souls, we never wavered from it, and when we talked to people, we had the conviction, the belief, that it was going to happen and that the merits of the product would stand on their own once the product came to market.*[36]

Due to the huge success of the aircraft, the company would reach a peak production of 18 aircraft per month in 2001. While the launch of the ERJ 145 was not without its difficulties, it did give Embraer the opportunity to enhance the company's customer network. In this way, Embraer was able to gain a growing advantage over its competitors.

At the time, Canada's Bombardier had announced the CRJ200, a regional jet marketed to the exact same customers Embraer had hoped to attract with the ERJ 145. In the end, however, airlines such as Continental Express, precursor to ExpressJet, were convinced by the significant economic advantages the ERJ 145 offered over the CRJ200.[37] Embraer management estimated that the ERJ 145 would have a US$2 million to US$3 million advantage in production costs over the Canadian jet.[38]

The ERJ 145 had lower fixed costs per flight, especially on shorter flights, which accounted for 70 percent of the flights undertaken by passenger jets with less than 110 seats, according to the Official Airline Guide at the time. The ERJ was also more affordable than its Canadian counterpart, costing just US$17.6 million compared to approximately US$21 million for the CRJ200.[39]

Later in the decade, the sale of 200 ERJ 145 aircraft to U.S. airline Continental Express would prove essential for Embraer's turnaround in 1998. Siegel recalled some of the more personal details of the agreement:

> *[I told Satoshi], "You know, we've got to find a way to finance these airplanes, but we're going to do it. We're going to take all 200."*

Development of the EMB 145 was temporarily put on hold in the early 1990s due to the growing financial crisis. The first prototype, pictured here, didn't take flight until August 1995.

US$17,6 milhões contra aproximadamente US$ 21 milhões para o CRJ 200.[39]

No final da década, a venda de 200 aeronaves ERJ 145 à companhia aérea norte-americana Continental Express revelou-se essencial para a virada da Embraer, já em 1998. Siegel recorda alguns detalhes mais pessoais das negociações:

> *[Eu disse ao Satoshi], "Sabe, nós temos de encontrar uma maneira de financiar esses aviões e iremos conseguir. Vamos levar todos os 200".*
>
> *Satoshi não acreditou em mim, e me lembro de que uma noite, bem tarde ... criamos e definimos algumas penalidades, baseados em quantas aeronaves havíamos encomendado. Muito embora pretendêssemos levar os 200, Satoshi não acreditava que levaríamos nem 50.*
>
> *Nessa época, Satoshi era um fumante inveterado. Muitas das negociações ocorriam de madrugada, e isso aconteceu durante muitos meses, ao longo dos quais o negócio foi sendo acertado. Num determinado momento resolvi fazer uma aposta com Satoshi. Eu lhe disse: "Bem, quantos aviões vou ter que comprar? Quando tiver firmado esse compromisso, você deixará de fumar, porque isso faz mal para sua saúde."*
>
> *Ele respondeu: "Bem, realmente precisamos vender-lhe 50. Se você puder comprar 50, nosso programa estará OK, e paro de fumar."*
>
> *Então apertei-lhe as mãos e, é claro, compramos mais de 50 aviões. Compramos 200, e depois compramos mais 75 ERJ 135. E Satoshi parou de fumar.*[40]

Derivativos Militares

Em 1990, a Embraer começou a considerar a construção de um novo e mais poderoso avião militar, utilizando a plataforma do EMB 312 Tucano. O Super Tucano, como viria a ser conhecido, usou a mesma estrutura do Short Tucano da Real Força Aérea (Royal Air Force—RAF) britânica, embora alongada em 1,3 metros de modo a comportar, à frente, um motor 1600 shp Pratt & Whitney PT6A-67R, além de uma hélice Hartzell de cinco pás.[41] O novo avião melhorou significativamente o desempenho de sua versão original, tendo sido projetado para o treinamento avançado de pilotos, treinamento de armas de precisão, contrainsurgência, controle de fronteiras, rastreamento de alvos e missões de treinamento de gerenciamento dos recursos de cabine (*cockpit resource management*—CRM).[42]

O desenvolvimento do EMB 145 foi temporariamente suspenso no começo da década de 1990 em virtude da crescente crise financeira. O primeiro protótipo, retratado aqui, não levantou voo até agosto de 1995.

An inside look at the panel of the Super Tucano showcases the aircraft's advanced avionics.

Uma vista interna do painel do EMB 312 Tucano revela a avançada aviônica da aeronave.

Satoshi didn't believe me, and I remember one late night... we created and set up some penalties based on how many airplanes we ordered. Even though we intended to take the 200, Satoshi didn't believe that we were going to take 50.

Satoshi was a chain smoker at the time. We had many negotiations going into the wee hours of the morning over a number of months to get this deal done, and at one point, I did a handshake bet with Satoshi. I said, "Well, how many airplanes do I have to buy? When I have made that firm commitment, you'll quit smoking because it's bad for your health."

He said "Well, we really need to sell you 50. If you can buy 50, our program will be fine, and I'll quit smoking."

So I shook hands with him, and yes, we bought more than 50. We bought 200, and then we bought another 75 of the 135s. And Satoshi quit smoking.[40]

Military Derivatives

In 1990, Embraer began to consider building a new and more powerful military aircraft utilizing the EMB 312 Tucano platform. The Super Tucano, as it would come to be known, used the same airframe as the British Royal Air Force (RAF) Short Tucano, while featuring a 1600 shp Pratt & Whitney PT6A-67R engine with a Hartzell 5-blade propeller.[41] The new aircraft significantly enhanced performance, and was designed for advanced pilot training, precision weapons delivery training, counterinsurgency, border control, target towing, and cockpit resource management (CRM) training missions.[42]

The model's first flight took place on September 9, 1991, and after further modifications, Embraer decided to enter the new aircraft in a Joint Primary Air Training System (JPATS) bid to supply trainers to the U.S. Army.[43] "The Super Tucano was designed, at first, to be our JPATS candidate," recalled Ozílio da Silva, former Embraer CEO.

The JPATS bid involved the potential purchase of 600 to 800 aircraft, plus ground training and product support packages. Embraer's main competitors for the new military craft were the Beech/Pilatus PC-9 Mk 11, Grumman/SIAI Marchetti S-211A, Rockwell/DASA Ranger 2000, Vought/FMA Pampa 200, Lockheed/Aermacchi MB-339 Thunderbird II, and an innovative jet from Cessna. At that time, aircraft in production included the PC-9, also a turboprop, and the S-211 and MB-339 jets.[44]

After an aborted attempt to team up with Cessna, Embraer formed a consortium with Northrop to bid on the JPATS contract. Although Embraer eventually lost the bid to the competing consortium between Beechcraft and Pilatus, the project provided Embraer with important international exposure. The Super Tucano was later totally redesigned to meet the specific demands of the Brazilian Air Force with other market requirements in mind.[45]

First Steps Toward Privatization

Brazil's privatization program, created by President Collor de Mello's administration under the auspices of the Brazilian National Development Bank (Banco

O primeiro voo do modelo aconteceu em 9 de setembro de 1991. Após modificações posteriores, a Embraer decidiu incluir a nova aeronave em uma concorrência para fornecimento de aviões de treinamento ao Exército dos Estados Unidos, denominada *Joint Primary Air Training System*—JPATS. "O Super Tucano foi projetado, inicialmente, para ser o nosso candidato ao JPATS", lembra Ozílio da Silva, ex-diretor superintendente da Embraer.[43]

A concorrência do JPATS envolvia a compra potencial de 600 a 800 aeronaves, mais treinamento em terra e pacotes de suporte de produto. Os principais competidores da Embraer na disputa eram o Beech/Pilatus PC-9 Mk 11, o Grumman/SIAI Marchetti S-211A, o Rockwell/DASA Ranger 2000, o Vought/FMA Pampa 200, o Lockheed/Aermacchi MB-339 Thunderbird II e um jato inovador da Cessna. Nessa época, os aviões em produção incluíam o PC-9, também um turboélice, e os jatos S-211 e MB-339.[44]

Após uma tentativa abortada de associação com a Cessna, a Embraer constituiu um consórcio com a Northrop para concorrer ao contrato da JPATS. Embora, ao final, a Embraer não tenha conseguido superar o consórcio formado pela Beechcraft e pela Pilatus, o projeto proporcionou à companhia importante visibilidade internacional. O Super Tucano foi mais tarde completamente reprojetado, tendo em vista demandas específicas da Força Aérea Brasileira.[45]

Primeiros Passos Rumo à Privatização

O programa de privatização do Brasil, criado pelo governo do presidente Collor, sob os auspícios do Banco Nacional de Desenvolvimento Econômico e Social (BNDES), foi considerado a única maneira viável de salvar a Embraer. Teve então início um longo e complexo processo de retirada da empresa do controle governamental.

Ozires Silva continuava confiante de que 1992 seria o ano da virada para a Embraer. Suas metas para a fabricante de aeronaves incluíam criatividade e qualidade crescentes, bem como a busca da moderni-

Embraer and Northrop formed a consortium to offer the Super Tucano EMB 312HJ flight trainer to the JPATS program in 1991. Unfortunately, the companies lost the bid to a venture between Beechcraft and Pilatus. Despite the loss, Embraer attained new exposure in the defense market.

A Embraer e a Northrop formaram um consórcio para oferecer o Super Tucano EMB 312HJ, avião de treinamento, ao programa JPATS em 1991. Infelizmente, as duas companhias perderam a concorrência para uma associação da Beechcraft com a Pilatus. A despeito da perda, a Embraer obteve nova visibilidade no mercado militar.

The Super Tucano's advanced flight capabilities made the aircraft a top contender for the JPATS bid.

As avançadas aptidões de voo do Super Tucano fizeram da aeronave um competidor de respeito na concorrência do JPATS.

Nacional de Desenvolvimento Econômico e Social; BNDES), was viewed as the only viable way to save Embraer. Thus began a long and complex process of decoupling Embraer from government control.

Ozires Silva remained confident that 1992 would be the turnaround year for Embraer. His goals for the aircraft manufacturer included increasing creativity and quality, as well as pursuing modernization and cutting-edge techniques and resources. When results for 1992 were released the following year, the company had achieved a profit of US$1 million, and had reduced expenses by US$748,000. According to Embraer's Financial Director Manoel de Oliveira, despite the previous year's US$35 million in losses, "there were visible signs of improvement [in 1992]."

That January, during a meeting between representatives of the Ministry of Aeronautics, Embraer, and BNDES, Lieutenant Brigadier Sócrates Monteiro drew up a detailed proposal for the sale of the state-owned company.[46] When Embraer's inclusion in the privatization program was finally confirmed, its shares, traded only on São Paulo's Bovespa stock exchange, shot up 2,000 percent. Embraer traded a total of 502 million shares—172 million of which were common shares granting voting rights, with the balance composed of 330 million preferred shares.

As privatization neared, the Brazilian government agreed to absorb US$700 million of Embraer debt, recapitalize another US$350 million, set a low reserve price on company shares, and allow for partial payment in bonds that traded at 50 percent of face value.[47]

Despite the auspicious start, privatization would prove a difficult task. Fleury Curado recalled the transition:

> *It was a very painful thousand days—exactly a thousand days—between the day Embraer was included in the privatization program to the actual auction and the stock exchange. Those thousand days were really a life, if you will, for those who lived it, and I lived that life very, very intensively.*[48]

zação e de técnicas e recursos avançados. Quando os resultados relativos a 1992 foram divulgados no ano seguinte, a companhia havia registrado um lucro de US$ 1 milhão, e reduzira despesas em US$ 748 mil. De acordo com o então diretor financeiro da Embraer, Manoel de Oliveira, apesar das perdas no ano anterior terem montado a US$ 35 milhões, "havia sinais visíveis de recuperação [em 1992]".

Naquele janeiro, durante um encontro entre representantes do Ministério da Aeronáutica, da Embraer e do BNDES, o ministro da Aeronáutica, tenente-brigadeiro Sócrates Monteiro, apresentou uma proposta detalhada para a venda da empresa estatal.[46] Quando a inclusão da Embraer no programa de privatização foi finalmente confirmada, suas ações, comercializadas somente na Bolsa de Valores de São Paulo, a Bovespa, dispararam em 2.000%. A Embraer negociava um total de 502 milhões de ações—172 milhões das quais eram ações ordinárias com direito de voto garantido, correspondendo o restante a 330 milhões de ações preferenciais.

Com a aproximação da privatização, o governo brasileiro concordou em absorver a dívida de US$ 700 milhões da Embraer, recapitalizar outros US$ 350 milhões, fixar um preço de reserva baixo para as ações da companhia e autorizar o pagamento parcial em títulos que eram negociados em 50% do valor de face (valor nominal).[47]

Embora seu começo tenha sido auspicioso, a privatização revelou-se uma tarefa difícil. Fleury Curado recupera essa transição:

> *Foram 1.000 dias muito dolorosos—exatamente 1.000 dias—desde quando a Embraer foi incluída no programa de privatização, até acontecer o leilão na Bolsa de Valores. Esses 1.000 dias foram realmente uma vida, para aqueles que a viveram. E eu vivi aquela vida muito, muito intensamente.*[48]

ERJ 145
EMBRAER
EMBRAER

CHAPTER VI CAPÍTULO

Embraer's Privatization Saga

A Saga da Privatização da Embraer

1991–1995

We are about to start a turnaround process, a tough one, in which we will have to do everything necessary to survive.

—Maurício Botelho,
Embraer president and CEO

Estamos prestes a iniciar um processo de mudança, um processo difícil, no qual teremos de fazer tudo o que for necessário para sobreviver.

—Maurício Botelho,
diretor presidente da Embraer

EMBRAER'S PRIVATIZATION PROVED MORE difficult than anyone imagined. In June 1991, Ozires Silva returned to the company as CEO, accepting the position only on the condition that he would be allowed to take the company private.[1] Embraer received approval to join the Brazilian government's privatization program in January 1992.

Although Embraer's eventual privatization had been considered one of the company's long-term goals, the country's political climate in the 1990s led to widespread public disapproval for the move. Labor unions such as the Central Workers' Union (Central Única dos Trabalhadores; CUT) protested the change. Nearly 80 percent of the Brazilian military expressed reservations about privatization.[2]

More than 7,000 employees were laid off in the years leading up to privatization in 1994. At the same time, Embraer engineers raced to produce the EMB 145 (later renamed and expanded into the ERJ 145 family of jets) in an effort to compete with Bombardier's regional jet. The only way to obtain financing and lower costs involved complicated risk-sharing agreements with nearly a dozen partners.

Embraer was not alone in its struggles. The Brazilian economy as a whole did not

A PRIVAZAÇÃO DA EMBRAER REVELOU-SE mais difícil do que se imaginava. Em junho de 1991, Ozires Silva retornou à companhia como diretor superintendente, tendo aceito o cargo sob a condição de que poderia promover a privatização da empresa.[1] Em janeiro de 1992, a Embraer recebeu a aprovação para se integrar ao programa de privatização do governo brasileiro.

Embora a privatização tivesse sido considerada uma das metas de longo prazo da companhia, o clima político do país nos anos 1990 provocou ampla desaprovação pública em relação à iniciativa. Os sindicatos filiados à Central Única dos Trabalhadores (CUT) protestaram contra a mudança e cerca de 80% dos militares brasileiros expressaram reservas com respeito à privatização.[2]

Mais de 7.000 empregados foram dispensados nos anos que culminaram com a privatização, em 1994. Ao mesmo tempo, os engenheiros da Embraer apressavam-se em produzir o EMB 145 (mais tarde rebatizado ERJ 145 e expandido na família de jatos regionais de mesmo nome), em um esforço para competir com o jato regional da Bombardier. O único caminho para obter financiamento e custos mais baixos envolvia complicados e

The ERJ 145, previously known as the EMB 145, soars over Embraer headquarters. The regional jet helped attract investors, keeping the company solvent during a difficult time period.

O ERJ 145, antes conhecido como EMB 145, voa sobre a sede da Embraer. O jato regional ajudou a atrair investidores, mantendo a companhia solvente durante um período difícil.

fare as well as it had during the previous "economic miracle" years. Inflation rose as high as 9 percent per month. President Fernando Collor de Mello adopted a series of anti-corporate state policies. However, in late 1992, Collor de Mello stepped down in response to a corruption scandal involving his brother and a business partner. The subsequent political infighting led to postponements of the auction. Between 1992 and 1994, Embraer fought for survival as it struggled with the transition toward privatization for more than a thousand days.

Other aircraft manufacturers also struggled, as the downturn in the aviation marketplace forced Embraer partners such as Short Brothers out of business. Prior to the company's privatization decision in 1992, Embraer already faced challenges related to the faltering CBA 123 program and the underfinanced ERJ 145 program.

Getting Ready

In an effort to save the company, on February 12, 1993, Embraer employees launched a petition campaign called "Keep Santos-Dumont's Dream Alive." Ozires Silva was the first one to sign it.[3] Manoel de Oliveira, former Brazilian Air Force major and Embraer executive, recalled talking to the president of the labor union to devise a plan to keep the government and Embraer together:

> *Our idea was to make a list of 1 million names interested in preserving Embraer. It's very hard to get a million signatures, so we had to mobilize the workers to get signatures from society. ... In my discussion with the president of the union, I said we were not to talk about privatization. We were going to talk about survival of the company, and he agreed to that. We met at 6 in the morning to discuss this personal agreement. We both had to support a movement. In three months, we obtained the 1 million signatures.*
>
> *That was a very important movement. We "landed" a Tucano in the middle of São Paulo. We just put it there with four to six workers, stopping people in the streets and asking for signatures. The workers were united to solve this problem from then on. ... I remember seeing Ozires sitting on the floor with workers discussing the future of the company.*[4]

Yet even as Ozires and other Embraer executives worked closely with labor groups, violent protests against the privatization effort erupted across the country. Embraer attempted to assuage the fears of its workforce by offering employees preferred shares totaling up to 10 percent ownership. "You become a part of the company," Oliveira explained. "That was another important step."

Oliveira and other Embraer executives warned the Brazilian congress to "mobilize investors" if they wanted to sell the company. Employees participated in direct talks with congressmen who came to São José dos Campos to discuss the company's future. Despite protests from the workers' union, privatization seemed the only way Embraer could survive the crisis.

The company initially focused its efforts on offering majority ownership shares to large investment groups, including Sistel and Previ, two massive public sector pension funds. Both Previ and Sistel agreed to invest in Embraer, but their support alone would not be enough to rescue the company. However, the high-profile private investments did help attract the attention of the private Brazilian-owned Grupo Bozano, Simonsen.

Embraer executives spent 1993 flying back and forth to the United States and Europe, working to convince parts and equipment suppliers to give the company more time to pay back its commitments due to the delayed privatization process. They recognized that if suppliers such as Pratt & Whitney decided to take legal action against

arriscados acordos com quase uma dúzia de parceiros.

A Embraer não estava sozinha em suas dificuldades. A economia brasileira como um todo não ia tão bem como durante os anos anteriores, do "milagre econômico." A inflação disparou, chegando a 9% ao mês. O presidente Fernando Collor de Mello adotou uma série de políticas contrárias às empresas públicas. Ao final de 1992, entretanto, Mello foi obrigado a deixar o cargo em consequência de um escândalo de corrupção envolvendo seu irmão e um sócio. O clima político subsequente acarretou o adiamento do leilão de privatização da Embraer. Entre 1992 e 1994, a companhia teve de lutar pela sobrevivência à medida que superava dificuldades na transição para a privatização, em um processo que se estendeu por mais de 1.000 dias.

Outros fabricantes de aviões também enfrentaram problemas nesse momento, tendo a retração do mercado da aviação forçado parceiros da Embraer, como a Short Brothers, a sair do negócio. Antes da decisão de privatização da empresa, em 1992, a Embraer já enfrentava desafios relacionados ao vacilante programa CBA 123 e ao programa ERJ 145, que não dispunham de fundos requeridos para o seu desenvolvimento.

Finance Director Manoel de Oliveira helped convince the government not to give foreign entities a majority share in Embraer.

O diretor financeiro Manoel de Oliveira ajudou a convencer o governo a não conceder uma participação majoritária da Embraer a corporações estrangeiras.

Ficando Pronto

Em um esforço para salvar a companhia, em 12 de fevereiro de 1993 os empregados da Embraer lançaram uma campanha de coleta de assinaturas denominada "Vamos Manter Vivo o Sonho de Santos Dumont". Ozires Silva foi o primeiro a assiná-la.[3] Manoel de Oliveira, ex-major da Força Aérea Brasileira (FAB) e executivo da Embraer, recorda-se de ter conversado com o presidente do sindicato dos trabalhadores, visando a um plano que mantivesse o governo e a Embraer juntos:

> *Nossa ideia era fazer uma lista com um milhão de nomes interessados na preservação da Embraer. Não é fácil conseguir um milhão de assinaturas, de modo que tivemos de mobilizar os trabalhadores para conseguir as assinaturas junto à sociedade. ... Na minha conversa com o presidente do sindicato, disse-lhe que não íamos conversar sobre a privatização. Iríamos conversar sobre a sobrevivência da companhia e ele concordou com isso. Nos reunimos às 6 da manhã para discutir esse acordo pessoal. Ambos tínhamos que dar apoio ao movimento. Em três meses, conseguimos um milhão de assinaturas.*
>
> *Esse movimento foi muito importante. Fizemos "aterrisar" um Tucano no centro de São Paulo e colocamos ali uns quatro ou seis trabalhadores, parando as pessoas nas ruas e recolhendo assinaturas. A partir de então os trabalhadores se puseram unidos para resolver o problema. ... Lembro-me de ter visto o Ozires sentado no chão com os trabalhadores, discutindo o futuro da companhia.*[4]

Enquanto Ozires e outros executivos da Embraer atuavam em íntima sintonia com grupos de trabalho, violentos protestos

Embraer President and CEO Maurício Botelho (right) talks with executives from risk-sharing partner Gamesa onboard the EMB 145 prototype. Gamesa was responsible for the detailed project and manufacturing of the aircraft wings.

O diretor-presidente da Embraer, Maurício Botelho (à direita), conversa com executivos de sua parceira de risco Gamesa, a bordo do ERJ 145. A Gamesa foi responsável pelo projeto detalhado e fabricação da asa do avião.

Embraer, the move would lead to panic among likely investors, and even Sistel, Previ, and Grupo Bozano might have refused to participate in the auction.

Through innovative bond-swapping deals, Embraer was able to obtain advance payments on Tucanos sold to the Colombian government, Oliveira said. That proved enough to help the company satisfy creditors in the short term.

Despite Embraer's precarious position, in August 1994, the government postponed Embraer's auction. Complications arose when the Air Force insisted that foreign companies be restricted from bidding. Officials also demanded a "golden share," which would give the government veto power as a minority shareholder on six important issues: name and branding, company objectives, parts manufacturing for military uses, new military programs, and the transfer of military technology to other countries.

In September 1994, the Senate approved Embraer for a sale by the end of the year. The hope was that privatization would be "the means to keep Embraer in business," Ozires explained.

Transitions

Embraer received some very welcome news in August 1994. The U.S. Regional Airlines Association (RAA) reported that the EMB 120 Brasilia was the leading regional turboprop in use by U.S. airlines, with 644,102 flight hours in 1993. That same month, Great Lakes Airlines placed an order for five Brasilias with options for 15 additional aircraft. The boost helped entice prospective shareholders, providing proof that the Embraer brand remained a respected force in the aviation industry.

The Brazilian senate approved Embraer's auction details in September, and on December 7, 1994, a 55 percent controlling stake in Embraer sold at auction for US$89 million to a group of investors including Grupo Bozano, Simonsen; Previ; Sistel; and boutique New York investment bank Wasserstein Perella. The Brazilian government retained 20 percent ownership. Another 10 percent was given to Embraer employees, with the remainder sold to the public. Purchasers assumed US$290 million in debt and imme-

contra o esforço de privatização irromperam em todo o país. A Embraer procurou reduzir os temores de seus empregados, oferecendo-lhes ações preferenciais que viriam a totalizar 10% do conjunto das ações. "Você tornava-se parte da companhia", explica Oliveira. "Esse foi outro passo importante".

Oliveira e outros executivos da Embraer aconselharam o Congresso brasileiro a "mobilizar os investidores", caso quisessem que a companhia fosse vendida. Os empregados participaram diretamente das conversações com os congressistas que vieram a São José dos Campos para discutir o futuro da Embraer. A despeito dos protestos do sindicato dos trabalhadores, a privatização parecia ser o único caminho capaz de permitir que a organização sobrevivesse à crise.

A companhia centrou seus esforços, inicialmente, no oferecimento do controle acionário a grandes grupos de investimento, como a Sistel (de funcionários da ex-Telebras) e a Previ (de funcionários do Banco do Brasil), dois enormes fundos de pensão do setor público. Tanto a Previ quanto a Sistel concordaram em investir na Embraer, mas o seu apoio não seria suficiente para recuperar a companhia. Contudo, os investimentos privados de primeira linha contribuíram para atrair as atenções do grupo privado brasileiro Bozano, Simonsen.

Ao longo de 1993, executivos da Embraer viajaram frequentemente para os Estados Unidos e para a Europa com o objetivo de convencer fornecedores de partes e equipamentos a dar mais tempo à companhia para saldar seus compromissos, devido ao atraso no processo de privatização. Eles reconheciam que, se fornecedores como a Pratt & Whitney decidissem mover uma ação legal contra a Embraer, a iniciativa causaria pânico entre os prováveis investidores, e mesmo a Sistel, a Previ e o Grupo Bozano, Simonsen poderiam se recusar a participar do leilão.

Por meio de operações criativas de compra e venda de títulos (*bond-swappings*), a Embraer obteve pagamentos adiantados em relação aos Tucanos vendidos para o governo colombiano, relembra Oliveira. Tal medida revelou-se suficiente para ajudar a companhia a atender credores, no curto prazo.

A despeito da precária posição da empresa, em agosto de 1994 o governo adiou o leilão da Embraer. Complicações surgiram quando a Força Aérea insistiu que companhias estrangeiras fossem impedidas de participar do processo. Os militares também exigiram uma ação de classe especial (*golden share*), que daria ao governo brasileiro poder de veto, mesmo sendo acionista minoritário, a respeito de seis pontos importantes: nome e marca, objetivos da companhia, a fabricação de partes para usos militares, novos programas militares, e a transferência de tecnologia militar para outros países.

Em setembro de 1994, o Senado aprovou a colocação da Embraer à venda no final do ano. A expectativa era de que a privatização viesse a ser "o caminho para manter a Embraer no negócio", assegurou Ozires.

A Transição

Em agosto de 1994, a Embraer recebeu com notícias muito alvissareiras. A Regional Airlines Association (RAA) dos Estados Unidos divulgou que o EMB 120 Brasilia era o turboélice regional mais usado pelas companhias aéreas norte-americanas, tendo registrado 644.102 horas de voo em 1993. Nesse mesmo mês, a Great Lakes Airlines encomendou cinco Brasilias à Embraer, com opção para mais 15. Esses acontecimentos ajudaram a atrair os acionistas em potencial, evidenciando que a marca Embraer continuava uma força respeitada na indústria aeronáutica.

O Senado aprovou os detalhes do leilão da Embraer em setembro, e quando realizado, em 7 de dezembro de 1994, a participação majoritária de 55% do capital acionário foi transferida, por US$ 89 mi-

The first prototype of what would become the ERJ 145 takes its ceremonial stroll out of an Embraer hangar in August 1995.

O primeiro protótipo do que viria a se tornar o ERJ 145 sai de um hangar da Embraer, em sua apresentação oficial, em agosto de 1995.

diately invested US$35.5 million in the company.

Some time after the auction, however, Embraer shareholder Wasserstein Perella pulled out of the agreement. Grupo Bozano, Simonsen purchased Wasserstein Perella's intended shares.

Grupo Bozano, Simonsen had previously been active in Brazil's privatization market, purchasing a 51 percent stake in steel company Usiminas in 1991.[7] Vitor Hallack, an executive director at Grupo Bozano, Simonsen and future vice chairman of Embraer's Board of Directors, recalled the transition:

We learned in the context of due diligence that the ERJ 145 project was under severe cash restraints. We said, "Let's take a look at this."

We called a group of investors together. It was a huge risk, but big challenges and big opportunities usually come together. We saw in Embraer a hidden asset with outstanding human capital. That was our main motivation, but the ERJ 145 project was just a bet. If the odds were in our favor, we would succeed.[5]

New Team Running Things

The new controlling group took over in January 1995. Company shareholders elected a new board, and Ozires left the company a few months later. Juarez Wanderley, one of the directors at the time, took over in the interim until a new CEO was chosen in September of that year—Maurício Botelho, a man with little experience in the aviation sector.[6]

"I knew nothing about the company, nothing about the market, actually zero about aviation," Botelho said. "All I had was experience as a passenger."

The appointment took everyone by surprise. Antonio Luiz Pizarro Manso, an executive at construction conglomerate Odebrecht at the time, recalled a phone call from Botelho offering him a position as chief financial officer:

lhões, a um consórcio de investidores formado pelo Grupo Bozano, Simonsen, pelos fundos de pensão Previ e Sistel e pelo banco de investimento Wasserstein Perella, sediado em Nova York. O governo brasileiro reteve 20% do controle acionário, 10% foram atribuídos aos empregados da Embraer, e o restante vendido ao público. Os compradores assumiram os US$ 290 milhões de dívida da companhia, além de investirem imediatamente US$ 35,5 milhões.

Entretanto, algum tempo depois do leilão, o banco Wasserstein Perella retirou-se do negócio. Suas ações foram adquiridas pelo Grupo Bozano, Simonsen.

O Grupo Bozano, Simonsen vinha tendo uma ativa participação no processo de privatização em curso no Brasil, tendo adquirido 51% de participação acionária na companhia siderúrgica Usiminas em 1991.[6] Vitor Hallack, diretor-executivo do Grupo Bozano, Simonsen e futuro vice-presidente do Conselho de Administração da Embraer, relembra a transição:

Aprendemos, no contexto de uma avaliação detalhada da situação, que o projeto do ERJ 145 encontrava-se sob severas restrições de caixa. "Vamos dar uma olhada nisso", dissemos. Convocamos um grupo de investidores para vir conosco. Foi uma iniciativa muito arriscada, mas grandes desafios e grandes oportunidades normalmente vêm juntos. Vislumbramos na Embraer um ativo oculto com excepcional capital humano. Foi essa a nossa principal motivação, mas o projeto ERJ 145 era apenas uma aposta. Se os ventos estivessem a nosso favor, seríamos bem-sucedidos.[5]

Uma Nova Equipe Assume o Comando

O novo grupo controlador assumiu a companhia em janeiro de 1995. Os acionistas da companhia elegeram um novo Conselho de Administração, e Ozires deixou a empresa poucos meses após. Juarez Wanderley, um dos diretores-executivos à época, ficou à frente da Embraer, em caráter interino, até a escolha de novo diretor-

The new directors of Embraer after its privatization effort included, from left to right: Frederico Fleury Curado, Antonio Luiz Pizarro Manso, Juarez Wanderley, Walter Leusin, Maurício Botelho, and Satoshi Yokota. Grupo Bozano, Simonsen partnered with Sistel and Previ, two public pension funds, to take over the government's stake in Embraer.

Os novos diretores da Embraer, após a privatização, incluíam, da esquerda para a direita, Frederico Fleury Curado, Antonio Luiz Pizarro Manso, Juarez Wanderley, Walter Leusin, Maurício Botelho e Satoshi Yokota. O Grupo Bozano, Simonsen firmou uma parceria com os fundos de pensão Sistel e Previ, para assumir o controle acionário da Embraer no lugar do governo.

Brazilian president Fernando Henrique Cardoso christens the nose of the first ERJ 145 prototype in 1995 in front of hundreds of Embraer employees.

I said, "Are you crazy?"

Fokker had just gone broke, and now Grupo Bozano, Simonsen was buying a Brazilian airplane manufacturer? It didn't make any sense when I first heard it, but I knew Maurício well, and I believed that he would not be in the process if he didn't think they had a chance at success.[7]

Manso's instincts proved right. By the end of the year, French airline Regional Compagnie Aérienne Européenne placed an order for three ERJ 145s to be delivered in 1997.[8] While one order alone would not be enough to lift the company from its financial doldrums, it was a sign that Embraer had better days ahead.

Still, the new owners faced major challenges. Within the first seven months after Embraer's privatization, more than 1,700 employees had been laid off in an attempt to stabilize the company's losses.

By September, when Botelho was elected president and CEO and Wanderley moved on to serve as industrial vice president, 2,000 more people had lost their jobs. Over the next few months, the number of managerial positions was cut from seven to five. Salaries dropped by at least 10 percent.[9]

"It was dramatically bad," Botelho recalled. "We had 6,200 employees who were totally unsatisfied and hopeless."

With revenues of US$230 million and losses of US$330 million, Embraer was essentially bankrupt. The company struggled with more than US$400 million in debt, with a backlog of only US$170 million.

No one knew what the future held for the ERJ 145, or if Embraer's new owners would be able to provide the investments necessary to produce, market, and sell the jet successfully. The company's success rested on the future of the ERJ 145. Satoshi Yokota, future executive vice president of strategic planning and technology development, considered the ERJ 145 Embraer's "rope to escape out of hell."[10]

However, since the company had streamlined its engineering staff through-

O presidente Fernando Henrique Cardoso batiza o primeiro protótipo do ERJ 145 em 1995, diante de centenas de empregados da Embraer.

-presidente, o que aconteceu em setembro daquele ano. O escolhido foi Maurício Botelho, um homem com pouca experiência no setor de aviação.[6]

"Eu não sabia nada a respeito da companhia, nada a respeito do mercado e absolutamente zero a respeito de aviação," comenta Botelho. "Toda experiência que tinha era como passageiro."

A indicação de Botelho pegou a todos de surpresa. Antonio Luiz Pizarro Manso, à época executivo da Odebrecht, conglomerado do setor da construção, recorda-se de um telefonema que recebeu de Botelho, oferecendo-lhe o cargo de chefe da área financeira da companhia:

> *Eu lhe disse: "Você está maluco?" A Fokker tinha acabado de quebrar e agora o Grupo Bozano, Simonsen estava comprando um fabricante de aviões brasileiro? Para mim, aquele convite não fazia o menor sentido, mas, por outro lado, conhecia Maurício muito bem e sabia que ele não estaria no processo se não acreditasse que eles tinham chances de êxito.*[7]

A boa intuição de Manso se confirmou. No final do ano, a empresa aérea francesa Regional Compagnie Aérienne Européenne encomendou três ERJ 145, que deveriam ser entregues em 1997.[8] Embora uma única encomenda não fosse suficiente para retirar a companhia das suas dificuldades financeiras, era um sinal de que a Embraer teria dias melhores pela frente.

Ainda assim, os novos proprietários enfrentavam importantes desafios. Ao longo dos sete primeiros meses após a privatização da Embraer, mais de 1.700 empregados foram demitidos, numa tentativa de estabilizar as perdas da companhia.

Em setembro, quando Botelho foi eleito diretor-presidente e Wanderley passou a atuar como vice-presidente industrial, mais 2.000 trabalhadores tinham perdido seus empregos. No decorrer dos meses seguintes, as categorias de cargos de chefia foram reduzidas de sete para cinco e os salários foram cortados em pelo menos 10%.[9]

"A situação era dramática", recorda Botelho. "Tínhamos 6.200 empregados totalmente insatisfeitos e sem esperança."

Com uma receita de US$ 230 milhões e prejuízos da ordem de US$ 330 milhões, a Embraer encontrava-se, em essência, na bancarrota. A companhia tinha de encarar uma dívida de mais de US$ 400 milhões, dispondo de reservas de apenas US$ 170 milhões.

Ninguém sabia o que o futuro reservava para o ERJ 145, ou se os novos proprietários da Embraer seriam capazes de assegurar os investimentos necessários para fabricar, fazer a divulgação no mercado e vender o jato com sucesso. O êxito da companhia baseava-se no futuro do ERJ 145. Satoshi Yokota, futuro vice-presidente executivo de planejamento estratégico e desenvolvimento tecnológico, considerava o ERJ 145 "a corda que a Embraer dispunha para escapar do inferno".[10]

Entretanto, dado que a companhia tinha reduzido a equipe de engenheiros no início dos anos 1990, a fabricação do segundo, terceiro e quarto protótipos tomou muito mais tempo do que o esperado.

Na condição de chefe da área financeira da empresa, Manso teve, desde o início, como tarefa mais importante obter o financiamento necessário para garantir o sucesso final do projeto do ERJ 145. O Banco Nacional de Desenvolvimento Econômico e Social (BNDES) emprestou US$ 106,5 milhões para que a Embraer pudesse concluir logo o programa de ensaios em voo. O papel do BNDES na economia brasileira sempre fora o de oferecer empréstimos a longo prazo e com taxas de juros baixas às empresas, visto que o capital oriundo de financiadores privados no Brasil tinha-se demonstrado quase sempre proibitivamente caro.

A Embraer, criada como um empreendimento conjunto do governo brasileiro e da FAB, também havia recebido, logo no início, financiamento governamental. No en-

Satoshi Yokota, future executive vice president of strategic planning and technology development, headed the ERJ 145 project. He stands at the bottom of the stairs, with new CEO Maurício Botelho at the top of the staircase and Chief Test Pilot Gilberto Schittini in the middle.

Satoshi Yokota, futuro vice-presidente executivo de Planejamento Estratégico e Desenvolvimento Tecnológico, comandou o projeto ERJ 145. Ele está em pé, na parte inferior da escada. O novo diretor-presidente, Maurício Botelho, está no topo, e o piloto-chefe de ensaios en voo, Gilberto Schittini, no meio.

out the early 1990s, building the second, third, and fourth prototype took longer than expected.

As chief financial officer, Manso's most important job, right from the start, was to obtain the necessary financing to ensure the eventual success of the ERJ 145 project. The Brazilian National Social and Economic Development Bank (Banco Nacional de Desenvolvimento Econômico e Social; BNDES) lent Embraer US$106.5 million to help complete the ERJ 145 test flight program early on. BNDES' role in the Brazilian economy had always been to offer loans at long-term, low interest rates to businesses, since capital from private lenders in Brazil had often proved prohibitively expensive.

Embraer, created as a venture between the government and the Air Force, had also received funding from the government early on. However, the federal government proved unwilling or unable to continue financing Embraer after its privatization.

Investors recognized that without additional funding, Embraer was a lost cause. In 1995, Grupo Bozano, Simonsen; Previ; and Sistel injected US$150 million dollars into the company in an effort to stabilize Embraer's regional jet program.[11]

A New Embraer

In 1995, Botelho and Wanderley met with consultants from internationally renowned management consulting firm McKinsey & Company to discuss the future of Embraer. According to Botelho:

> *McKinsey consultants asked, "What is Embraer in business to accomplish?"*
>
> *Wanderley replied, "To produce quality aircraft and deliver them on time."*
>
> *I said, "Wrong. If your business were to do that, then you would have a tarmac full of aircraft and be bankrupt. Your business is to have your customers satisfied with the products you conceive, develop, and produce." ...*
>
> *This customer mindset is the change we implemented in the company early on. On the assembly line we are not just putting aluminum together; we are building aircraft for a specific customer.*

Under Botelho's leadership, the ERJ 145 program became increasingly customer-centric. He had a firm desire to see the company return to its roots and told engineers to maintain a back-to-

tanto, depois da privatização, o governo federal mostrou-se desinteressado ou incapaz de continuar a financiar a Embraer.

Os investidores reconheciam que sem um reforço financeiro adicional a Embraer se tornava uma causa perdida. Em 1995, o Grupo Bozano, Simonsen, a Previ e a Sistel injetaram US$ 150 milhões na companhia, como esforço para estabilização do programa de jatos regionais.[11]

Uma Nova Embraer

Em 1995, Botelho e Wanderley reuniram-se com consultores da McKinsey & Company, renomada firma de gerência e consultoria internacional, para discutir o futuro da Embraer. Segundo Botelho:

> *Os consultores da McKinsey perguntaram "Qual é o negócio da Embraer?" Wanderley respondeu: "Produzir aviões de qualidade e entregá-los dentro do prazo". Eu disse: "Errado. Se seu negócio fosse esse, então você teria pátios cheios de aviões e uma empresa quebrada. O seu negócio é satisfazer os seus clientes com os produtos que concebe, desenvolve e produz". ... Essa mentalidade voltada para o cliente é a mudança que implementamos na companhia desde o início. Na linha de montagem, não estamos apenas juntando peças de alumínio; construímos aviões para um cliente específico.*

Sob a liderança de Botelho, o programa ERJ 145 tornou-se cada vez mais centrado no cliente. Ele tinha um firme desejo de ver a companhia retornar às suas raízes e recomendou aos engenheiros que mantivessem uma mentalidade tipo "*back-to-basics*" em seus projetos, enfatizando a flexibilidade, as necessidades do cliente e a alta tecnologia. "O "*back to basics*" tornou-se uma espécie de lema para o ERJ 145", comenta Luís Carlos Affonso, diretor-técnico escolhido por Wanderley para comandar o novo programa de jato regional. "Sabíamos que era o único caminho para sobreviver".

New Embraer President and CEO Maurício Botelho (back to camera) addresses visitors while Juarez Wanderley (left), former interim CEO, looks on. Botelho took over the company in September 1995.

O diretor-presidente da Embraer, Maurício Botelho (de costas para a câmera), fala aos visitantes, enquanto Juarez Wanderley (à esquerda), ex-diretor-presidente interino, observa. Botelho assumiu a presidência da companhia em setembro de 1995.

The remarkable sales success of the ERJ 145 (50 seats) originated new models, like the ERJ 135 (37 seats), the ERJ 140 (44 seats), and the ERJ 145XR (50 seats, with extended range).

basics mentality in their designs, emphasizing flexibility, customer needs, and optimum technology standards.

"Back-to-basics became a kind of theme for the ERJ 145," said Luís Carlos Affonso, the technical director chosen by Wanderley to lead the new regional jet program. "We knew it was our only way to survive."

Many different new technologies were employed in the ERJ 145, including Engine Indicating and Crew Alerting Systems (EICAS), as well as brake-by-wire capabilities. The landing gear alone took more than 50,000 man-hours to perfect. Engineers also increased the aircraft's passenger capacity from 45 to 50 in an effort to compete with the Saab 340 and Bombardier's CRJ100.[12]

In 1997, Embraer unveiled the newly designed ERJ 145 at the Paris Air Show in Le Bourget, France. It would be Embraer's first introduction to the international aviation community since its privatization.

That year, most experts agreed that the worst was over for the aviation industry, and they predicted the start of a much-needed recuperation phase. After a worldwide recession that had led to massive layoffs in every industry, the global economic outlook started to improve. Although a welcome sign, the recovery also promised fierce competition in the years ahead. Embraer sold 10 EMB 120 Brasilias to longtime partner SkyWest, but found no buyers for the ERJ 145.[13]

Upon returning to São José dos Campos after his stay in Paris, Wanderley told Embraer employees that "in addition to the quality of our planes, all of our work must be focused on customer satisfaction and on the market."[14]

With a renewed purpose and ample determination, engineers went back to the drawing board and proposed solutions to reduce air cabin noise and increase aircraft speed. Although the changes would require additional investments, the new owners were willing to do everything they could to ensure Embraer's success.

Embraer's 1994 privatization led to a deep cultural transformation. The company's long history of engineering innovation merged with an increased

O enorme sucesso de vendas do ERJ 145 deu origem a novos modelos, como o ERJ 135 (37 assentos), o ERJ 140 (44 assentos) e o ERJ 145XR (50 assentos, com maior alcance).

Muitas tecnologias novas e diferentes foram empregadas no ERJ 145, incluindo o sistema de indicação de motores e de alerta para a tripulação, conhecidos pela sigla EICAS (de "Engine Indicator and Crew Alerting System"), bem como as potencialidades do sistema *brake-by-wire*. Só o trem de pouso consumiu mais de 50.000 horas-homem até o acerto final. Os engenheiros também aumentaram a capacidade do avião de 45 para 50 passageiros, para equipará-lo ao Saab 340 e ao CRJ 100 da Bombardier.[12]

Em 1997, a Embraer tornou público o novo projeto do ERJ 145 no Paris Air Show, no aeroporto de Le Bourget, França. Foi a primeira participação da Embraer em um evento aeronáutico internacional, após privatização.

Nesse ano, muitos especialistas concordavam que o pior já havia passado para a indústria da aviação, prevendo o começo de uma fase de recuperação extremamente necessária. Após uma recessão de âmbito mundial, que provocara demissões em massa em todo o setor, o panorama econômico começava a melhorar. Embora fosse bem-vinda, a recuperação também significaria uma feroz competição nos anos seguintes. A Embraer vendeu dez EMB 120 Brasilia para a SkyWest, sua parceira de muito tempo, mas não encontrou comprador para o ERJ 145.[13]

Retornando a São José dos Campos, após uma estada em Paris, Wanderley comunicou aos empregados da Embraer que, "além da qualidade dos nossos aviões, todo o nosso trabalho deve ser focado na satisfação do cliente e no mercado."[14]

Com um ânimo renovado e muita determinação, os engenheiros voltaram à prancheta de desenho, propondo novas soluções para reduzir o ruído de cabine e aumentar a velocidade da aeronave. Embora as mudanças significassem investimentos adicionais, os novos proprietários estavam dispostos a fazer tudo que estivesse ao seu alcance para garantir o sucesso da Embraer.

Luís Carlos Affonso was chosen to lead the EMB 145 regional jet program as the new director after the company was privatized.

Designado novo diretor-técnico da Embraer após a privatização, Luís Carlos Affonso foi escolhido para chefiar o programa do jato regional EMB 145.

A privatização da Embraer em 1994 acarretou uma profunda transformação cultural na companhia. A longa tradição de inovação na área de engenharia da empresa somou-se ao foco cada vez maior na liderança empresarial e administrativa. "Vamos acabar com essa história de 'nós' e 'eles'", anunciou Botelho. "Somos uma única companhia. Com isso em mente, nosso foco e nossa convicção estarão na construção de uma nova estrutura organizacional."[15]

Botelho considerava a nova Embraer uma corporação efetivamente multinacional baseada no Brasil, e não uma companhia brasileira com escritórios em outros países. Essa mudança de perspectiva ajudou a colocar a Embraer na trilha da recuperação.

Tinha início uma nova etapa na trajetória da Embraer. Nos anos seguintes, a companhia ampliaria de forma significativa sua participação no mercado, oferecendo novos aviões regionais e se ajustando à uma crescente presença militar no Brasil. Essas mudanças resultariam em um fluxo de receita muito maior para a Embraer, juntamente com a presença em um mercado global muito mais diversificado.[16]

Maurício Botelho assim descreveu a nova Embraer para um grupo de empregados, em 1995:

> *Status, posição e o lugar que você ocupa na organização não têm valor algum. O que tem valor são nossas pessoas e nossos programas, e as pessoas que compreendem o papel delas nesses*

The ERJ 145 flies over the São Paulo countryside. The successful ERJ 145 helped save Embraer from bankruptcy.

focus on entrepreneurship and administrative leadership. "Let's do away with this business of 'us' and 'them,'" Botelho announced. "We are one company. With this in mind, our focus and our conviction is on building a new organizational structure."[15]

Botelho considered the new Embraer a truly multinational corporation based in Brazil, instead of a Brazilian company with offices overseas. That change in perspective helped drive Embraer on its path toward recovery.

A new chapter in the Embraer narrative had begun. In the following years, Embraer would significantly increase its market share, offering new regional aircraft and catering to a growing military presence in Brazil. Those changes would result in a much bigger revenue stream for Embraer, along with a much more diversified global marketplace.[16]

Maurício Botelho described the new Embraer to a group of employees in 1995:

> *Status, position, and where you sit in the organizational chart doesn't have any value whatsoever. What has value is our people and programs and the people in those programs who understand their role in them. What matters is valuing your team, which is a group of people working in synergy that's going to perform much better than just one person.*
>
> *We are building this organizational structure to reflect the market. ... These people won't just be responsible for sales. They will be responsible for managing the market with an entrepreneur's eye. They have to mesmerize the client, win him over, sell, accompany the sale, give him post-sales support and service, and bring in new business. ... They are the agents of our growth.*[17]

O ERJ 145 sobrevoa o interior do estado de São Paulo. O bem-sucedido modelo ajudou a salvar a Embraer da bancarrota.

In 1995, French airline Regional Compagnie Aérienne Européenne placed the first order for three ERJ 145s. *(Photo courtesy of DF31Airslides.)*

programas. O que importa é valorizar nossas equipes como um grupo de pessoas que trabalha em sinergia e que irá se desempenhar muito melhor que apenas uma pessoa.

Estamos construindo essa estrutura organizacional para refletir o mercado. ... Essas pessoas não serão responsáveis apenas por vendas. Serão responsáveis por gerenciar o mercado com olhos de empresário. Elas têm que cativar o cliente, conquistá-lo, vender, acompanhar a venda, dar a ele suporte e serviços pós-venda e atraí-lo para um novo negócio. Elas são os agentes do nosso crescimento.[17]

Em 1995, a companhia aérea francesa Regional Compagnie Aérienne Européenne fez a primeira encomenda de três ERJ 145. *(Foto cortesia da DF31Airslides.)*

CHAPTER VII CAPÍTULO

Big Boys Now

Jogando no Primeiro Time

1995–1997

Now we could dream.

—Maurício Botelho,
Embraer president and CEO[1]

A partir de agora podíamos sonhar.

—Maurício Botelho,
Diretor-Presidente da Embraer[1]

After privatization, Embraer became a new company, with new goals and a new business model. The company faced severe challenges, but had already survived the worst. New Embraer President and CEO Maurício Botelho took over in 1995 as interim CEO Juarez Wanderley took on an alternate role as vice president of industry. Botelho, alongside Embraer's new management team, recognized how close the company had come to catastrophe. "The situation was dramatic," he recalled.[2]

In an attempt to regain fiscal solvency, Embraer embarked on a series of extensive cost-cutting measures designed to stem the company's losses, including salary reductions among employees and job cuts.[3] Such measures, along with Botelho's plan to focus on entrepreneurial market opportunities, would lead the company toward eventual prosperity. "It really was a movement of the pendulum from one side to the other side, totally to the market side," explained Walter Bartels, a 20-year Embraer veteran and president of the Aerospace Industries Association of Brazil (Associação das Indústrias Aeroespaciais do Brasil; AIAB). "The results were very good."[4]

Após a privatização, a Embraer tornou-se uma nova empresa, com novas metas e um novo modelo empresarial. A companhia enfrentou sérios desafios, mas já tinha sobrevivido ao pior. O novo diretor-presidente da Embraer, Maurício Botelho, assumiu o cargo em 1995, ocasião em que o diretor-presidente interino, Juarez Wanderley, assumiu a posição de vice-presidente de novos negócios. Botelho, juntamente com a nova diretoria da Embraer, tinha consciência de que a companhia tinha chegado à beira da catástrofe. "A situação era dramática", lembra-se ele.[2]

Numa tentativa de recuperar a solvência fiscal, a Embraer tomou uma série de medidas de redução de custos, de grande impacto, destinadas a sustar as perdas da companhia, incluindo reduções na força de trabalho e salários, tanto de empregados como dos administradores.[3] Essas medidas, juntamente com o plano de Botelho de centrar o foco nas oportunidades do mercado empresarial, acabariam levando a companhia a uma fase de prosperidade. "Foi como o movimento de um pêndulo, indo de um extremo para outro, na direção do mercado", esclarece Walter Bartels, um veterano da Embraer com 20 anos de empresa, e hoje presidente da Associação das Indústrias Aeroespaciais do Brasil

An EMB 145 AEW&C fires flares over Brazil's Atlantic seaboard. Based on the ERJ 145 and designed for surveillance missions, the model inspired a slew of internationally successful military derivatives developed for special operations.

Um EMB 145 AEW&C brilha sobre a costa atlântica do Brasil. Baseado no ERJ 145 e projetado para missões de vigilância, o modelo deu origem a outros produtos militares derivados, desenvolvidos para operações especiais, e que fizeram sucesso internacional.

The EMB 145's prototype had its first flight on August 11, 1995. Days later it was officially presented before a crowd that included newly elected president Fernando Henrique Cardoso, Air Force officials, customers, partners, and employees. The aircraft was later renamed ERJ 145 and expanded to include a whole line of regional jets.

O protótipo do EMB 145 fez seu primeiro voo em 11 de agosto de 1995. Dias depois, foi oficialmente apresentado a uma pequena multidão que incluía o recém--empossado presidente, Fernando Henrique Cardoso, oficiais da Aeronáutica, clientes, parceiros e empregados. A aeronave foi mais tarde rebatizada como ERJ 145 e desenvolvida como parte de toda uma linha de jatos regionais.

Throughout the 1990s, while working with limited funds and looking for a way to consolidate business, Embraer created a niche strategy involving a few key components, including built-in redundancy safety features, the ability to take off from very short landing strips, a less expensive purchase price, easier maintenance operations requirements at reduced costs, and the ability to operate under harsh conditions such as those found in many developing countries.[5]

Embraer also focused on streamlining productivity and would go on to decrease its lead time for new projects from 12 months to five months. The industrial segment was also able to shave off production time to ensure speedy delivery—fully assembling an aircraft now took just five months.[6] In June 1996, Embraer formed the Transformation Project. As part of the project, at that year's Paris Air Show, Embraer employees demonstrated a willingness to incorporate suggested changes proposed by aviation partners and prospective customers alike. The company held workshops at the event in an effort to determine the company's new managerial guidelines and conducted surveys designed to help the company improve its aircraft offerings. Suggested changes such as redesigned interiors and additional headroom and legroom were incorporated into future models.[7]

New Aircraft for a New Company

In 1995, the EMB 145 (later renamed ERJ 145) successfully completed its first flight. "There is no first flight that is not very emotional. This is the moment when, especially for Embraer at that time," recalled Satoshi Yokota, executive vice president of advanced programs and technology development. "We had burned all our bridges."[8]

When it was launched into service in 1996, the ERJ 145 represented the convergence of multiple, state-of-the-art aviation technological advances. It also served to represent Embraer's new dedicated focus on specializing in the needs of prospective regional airline customers.[9] Customers appreciated the shift in focus.

Through careful, dedicated marketing, the Embraer team convinced many airlines that the ERJ 145 had an edge over the company's North American rivals.[10] Already certified by Brazil's CTA, the ERJ 145 received FAA certification on November 29, 1996, increasing the the company's sales opportunities abroad.

David Siegel, former CEO of ExpressJet, known as Continental Express at the time, recognized that the two companies shared a vision that would help both prosper together. He explained:

(AIAB). "Os resultados foram muito positivos".[4]

Ao longo da década de 1990, enquanto trabalhava com recursos limitados, buscando encontrar um caminho para consolidar o negócio, a Embraer estabeleceu alguns critérios-chave para seus projetos, como a adoção de arquitetura de dupla redundância em alguns sistemas, a capacidade de decolar a partir de pistas curtas, um preço de aquisição mais atraente, requisitos de operações de manutenção mais amigáveis e a custos reduzidos, e a capacidade de operar sob condições adversas, similares àquelas encontradas em muitos países em desenvolvimento.[5]

A Embraer concentrou igualmente seus esforços na otimização da produtividade industrial, de forma a assegurar entregas rápidas—a montagem completa de um avião levava agora apenas cinco meses.[6] Em junho de 1996, a empresa concebeu o programa Transformação Orientada para Resultados (TOR) e, como parte do projeto, no Salão Aeronáutico de Paris (Paris Air Show) daquele ano, os técnicos da Embraer se dispuseram a incorporar mudanças sugeridas por empresas parceiras e clientes em potencial. A companhia promoveu debates durante o evento visando definir novas diretrizes para o projeto, assim como realizou pesquisas com o intuito de aperfeiçoar características das aeronaves. As mudanças sugeridas, tais como interiores redesenhados e a inclusão de espaços mais amplos reservados à cabeça e pés dos passageiros, seriam incorporadas aos modelos futuros da empresa.[7]

Um Novo Avião para uma Nova Companhia

Em 1995, o EMB 145 (mais tarde rebatizado como ERJ 145) completou com sucesso o seu primeiro voo. "Não existe primeiro voo que não emocione, especialmente naquele momento para a Embraer", lembra Satoshi Yokota, vice-presidente executivo de programas avançados e desenvolvimento de tecnologia. "Tínhamos queimado nossos últimos cartuchos".[8]

Quando entrou em serviço, em 1996, o ERJ 145 representava a convergência de múltiplos avanços tecnológicos na indústria aeronáutica, além de refletir novo foco da Embraer, agora totalmente concentrado nas necessidades dos clientes.[9] Os clientes aprovaram e valorizaram a mudança.

Lançando mão de um marketing cuidadoso e dedicado, a equipe da Embraer convenceu muitas empresas aéreas de que o ERJ 145 significava um avanço em relação aos seus rivais norte-americanos.[10] Já certificado pelo CTA do Brasil, o ERJ 145 recebeu a certificação da FAA em 29 de novembro de 1996, o que veio a aumentar as oportunidades de venda do modelo no exterior.

David Siegel, ex-presidente da ExpressJet, conhecida à época como Continental Express, reconhecia que as duas compa-

The ERJ 145 received FAA certification in November 1996. Certification opened many doors for Embraer, leading to the company's successful partnerships with U.S. aviation companies.

The United States of America
Department of Transportation
Federal Aviation Administration

Type Certificate

Number T00011AT

This certificate issued to EMBRAER - Empresa Brasileira de Aeronautica, S/A certifies that the type design for the following product with the operating limitations and conditions therefor as specified in the Federal Aviation Regulations and the Type Certificate Data Sheet, meets the airworthiness requirements of part 21.29 of the Federal Aviation Regulations. Airplane Models: EMB-145
EMB-145-ER

This certificate and the Type Certificate Data Sheet which is a part hereof, shall remain in effect until surrendered, suspended, revoked, or a termination date is otherwise established by the Administrator of the Federal Aviation Administration.

Date of application: June 2, 1992

Date of issuance: December 10, 1996

By direction of the Administrator.

(Signature) Roger D. Anderson

(Title) Manager, Atlanta Aircraft Certification Office

This certificate may be transferred if endorsed as provided on the reverse hereof.

Any Alteration of this certificate and/or the Type Certificate Data Sheet is punishable by a fine of not exceeding $1,000, or imprisonment not exceeding 3 years, or both.

FAA FORM 8110-9 (2-82)

O ERJ 145 recebeu a certificação da FAA em novembro de 1996. A certificação abriu muitas portas para a Embraer, levando-a a firmar parcerias bem-sucedidas com empresas aéreas dos Estados Unidos.

David Siegel, former CEO of ExpressJet, kisses the nose of the ERJ 145. Known as Continental Express at the time, the airline placed the first major order for Embraer's 145s in 1996.

> *Ultimately, we concluded that ... Embraer's survival was really tied to ours. So if we were successful, Embraer would be successful and vice versa. It wasn't the typical customer/supplier relationship. It was really a partnership, with Continental Express and Embraer mutually betting on each other's future success. We would either succeed or fail together.*[11]

Siegel's faith in Embraer proved well founded. In September 1996, Continental Express became Embraer's largest customer, placing firm orders for 25 ERJ 145 aircraft worth more than US$375 million, with options for 175 more during the next 12 years.[12] "We certainly have not been disappointed," Siegel said. "The aircraft has consistently outperformed all specifications and has met all of our requirements and schedules."[13]

Thanks in part to faithful customers such as Continental Express, Embraer was able to stem its losses. The company experienced a dramatic decrease in losses in 1996, from US$306.7 million down to just US$40 million. Embraer also enjoyed a 14 percent increase in sales over the previous year, rising from US$362.2 million to US$414.6 million. "We are pleased with the tremendous commitment of our employees and shareholders," Botelho announced. "They have demonstrated that Embraer is an important global manufacturer of regional and military aircraft. We will continue to take aggressive measures to improve our capital structure, minimize operating costs, and achieve total recovery to bring the company back to full profitability in 1997."[14]

Embraer sales grew throughout the mid-1990s. In March 1996, after a Latin American tour, Embraer sold two Brasilias and two ERJ 145s.[15] Embraer also received the Safety Award from the FAA representative at the Paris Air Show that year.

The company pinned its hopes for future success on the ERJ 145, and it would not be disappointed. The aircraft would go on to triumph in the regional jet market despite facing stiff competition from rivals such as Bombardier. The Canadian company employed aggressive tactics in its

David Siegel, ex-presidente da ExpressJet, beija o nariz do ERJ 145. Conhecida à época como Continental Express, a companhia aérea fez a primeira grande encomenda à Embraer em 1996.

nhias compartilhavam uma visão comum que ajudaria ambas a prosperar juntas. Ele explica:

> *No final, concluímos que a sobrevivência da Embraer estava efetivamente ligada à nossa. Assim, se fôssemos bem-sucedidos, a Embraer seria bem-sucedida, e vice-versa. Essa não era uma típica relação cliente/fornecedor. Era, na verdade, uma parceria entre a Continental Express e a Embraer, ambas apostando, mutuamente, no sucesso futuro uma da outra. Ou seríamos bem-sucedidos ou fracassaríamos juntos.*[11]

A confiança de Siegel na Embraer provou ter fundamento. Em setembro de 1996, a Continental Express tornou-se o maior cliente da empresa, fazendo encomendas firmes de 25 aviões ERJ 145, no valor de mais de US$ 375 milhões, com opção para mais 175 aeronaves durante os 12 anos seguintes.[12] "Certamente não ficamos desapontados", afirma Siegel. "O avião demonstrou-se consistentemente superior às suas próprias especificações, tendo atendido a todos nossos requisitos e ao cronograma".[13]

Graças em parte a clientes fiéis como a Continental Express, a Embraer foi capaz de sustar suas perdas financeiras. Em 1996 a companhia experimentou um significativo decréscimo de seu prejuízo, que passou de US$ 306,7 milhões para apenas US$ 40 milhões. Ela apresentou, igualmente, um aumento de 14% nas vendas em relação ao ano anterior, passando de US$ 362,2 milhões para US$ 414,6 milhões. "Estamos muito contentes com o notável comprometimento de nossos empregados e acionistas", anunciou Bo-

ExpressJet, then known as Continental Express, was one of the first U.S. airlines to order the ERJ 145. The first orders were placed in late 1996 and delivered in December of that year.

A ExpressJet, então conhecida como Continental Express, foi a primeira companhia aérea dos Estados Unidos a encomendar o ERJ 145. As primeiras encomendas foram feitas no final de 1996. As primeiras entregas aconteceram ainda em dezembro daquele ano.

attempts to outsell Embraer, including cutting the price of its aircraft and creating a detailed manual for prospective customers portraying the CRJ 200 as a superior aircraft. Bombardier even tried to hire away key Embraer engineers by advertising positions in São José dos Campos publications.

The rivalry between the two companies grew so heated that Bombardier eventually convinced the Canadian government to challenge certain Brazilian government support for Embraer before the World Trade Organization (WTO).

Facing the WTO

In 1997, Montreal-based Bombardier filed a complaint with the WTO alleging that Embraer was subsidized through the Brazilian government's PROEX export financing program. PROEX was intended to equalize the relatively high cost of capital for Brazil so that Brazilian exports would be more competitive with products originating in more developed countries with lower borrowing costs.

Brazil countered with a WTO complaint of its own, alleging that the Canadian government subsidized Bombardier through a variety of government agencies and corporations. Among other things, Brazil challenged the "launch aid" made available to Bombardier for the development of new aircraft through the Technology Partnership Canada program. Brazil also attacked the policy of offering below-market loans to purchasers of Bombardier aircraft, made available through Export Development Canada (EDC) and the Canada Account. EDC is a crown corporation charged with providing financing for Canadian exports. The Canada Account is a discretionary fund for the Canadian prime minister to finance particularly risky export sales that EDC cannot.

The WTO found fault on all sides, issuing decisions that resulted in overhauls of the various government programs and agencies at issue. The WTO declared Brazil's revised PROEX program in compliance with the relevant international agreements after several iterations.

In 2001, Brazil filed another WTO challenge aimed at Bombardier. In this second complaint, Brazil again attacked financing for Bombardier aircraft sales made through EDC, as well as loans and other support offered by a provincial entity, Investissement Québec. The WTO ruled in Brazil's favor on most of the claims. In particular, the WTO found that below-market financing made available through both EDC and the Canada Account constituted prohibited subsidies under the relevant international agreements, including US$4 million dollars per plane of subsidies in contrast to US$1.2 million in the case of the Brazilian retaliation.

"That was a great moral and legal victory, as it gave back to Embraer its fully deserved image as a fair player in the global regulatory environment, more specifically at the multilateral organizations such as the WTO and OECD," recalled Henrique Rzezinski, Embraer's vice president of external relations from January 2000 to September 2008.

Neither Canada nor Brazil ever imposed the retaliatory measures authorized by the WTO as a result of any of the proceedings. Instead, both countries joined with other aircraft-producing nations to negotiate a comprehensive agreement to limit government financing for aircraft sales. This agreement, signed under the Organization for Economic Cooperation and Development (OECD) umbrella in 2007, allows aircraft manufacturers to compete on the basis of quality and price, as opposed to the strength of national treasuries, therefore establishing a level playing field in the marketplace.

Losing a Leader

In 1997, Juarez Wanderley, vice president of industry and former Embraer interim CEO, died from a sudden heart

telho. "Eles demonstraram que a Embraer é uma importante fabricante global de aviões regionais e militares. Continuaremos a tomar medidas agressivas para aperfeiçoar a nossa estrutura de capital, minimizar os custos operacionais e alcançar uma recuperação total, capaz de trazer a companhia de volta à lucratividade plena, em 1997".[14]

As vendas da Embraer cresceram ao longo da década de 1990. Em março de 1996, após uma turnê pela América Latina, a companhia vendeu dois aviões Brasilia e dois ERJ 145.[15] Ainda naquele ano, a Embraer foi agraciada com um prêmio de segurança entregue em mãos pelo representante da FAA no Paris Air Show.

A empresa apostava suas esperanças de futuro no ERJ 145 e ele não a desapontaria. O avião iria impor-se no mercado de jatos regionais, apesar de ter de enfrentar a dura competição de rivais como a Bombardier. A companhia canadense empregava táticas agressivas em suas tentativas de superar as vendas da Embraer, que compreendiam reduções no preço da aeronave e a elaboração de um manual detalhado para potenciais novos clientes, apresentando o seu CRJ 200 como um avião melhor. A Bombardier tentou até mesmo contratar engenheiros-chave da Embraer, por meio da veiculação de anúncios de emprego em jornais de São José dos Campos.

A rivalidade entre as duas companhias ficou tão acesa que a Bombardier chegou a convencer o governo canadense a questionar, perante a Organização Mundial de Comércio (OMC), algumas práticas de apoio do governo brasileiro à Embraer.

Enfrentando a Bombardier na OMC

Em 1997, a Bombardier, empresa sediada em Montreal, encaminhou uma queixa à OMC, na qual alegava que a Embraer era subsidiada pelo Programa de Financiamento às Exportações (PROEX) do governo brasileiro. O PROEX foi concebido para equalizar o custo relativamente alto do capital no Brasil, de modo que as exportações brasileiras pudessem se tornar mais competitivas em relação a produtos originários de países mais desenvolvidos, onde o custo do dinheiro era mais baixo.

O Brasil contra-atacou, apresentando uma queixa à OMC na qual afirmava que o governo canadense subsidiava a Bombardier por meio de uma variedade de agências e corporações governamentais. Entre outros pontos, o Brasil contestava a "ajuda de lançamento" oferecida à Bombardier para o desenvolvimento de um novo avião pelo programa de Parceria em Tecnologia do Canadá. O governo brasileiro denunciava igualmente a política de fornecimento de empréstimos com juros abaixo dos praticados no mercado, para os compradores das aeronaves da Bombardier, disponibilizados pela Export Development Canadá (EDC) e pelo Canada Account. A EDC é uma corporação estatal encarregada de assegurar financiamento para as exportações canadenses, ao passo que o Canada Account é um fundo discricionário, utilizado pelo primeiro-ministro canadense para financiar as vendas de exportações de elevado risco, o que a EDC não pode fazer.

A OMC encontrou problemas em ambos os lados, formalizando decisões que resultaram na retificação dos diversos programas e agências governamentais em questão. Após diversas interações, a OMC declarou o programa brasileiro PROEX revisado em total conformidade com os acordos internacionais de comércio.

Em 2001, o Brasil apresentou nova queixa contra a Bombardier junto à OMC. Nessa segunda queixa, o Brasil novamente denunciou o financiamento das vendas dos aviões da Bombardier pela EDC, bem como empréstimos e outros auxílios oferecidos por uma agência da província de Québec, a Investissement Québec. A OMC pronunciou-se a favor do Brasil na maioria das suas reclamações e constatou, sobretudo, que os financiamentos a taxas abaixo de mercado, disponibilizados pela EDC e

American Eagle purchased the ERJ 145 for its regional airline. The first delivery was made in 1998.

attack while on a mission to Indonesia. Embraer dedicated the Engenheiro Juarez Wanderley High School in his memory.

Fully funded by Embraer, the school is based in São José dos Campos and offers talented students full scholarships and a chance to advance their education. The school is one of many social projects managed by the Embraer Institute for Education and Research, an organization dedicated to assisting the local community.[16]

Success Despite Global Setbacks

In the second half of 1997, the world suffered through another financial crisis, this time originating in the Pacific region. The Brazilian government took quick steps designed to contain any possible damage to the national economy, including cuts in public spending and subsidies, along with higher interest rates. Despite the unfavorable environment for the aviation industry, that year Embraer was able to post its first profit since the company's privatization.[17]

By September 1997, Embraer announced US$10.4 million in profits, allowing the company to reduce the US$57 million in losses it had previously accumulated to US$46.6 million. According to Botelho, Embraer's projected revenues for 1997 approached US$780 million, with 85 percent of sales occurring abroad.

Many U.S. airlines chose the ERJ 145 over Bombardier's regional jet. At the 1997 Paris Air Show in July, Texas-based American Eagle, an affiliate of American Airlines, announced that, after a rigorous evaluation of both aircraft, it would be placing the largest order of ERJ 145s Embraer had ever received—42 firm orders with an additional 24 options. The ERJ 145 also proved successful in the domestic Brazilian aviation market. Late in 1997, Rio de Janeiro–based Rio Sul became the country's first airline to purchase the ERJ 145 for commercial use. By

A American Eagle comprou o ERJ 145 para suas linhas regionais. A primeira entrega foi feita em 1998.

pelo Canada Account, configuravam subsídios proibidos, segundo os acordos internacionais pertinentes.

"Foi uma grande vitória, moral e legal, que deu de volta à Embraer sua imagem, completamente merecida, de um jogador que joga de acordo com as regras do jogo no ambiente regulatório global, mais especificamente nas organizações multilaterais, como a OMC e a da OCED (Organização para Cooperação Econômica e Desenvolvimento)", recorda Henrique Rzezinski, vice-presidente de relações externas da Embraer de janeiro de 2000 a setembro de 2008.

Nem o Canadá nem o Brasil chegaram a impor as medidas retaliatórias autorizadas pela OMC como resultado de qualquer um dos procedimentos legais. Ao contrário, os dois países se juntaram a outras nações fabricantes de aviões para negociar um acordo abrangente, visando limitar o financiamento dos governos às vendas de aeronaves. Esse acordo, assinado sob o guarda-chuva da OCED em 2007, permite aos fabricantes de aeronaves competir com base na qualidade e no preço, e não na força dos Tesouros Nacionais, estabelecendo, consequentemente, um ambiente de confiança dentro do mercado.

Perdendo um Líder

Em 1997, Juarez Wanderley, à época vice-presidente de novos negócios e ex-diretor-presidente interino da Embraer, faleceu repentinamente, vítima de um ataque cardíaco, enquanto se encontrava em missão na Indonésia. Em 2002, ao inaugurar a sua escola de ensino médio para 600 alunos egressos da rede pública de ensino, a Embraer homenageou seu antigo diretor-presidente batizando a instituição de Colégio Engenheiro Juarez Wanderley.

Inteiramente financiada pela empresa, a escola oferece ensino de alta qualidade, propiciando uma oportunidade para jovens talentosos prosseguirem seus estudos. O Colégio Engenheiro Juarez Wanderley é hoje o principal projeto social gerenciado pelo Instituto Embraer de Educação e Pesquisa, organização que atua nas comunidades onde a empresa desenvolve suas operações industriais.[16]

Sucesso, a Despeito de Contratempos Globais

Na segunda metade de 1997, o mundo foi abalado por outra crise financeira, dessa feita com origem na região do Pacífico. O governo brasileiro adotou medidas rápidas destinadas a conter danos à economia do país, incluindo cortes em gastos públicos e subsídios, e a elevação das taxas de juros. Apesar do ambiente desfavorável para a indústria da aviação, a Embraer pôde, naquele ano, anunciar seu primeiro lucro desde a privatização da companhia.[17]

Em setembro, a Embraer declarou lucro da ordem de US$ 10,4 milhões, o que lhe permitiu reduzir os prejuízos que havia acumulado previamente, de US$ 57 milhões para US$ 46,6 milhões. De acordo com Botelho, os ingressos projetados pela Embraer para 1997 chegavam a US$ 780 milhões, com 85% das vendas tendo lugar no exterior.

Muitas linhas aéreas dos Estados Unidos preferiram o ERJ 145 ao jato regional da Bombardier. No Paris Air Show de 1997, em julho, a American Eagle, companhia aérea sediada no Texas, subsidiária da American Airlines, anunciou que, após uma rigorosa avaliação das duas aeronaves, decidira fazer uma grande encomenda do ERJ 145, a maior que a Embraer até então recebera—42 encomendas firmes com opção para mais 24. O ERJ 145 saiu-se igualmente bem no mercado doméstico. Ainda em 1997, a Rio Sul, companhia baseada no Rio de Janeiro, tornou-se a primeira empresa aérea do país a adquirir o ERJ 145 para uso comercial. Em 1998, o jato regional tornou-se um campeão de vendas da Embraer, com as compras

Executives from Brazilian airline Rio Sul standing in front of an ERJ 145. Rio Sul was the first domestic airline to purchase Embraer's regional jet.

Executivos da empresa aérea brasileira Rio Sul, diante de um ERJ 145. A Rio Sul foi a primeira companhia doméstica a comprar o jato regional da Embraer.

1998, the regional jet had become Embraer's stalwart, with purchases reaching an impressive 182 firm orders with options for 245 more.[18]

In a memorandum sent out that year, Botelho wrote:

> *Thanks to the competence and dedication of our employees, the austere policy we have taken on, the determination of our shareholders, and decisive support from the federal government, Embraer today is competitive on the international market, at a level of equality.*[19]

In response to the increasing success Embraer achieved in the jet market, during the late 1990s, Embraer announced it would no longer attempt to compete in the turboprop market. Passengers and customers alike had made their decision, and maintaining a narrower focus on jet technology would prove a decisive step in Embraer's future evolution. U.S.-based SkyWest airlines purchased 12 EMB 120 Brasilias in 1996, and three more in 1997. This marked the last major EMB 120 purchase, and the model would be phased out of serial production, although some would continue to be manufactured on an individual basis in the case of special orders.

Military Derivatives

In the mid-1990s, Brazil faced increasing difficulties protecting its valuable Amazon region, an area that encompasses a third of all the world's tropical rain forests and harbors more than 50 percent of all known plant and animal species. Commercial deforestation had taken a severe toll on the lush wildlife, but illegal drug trafficking and weapons smuggling had also led to the area's decline.

In response to those challenges, Brazil created the Amazon Surveillance Program (Sistema de Vigilância da Amazônia; SIVAM).[20] SIVAM was designed to monitor the region while providing the necessary

alcançando a impressionante marca de 182 encomendas firmes, com opção para mais 245.[18]

Em um memorando enviado naquele ano aos empregados, Botelho escreveu:

> *Graças à competência e à dedicação dos nossos empregados, à política de austeridade que adotamos, à determinação dos nossos acionistas e ao apoio decisivo do governo federal, a Embraer é hoje competitiva no mercado internacional, num nível de igualdade.*[19]

Em resposta ao crescente sucesso no mercado de jatos no final dos anos 1990, a empresa anunciou que não iria mais tentar competir no mercado de turboélices. Passageiros e clientes também firmariam posição a esse respeito, e manter um foco mais direcionado para a tecnologia a jato provaria ser um passo decisivo na evolução futura da Embraer. A empresa aérea norte-americana SkyWest adquiriu 12 EMB 120 Brasilia em 1996 e mais três em 1997. Essa transação marcou a última aquisição importante do EMB 120. Depois disso, o modelo seria progressivamente retirado da produção em série, embora algumas aeronaves continuassem a ser fabricadas em bases individuais, no caso de encomendas especiais.

Desdobramentos Militares

Em meados da década de 1990, o Brasil enfrentou dificuldades cada vez maiores para proteger a sua valiosa região amazônica, área que concentra um terço de todas as florestas tropicais do mundo, abrigando mais da metade de todas as espécies vegetais e animais do planeta. O desmatamento comercial representou um pesado fardo para a exuberante vida selvagem, mas o tráfico ilegal de drogas e o contrabando de armas também contribuíram para o declínio da área.

Como resposta a esses desafios, o Brasil criou o Sistema de Vigilância da Amazônia (SIVAM),[20] planejado para monitorar a região, provendo a infraestrutura necessária ao futuro Sistema de Proteção da Amazônia. O projeto, de grandes dimensões, recebeu US$ 1,5 bilhão em financiamento durante os sete anos que se seguiram à sua gestação.[21]

Os novos programas representaram uma oportunidade significativa para a

Local airline Rio Sul, a subsidiary of Varig at the time, became the first Brazilian commercial airline to fly the EMB 145 in 1997.

A Rio Sul, na época subsidiária da Varig, tornou-se, em 1997, a primeira companhia aérea brasileira a voar com o ERJ 145.

Specially modified ERJ 145s were used as part of the Brazilian government's Amazon Surveillance Program (Sistema de Vigilância da Amazônia; SIVAM), designed to deter illegal air traffic, mining, drug trafficking, and deforestation in the world's largest rain forest.

Aeronaves ERJ 145 especialmente modificadas são utilizadas no Sistema de Vigilância da Amazônia (SIVAM), projetado pelo governo brasileiro para combater o tráfego aéreo ilegal, a mineração, o tráfico de drogas e o desmatamento na maior floresta tropical do mundo.

infrastructure for the proposed Amazon Protection System (Sistema de Proteção da Amazônia). The massive project received US$1.5 billion in funding during the seven years after its inception.[21]

The new programs proved an important opportunity for Embraer. The long-term project helped sustain Embraer as the number of other military expenditures in Brazil dropped throughout the decade.[22] "The funding for military activities in Brazil was totally down," Bartels recalled. "SIVAM was the only [government] program of importance to Embraer."[23]

The program also proved important in strengthening Embraer's partnerships with companies including Raytheon, which built the ground radar system; Atech, which provided ground system and operational support; and Ericsson, which supplied five airborne radars (phased-array pulse Doppler).[24] General coordination for the program took place in Brasília, with three other ground stations set up in the Amazon Basin cities of Manaus, Belém, and Porto Velho. SIVAM operations included remote sensoring, monitoring, and control operations utilizing surveillance aircraft, as well as patrol and interceptor aircraft.[25]

The SIVAM surveillance system monitored the Amazon area from two sides, encompassing an area of more than 5 million square kilometers. Activities focused on deterring illegal air traffic, mining, deforestation, and environmental damage, as well as monitoring the quality of river water. The main goal was to control and develop sustainable activity in the Amazon area, while preventing crime and the destruction of the natural landscape.[26]

Prior to SIVAM, only the southern, central, and northeast areas of Brazil's territory were covered by radar, leaving vast stretches of the Amazon unmonitored.[27] Juniti Saito, a brigadier general in the Brazilian Air Force, described the impact of SIVAM:

> *Our Amazônia represents more than 50 percent of our territory. It's a huge area that we have to take care of, so it requires a lot of attention from our part. The SIVAM project is a consequence of that. I was really impressed because, prior to SIVAM, pilots would fly for more than two hours over the jungle with no support. SIVAM enables us to control the airspace in that area more effectively. Flight security is much improved, and all flights over that region are now 100 percent monitored.*
>
> *We have total control over the airspace in this area. If you consider that*

Embraer. O projeto, de longo prazo, ajudou a manter a companhia, enquanto vários gastos militares no Brasil despencavam ao longo da década.[22] "O financiamento de atividades militares no Brasil estava totalmente em baixa", relembra Bartels "O SIVAM era o único programa governamental de importância para a Embraer".[23]

O programa também foi importante para o fortalecimento da parceria da Embraer com empresas como a Raytheon, que construiu o sistema de radar terrestre, a Atech, que forneceu o sistema terrestre e o apoio operacional e a Ericsson, que forneceu cinco radares aéreos (multimissão Doppler).[24] A coordenação geral do programa foi sediada em Brasília, tendo sido instaladas três estações terrestres na bacia amazônica, nas cidades de Manaus, Belém e Porto Velho. As operações do SIVAM abrangiam o sensoriamento e o monitoramento, além de operações de controle utilizando aviões de vigilância, bem como aviões de patrulha e interceptadores.[25]

O sistema de vigilância montado para o SIVAM monitora a região amazônica de dois lados, abrangendo uma área de mais de cinco milhões de quilômetros quadrados. As suas atividades estão concentradas no tráfego aéreo ilegal, mineração, desmatamento e danos ambientais, assim como no monitoramento da qualidade da água dos rios. O principal objetivo é controlar e desenvolver atividades sustentáveis na região amazônica, prevenindo o crime e a destruição da paisagem natural.[26]

Antes do SIVAM, somente as porções sul, central e nordeste do território brasileiro estavam cobertas por radar, deixando amplos trechos da Amazônia sem monitoramento.[27] O tenente-brigadeiro-do-ar Juniti Saito, comandante da Aeronáutica, assim descreveu o impacto do SIVAM:

> *A nossa Amazônia representa mais de 50 % do nosso território. Trata-se de uma área imensa, da qual nós temos de cuidar, uma vez que requer muita atenção da nossa parte. O projeto SIVAM é uma consequência disso. Fiquei realmente impressionado porque, antes do SIVAM, os pilotos voavam mais de duas horas sobre a selva sem nenhum apoio. O SIVAM permite-nos controlar o espaço aéreo nessa área de um modo mais efetivo. A segurança de voo está muito aperfeiçoada e todos os voos sobre essa região encontram-se agora 100% monitorados.*
>
> *Temos controle total sobre o espaço aéreo nessa área. Se pensarmos que esta tem mais de quatro milhões de quilômetros quadrados, o SIVAM foi a única solução para controlá-la. O povo brasileiro participou ativamente quando o SIVAM foi instalado. No que diz respeito à questão do controle do espaço aéreo, estamos fazendo um bom trabalho. ... Nosso espaço aéreo é muito bem monitorado hoje em dia.*[28]

Usando o ERJ 145 como plataforma básica, a Embraer desenvolveu um avião especificamente projetado para atender às necessidades do SIVAM. Originalmente conhecido como EMB 145 SA, o avião de vigilância especializada foi na ocasião rebatizado de R-99A pela Força Aérea Brasileira e, em 2008, passou a ser conhecido por E-99. O E-99 é equipado com diversos componentes aerodinâmicos que permitem maior controle e maior estabilidade, incluindo componentes horizontais aerodinâmicos na parte posterior do avião e strakes na fuselagem traseira, bem como winglets que proporcionam alcance adicional, melhorando ainda a taxa de subida.[29]

A aeronave é capaz de executar missões de detecção de alvos aéreos, monitoramento do espaço aéreo, operações de controle militar, missões de inteligência eletrônica e operações de busca e resgate. A bagagem tecnológica adquirida pela Embraer no desenvolvimento do SIVAM permitiu-lhe penetrar em outro nicho de mercado—vigilância militar. A empresa desenvolveu o avião EMB 145 AEW&C Airborne Early Warning and Control (Alerta Aéreo Antecipado e Controle), baseado na plataforma do ERJ 145, planejado para

this area has more than 4 million square kilometers, SIVAM was the only solution to control that area. Brazilian people participated actively when the SIVAM was set up in that area. Concerning the air control issue, we have been doing a good job in that area. ... Our airspace, it is very well monitored nowadays.[28]

Embraer created a modified ERJ 145 specifically designed for SIVAM's needs. Originally known as the ERJ 145 SA, the specialized surveillance aircraft was renamed R-99A by the Air Force. The R-99A was equipped with a variety of aerodynamic components to allow for increased control and stability, including horizontal aerodynamic features on the empennage and strakes on the rear fuselage, as well as winglets that provided extra range and improved the rate of climb.[29]

The aircraft was capable of carrying out air-target detection missions, airspace monitoring, military control operations, electronic intelligence missions, and search and rescue operations. The specialized technological expertise Embraer obtained during its efforts with SIVAM allowed the company to break into another market niche—military surveillance. Embraer developed the EMB 145 AEW&C (Airborne Early Warning and Control) aircraft, a specialized ERJ 145 derivative designed with military and government applications in mind.[30] The aircraft featured Ericsson airborne surveillance radar and remains in service in the Brazilian and Greek military. Embraer further developed the ERJ 145 military derivative capabilities with the EMB 145 RS, specializing in intelligence, reconnaissance, and surveillance operations. The company marketed the special derivatives internationally.

According to Bartels:

There are only a handful of companies in the world that produce this sort of airplane. This program had an air traffic control system. It had all the systems for surveillance of the Amazon area, and you also had the advantage to control aircraft from the aerial point of view. [The EMB 145AEW&C] also featured a sensor suite with a synthetic aperture radar and forward-looking infrared radar (FLIR). Mexico and Greece have also bought this aircraft.[31]

Greece purchased four units with a further two options, all early warning aircraft equipped with the same radar as the SIVAM model. Other special modifications were made to those models to conform to the strict North Atlantic Treaty Organization (NATO) standards Greece required.[32] Later on, Embraer received an order from the Mexican Air Force for the EMB 145 RS, as well as another two for Embraer's specialized EMB 145 MP maritime patrol jet also based on the ERJ 145 platform.[33]

In just a few short years, Embraer had grown into an efficient, affordable, innovative leader in the international aviation marketplace. The company had started on the path toward becoming the world's leader in regional jet sales, thanks to the tireless efforts of its employees and its mutually beneficial international partnerships.

aplicações militares e governamentais.[30] O avião, que tem instalado o radar aerotransportado de vigilância da Ericsson, permanece em serviço entre os militares brasileiros e gregos. A Embraer desenvolveu, mais tarde, as potencialidades militares derivadas do ERJ 145, dando origem ao EMB 145 RS, aeronave especializada em operações de inteligência, reconhecimento e vigilância. A companhia comercializou os derivativos especiais em escala internacional.

Recorda-se Bartels:

> *Só umas poucas companhias em todo o mundo produzem este tipo de avião. Esse programa incluía um sistema de controle de tráfego aéreo e todos os sistemas de vigilância da região amazônica. E você tinha também a vantagem de controlar as aeronaves do ponto de vista aéreo. O EMB 145 AEW&C também tinha instalado um grupo de sensores, incluindo radar de abertura sintética e um radar infra-vermelho (FLIR—Forward-Looking Infrared Radar). O México e Grécia também compraram essa aeronave.*[31]

A Grécia comprou quatro unidades com opção de compra para mais duas, todas com alerta aéreo antecipado e controle, equipadas com o mesmo radar do modelo do SIVAM. Outras modificações especiais foram feitas naqueles modelos para atender aos estritos padrões da Organização do Tratado do Atlântico Norte (OTAN), que a Grécia demandava.[32] Posteriormente, a Embraer recebeu outra encomenda, dessa vez da Força Aérea Mexicana, do EMB 145 RS, e de mais dois jatos de patrulha marítima, tipo EMB 145 MP especializado, também baseado na plataforma do ERJ 145.[33]

Em apenas poucos anos, a Embraer cresceu, transformando-se em uma empresa líder no mercado internacional de aviação: eficiente, acessível em termos de preço, e inovadora. A companhia iniciava uma trajetória que a levaria a se tornar a campeã de vendas de jatos regionais, graças aos esforços incansáveis de seus empregados e a parcerias internacionais, que se mostraram mutuamente benéficas.

CHAPTER VIII CAPÍTULO

EXPANDING THE PORTFOLIO

AMPLIANDO O PORTFÓLIO

1998–2005

Embraer has been so successful that you can't get your hands on their planes!

—Jim French, CEO of Flybe, Europe's largest independent regional airline carrier[1]

A Embraer foi tão bem-sucedida que é impossível você não comprar seus aviões!

—Jim French, presidente da Flybe, a maior empresa aérea regional independente da Europa[1]

EMBRAER HAD BEGUN TO PULL BACK FROM the brink, but the company's recovery proved a difficult challenge. Yet, at the end of the transition, Embraer would become a far better company than anyone could have predicted. In just a few short years, Embraer had gone full circle, from a faltering company on the edge of failure, to triumph as a leader in the regional jet market.

As the affordable, low maintenance ERJ 145 proved successful with regional airlines such as ExpressJet, known as Continental Express at the time, Embraer began searching for ways to increase its market share. With that in mind, Satoshi Yokota, future executive vice president of strategic planning and technology, and Luís Carlos Affonso, future executive vice president of executive jets, led a team of engineers in expanding the original ERJ 145 family.

Expanding its regional jet portfolio would prove incredibly important to Embraer's success. After Embraer's privatization, the company suffered from a lack of diversification, leaving it extremely exposed to market fluctuations. Executives realized that Embraer's best prospects for growth were focused on the European regional jet market.

A EMBRAER COMEÇAVA A SE AFASTAR DO precipício, mas a recuperação não foi uma tarefa fácil. Mesmo assim, ao final desse período de transição, a Embraer se tornaria, de longe, uma empresa melhor do que qualquer um poderia ter previsto. Em poucos anos, a Embraer dera a volta por cima, passando da condição de uma companhia instável, à beira da falência, para se impor como empresa-líder no mercado dos jatos regionais.

À medida que o ERJ 145, avião de baixo custo de aquisição e de manutenção, apresentava êxito significativo junto a empresas aéreas regionais como a ExpressJet, então conhecida como Continental Express, a Embraer passou a buscar formas de aumentar sua participação no mercado. Com isso em mente, Satoshi Yokota, futuro vice-presidente executivo de planejamento estratégico e tecnologia, e Luís Carlos Affonso, futuro vice-presidente executivo para o mercado de aviação executiva, comandaram uma equipe de engenheiros na ampliação da família original do ERJ 145.

A expansão do portfólio de jatos regionais se revelaria extremamente importante para o sucesso da Embraer. Depois da privatização, a companhia ressentia-se da falta de diversificação, o que a deixava muito

ERJ technicians pose in front of a regional jet leased by Brazilian airline Rio Sul.

Técnicos da Embraer posam em frente a um jato regional da empresa aérea brasileira Rio Sul.

The ERJ 140 was designed with fewer seats than the ERJ 145 to meet the special needs of major regional airlines such as American Eagle.

Conclusion of AMX Deliveries

In November 1999, Embraer delivered its 56th AMX fighter jet to the Brazilian Air Force, concluding the aircraft's third and last group. The air-to-surface attack and aerial reconnaissance and interception jet gave Brazil new onboard digital navigation and attack system capabilities designed to meet the operating demands of the North Atlantic Treaty Organization (NATO).

The assembly lines at Italy's Alenia and Aermacchi companies produced a total of 136 AMX aircraft, with a configuration developed specifically for the Italian Air Force (Aeronautica Militare Italiana; AMI).

In 1998, the Brazilian AMX (called the A-1 by the Brazilian Air Force) successfully participated, for the first time, in the Red Flag advanced aerial U.S. combat training exercises hosted by Nellis Air Force Base in Nevada.

In 1999, the Italian Air Force (AMI) utilized the AMX during aerial support operations in Kosovo, Serbia. The AMX succeeded during those operations due to its excellent weaponry precision, penetration speed, maneuverability in low-altitude flight, and pursuit capabilities.

The AMX program was an important accomplishment for Brazil, and especially for the Brazilian Air Force. The aircraft allowed Embraer to thrive in the defense aviation market and specialize in the area of international aerospace cooperation.

ERJ 145 Derivatives

Throughout the 1990s, the company experienced a great deal of success with the ERJ 145 and its subsequent military derivatives. However, defense industries constituted less than a third of the company's profits. To diversify Embraer's market share, engineers released the ERJ 135, a smaller version of the ERJ 145 designed for 35 passengers. The ERJ 135 shared 95 percent of its components in common with the ERJ 145.[2]

The ERJ 135 featured a longer range than the ERJ 145, reaching 1,750 nautical

O ERJ 140 foi projetado com um número menor de assentos do que o ERJ 145 para atender a necessidades especiais das principais empresas aéreas regionais, como a American Eagle.

exposta às flutuações do mercado. Os executivos compreenderam que as melhores perspectivas de crescimento para a Embraer encontravam-se no mercado de jatos regionais da Europa.

Concluindo as Entregas do AMX

Em novembro de 1999, a Embraer entregou à Força Aérea Brasileira o 56º AMX produzido na sua linha de montagem, terminando assim o terceiro e último lote de aeronaves. Essa aeronave de apoio aéreo aproximado e interdição trouxe para o Brasil a capacidade de um sistema embarcado de navegação e ataque digital, desenhado para atender aos requisitos operacionais da Organização do Tratado do Atlântico Norte (OTAN).

As linhas de montagem italianas, instaladas nas empresas Alenia e na Aermacchi, produziram um total de 136 aeronaves AMX, com uma configuração desenvolvida especificamente para a força aérea italiana, a Aeronautica Militare Italiana (AMI).

O AMX brasileiro participou, pela primeira vez, em 1998, do evento *Red Flag*, promovido pela Nellis Air Force Base, no estado de Nevada, Estados Unidos. O avião de combate brasileiro foi apresentado com sucesso nesse prestigioso exercício de treinamento de combate aéreo avançado.

Em 1999, a Aeronautica Militare Italiana utilizou o AMX em operações de apoio aéreo em Kosovo (66% das atividades da AMI), obtendo resultados muito bons, devido à excelente precisão no lançamento de armamentos, velocidade de penetração, manobrabilidade em voos de baixa altura e capacidade de persistência.

Em resumo, o programa AMX foi uma importante conquista para o Brasil, particularmente para a Forca Aérea Brasileira, permitindo a Embraer atingir um patamar mais elevado no mercado de defesa e nas áreas de cooperação aeroespacial internacional.

Os Derivativos do ERJ 145

Ao longo da década de 1990, a companhia obteve um grande sucesso com o ERJ 145 e seus posteriores derivativos militares. Contudo, os clientes militares representavam pequena parcela dos lucros da empresa. Para diversificar a participação da Embraer no mercado de jatos regionais, os engenheiros lançaram o ERJ 135, uma versão encurtada do ERJ 145, projetado para 35 passageiros e que compartilhava 95% de seus componentes com o ERJ 145.[2]

O ERJ 135 tinha um alcance maior do que o ERJ 145, atingindo 1.750 milhas náuticas, em comparação com as 1.550 milhas náuticas de seu predecessor. No entanto, ambos podiam deslocar-se a uma velocidade máxima em operação de Mach 0.78. O ERJ 135 realizou o primeiro voo em 4 de julho de 1998, recebendo a certificação da Federal Aviation Administration (FAA) um ano depois.[3] Duas opções de configuração do ERJ 135 estavam disponíveis—o ERJ 135 ER, equipado com dois motores AE3007A3, e o ERJ 135 LR, equipado com dois motores AE3007A1/3, ambos da fabricante Rolls-Royce. O modelo demonstrou-se um sucesso de imediato, tendo recebido, apenas em 1998, 73 encomendas firmes e 122 opções.[4]

Depois do êxito do ERJ 135, a Continental Express, maior cliente de jatos regionais da Embraer, solicitou à companhia o projeto de um ERJ 145 alternativo, com um alcance maior. A Embraer respondeu por meio do desenvolvimento do ERJ 145 XR, cujo alcance era de 2.000 milhas náuticas. O ERJ 145 XR apresentava mudanças inovadoras, incluindo *winglets*, dispositivo que diminui o consumo de combustível e que melhora o desempenho em subida.[5]

A Embraer também passou a oferecer o jato regional ERJ 140, maior que o ERJ 135, capaz de transportar 44 passageiros, equipado com os mesmos motores AE3007A1/3 usados pelo ERJ 135 LR. A American Eagle viria a adquirir 40 ERJ 135,

The Legacy is a redesigned executive business class jet. Although it utilized the same basic platform as the ERJ 135, it featured a number of improvements that were necessary to please executive customers.

Embora tenha utilizado a mesma plataforma básica do ERJ 135, o Legacy incorporava uma série de aperfeiçoamentos necessários para atender aos clientes executivos.

miles. The ERJ 145 reached 1,550 nautical miles, while the ERJ 140 reached 1,650 nautical miles and the ERJ 145 XR reached 2,000 nautical miles. Both the ERJ 135 and the ERJ 145 could travel at a maximum operating speed of Mach 0.78. The ERJ 135 had its first flight on July 4, 1998, and received Federal Aviation Administration (FAA) certification a year later.[3] The model proved immediately successful, with 73 firm orders and 122 options in 1998 alone.[4]

After the success of the ERJ 135, Continental Express, Embraer's largest regional jet customer, asked Embraer to design an ERJ 145 derivative with a longer range. Embraer responded by developing the ERJ 145 XR, with a range of 2,000 nautical miles. The ERJ 145 XR featured innovative changes, including specialized winglets designed to improve fuel efficiency and climbing capability.[5]

Embraer also began offering the larger ERJ 140 regional jet, which featured 44 seats and was powered by the same AE3007A1/3 engines as the ERJ 135 LR. American Eagle would go on to purchase 40 of the specialized ERJ 135s, 59 ERJ 140s, and 118 ERJ 145s, in addition to becoming one of the largest operators of ERJ 145 aircraft in the country, second only to Continental Express.

Continental Express would go on to order 104 ERJ 145 XR aircraft, with options for 100 more. Continental would go on to ultimately purchase 30 ERJ 135s and 245 ERJ 145s altogether, along with 140 ERJ 140 models and 105 ERJ 145 XRs.

The first flight of the ERJ 145 XR would take place on June 29, 2001.[6] The ERJ XR received CTA certification on September 3, 2002, and FAA certification on October 22, 2002.

"Embraer has been a very good partner throughout the years. We're very happy that we went the Embraer route," said Jay Perez, vice president of ExpressJet. He was in charge of purchasing and equipment management at the time of the acquisitions.[7]

Executive Style

At the 2000 Farnborough Air Show, Embraer announced the introduction of the Legacy.[8] Built on the same platform

59 ERJ 140 e 118 ERJ 145. Essa última aquisição a tornaria a segunda maior operadora da aeronave ERJ 145 nos Estados Unidos, superada apenas pela Continental Express.

A Continental Express encomendaria 104 aviões ERJ 145 XR, com opções para mais 100. No total, a Continental viria a adquirir 30 ERJ 135 e 245 ERJ 145 (140 do modelo ERJ 145 e 105 ERJ 145 XR).

O primeiro voo do ERJ 145 XR aconteceu em 29 de junho de 2001.[6] O ERJ XR recebeu a certificação do CTA em 3 de setembro de 2002 e a certificação da FAA em 22 de outubro de 2002.

"A Embraer tem sido uma ótima parceira ao longo dos anos. Ficamos muito felizes por termos seguido 'a rota da Embraer'", comenta Jay Perez, vice-presidente da ExpressJet. Ele era o responsável por compras e gestão de equipamentos, no período das aquisições.[7]

Estilo Executivo

Na Feira Aeronáutica de Farnborough de 2000, a Embraer anunciou o lançamento do Legacy.[8] Construído a partir da mesma plataforma do ERJ 135 incorporava muitas melhorias projetadas para atrair o mercado de jatos executivos. O Legacy apresentava maior potência e um novo sistema de combustível que aumentava o alcance para 3.250 milhas náuticas, contra as 1.750 milhas náuticas do ERJ 135. A aeronave também incorporava novos winglets, atingia uma maior altitude de voo e trazia uma aviônica mais completa. Em 2005 o Legacy viria a ser renomeado de Legacy 600, atendendo à nova nomenclatura adotada para jatos executivos da Embraer. Até 2008, mais de 160 aviões Legacy 600 haviam sido vendidos.

O jato Legacy original custava US$ 20 milhões, podia atingir uma velocidade máxima de Mach 0.8, chegar a uma altitude máxima de cruzeiro de 39.000 pés e foi projetado para transportar dez passageiros. Foram feitas 48 encomendas firmes e 44 opções do Legacy antes mesmo de ele ter entrado em produção.[9] Em dezembro de 2001 o Legacy foi certificado pelo CTA, e em julho do ano seguinte recebeu certificação europeia, quando a empresa de charter Swiss Executive Aviation Ltd. adquiriu 25 jatos Legacy. A Indigo Air, de Chicago, foi o

Legacy aircraft are equipped with Honeywell Primus 1000 digital avionics suites, integrated with TCAS II traffic alert and collision avoidance systems. Instrumentation includes Flight Dynamics head-up displays.

As aeronaves Legacy são equipadas com aviônica digital Honeywell Primus 1000, integrada pelo Sistema de Alerta de Tráfego e Anticolisão, o TCAS II (*Traffic Alert and Collision Avoidance System*). A instrumentação inclui ainda um sistema de voo por *Head-Up Display*, da empresa Flight Dynamics.

Embraer announced the launching of a new family of E-Jets during the Paris Air Show in 1999.

as the ERJ 135, it featured many improvements designed to appeal to the executive jet marketplace. The Legacy featured more thrust and a new fuel system that increased the range to 3,250 nautical miles versus 1,750 nautical miles for a basic ERJ 135. The aircraft also included new winglets, a new ceiling capacity, and additional avionics. In 2005, the Legacy was renamed the Legacy 600, in line with the new nomenclature adopted for Embraer's executive jets. By 2008, more than 160 super-midsize Legacy 600 jets had been sold.

The original Legacy jet cost US$20 million, featured a maximum speed of Mach 0.8, with a maximum cruising altitude of 39,000 feet, and was designed to carry 10 passengers. Buyers placed 48 firm orders and 44 options for the Legacy before it entered serial production.[9] In July 2002 the aircraft received its European certification, when charter brokage firm Swiss Executive Aviation Ltd. purchased 25 Legacy jets. Indigo Air of Chicago was the launch customer in the U.S., and the Legacy received full type certification from the FAA in September of the same year.[10] Embraer was also selected by the Indian Government in 2003 to supply six Legacy executive jets specially designed to be operated by the Indian Air Force and the Border Security Force when transporting government officials. Embraer delivered 13 Legacy aircraft

A Embraer anunciou o lançamento de uma nova família de E-Jets durante o Paris Air Show, em 1999.

primeiro cliente nos Estados Unidos e o Legacy recebeu a certificação de tipo da FAA em setembro de 2002.[10] A Embraer também foi escolhida pelo governo indiano em 2003 para fornecer cinco jatos executivos Legacy, especialmente projetados para a Força Aérea Indiana e para a Força de Segurança de Fronteiras, no transporte do Presidente e autoridades do governo. A Embraer entregou 13 aviões Legacy em 2003 e 2004. Esse número subiu para 36 em 2007 e para 38 em 2008.[11]

Fundada em 1998, a Flight Options tornou-se uma das maiores operadoras de jatos privados, sendo a única empresa de propriedade fracionada do mundo a contar com o Legacy em sua frota. Em 2007, a companhia operava oito aviões Legacy 600, na configuração para 13 passageiros.[12]

"Se a Embraer diz que vai fazer ... faz mesmo", afirma Michael Scheeringa, diretor-executivo da Flight Options. "Eles sempre encontram uma maneira de fazer as coisas acontecerem".

A Embraer previu que o setor iria crescer, em valores, cerca de 2,2% ao ano até 2015 e 4,4% ao ano em entregas, num mercado global estimado em US$ 144 bilhões, de acordo com cálculos da companhia feitos em 2005. Os Estados Unidos representavam 75% desse mercado. O sucesso do Legacy inspirou a Embraer a expandir a oferta de jatos executivos. Em 2005, a família Phenom juntou-se a essa oferta, reafirmando seu compromisso com o mercado de aviação executiva.

Os E-Jets Entram em Cena

No início de 1999, a Embraer já havia ampliado a família ERJ 145. Partiu, então, para o lançamento da bem-sucedida família ERJ 170/190, mais tarde renomeada EMBRAER 170/190, ou simplesmente E-Jets, como também é conhecida. A nova linha fora planejada para atender a um novo requisito de potenciais clientes. À época, muitas empresas aéreas perceberam a necessidade de um avião regional de maior porte para rotas curtas e de grande tráfego entre os movimentados *hubs* das grandes cidades.[13] Os executivos da Embraer admitiam que, para diversificar e expandir ainda mais a sua base de clientes, a companhia teria de desenvolver novas aeronaves, capazes de transportar algo em torno de 70 a 110 passageiros. "Constatamos que o mercado estava precisando de aviões maiores porque a densidade de tráfego estava aumentando e o custo do assento por milha seria menor com aeronaves maiores", relembra Luís Carlos Affonso, o diretor de engenharia encarregado do programa EMBRAER 170/190. Encorajado por seus especialistas em inteligência de mercado, a Embraer levou propostas de desenhos de aviões a clientes em todo o mundo.[14]

Percebendo que a Embraer teria de desenvolver o novo modelo a partir de uma plataforma completamente nova, os engenheiros e executivos começaram a discutir a viabilidade dos E-Jets já em 1995. "Tínhamos que começar do zero", declara Satoshi Yokota. "Não poderíamos aproveitar nada do ERJ 145".[15]

Yokota destaca que, já em 1998 a Embraer começara a fazer contatos com clientes potenciais nos Estados Unidos, na Europa, Austrália e Nova Zelândia, para entender melhor as mudanças de demandas. A estratégia funcionou e, em 14 de junho de 1999, na Feira Aeronáutica de Paris, a Embraer vendeu seu primeiro E-Jet. O diretor-executivo da Crossair, o empresário suíço Moritz Suter, encomendou 30 aeronaves ERJ 170 (mais tarde rebatizado de EMBRAER 170) para sua empresa aérea regional. Nesse mesmo dia, a Crossair encomendou 40 ERJ 145, incluindo 15 encomendas firmes e opções para mais 25.[16] As encomendas somaram US$ 4,9 bilhões—o maior negócio fechado no Paris Air Show até aquele momento.[17]

A família EMBRAER 170/190 foi projetada com o auxílio dos clientes da Embraer. A seção transversal da fuselagem segue o conceito de "dupla-bolha", visando oferecer maior espaço na cabine de passa-

in 2003 and 2004, rising to 36 by 2007, and 38 by 2008.[11]

Flight Options, which was founded in 1998 and has become one of the largest operators of private jets, was the only fractional provider in the world to offer the Legacy. They operated eight 13-passenger Legacy models as of 2007.[12]

"If Embraer says it's going to perform ... then it's going to perform," said Michael Scheeringa, CEO of Flight Options. "They are going to find a way to make it happen."

Embraer forecasted growth in the sector to be around 2.2 percent a year in value until 2015 and 4.4 percent a year in deliveries in a global market worth US$144 billion, according to Embraer's estimates in 2005. The United States accounted for 75 percent of that market. The success of the Legacy inspired Embraer to expand its executive jet offerings to include the Phenom series in 2005, reaffirming its commitment to the business aviation marketplace.

Enter the E-Jets

By early 1999, Embraer had further expanded its ERJ 145 family, branching off the concept to develop its successful family of E-Jets. The new trend was designed to fill a need among prospective customers. At the time, many airlines found themselves in need of larger regional aircraft for popular short routes between burgeoning city hubs.[13] Embraer officials recognized that to diversify further and expand on its market base of potential customers, the company would have to develop new aircraft capable of carrying anywhere from 70 to 110 passengers. "We realized that the market was looking for bigger airplanes because the traffic density was increasing and the seat mile cost would go down on bigger airplanes," said Luís Carlos Affonso, the director of engineering in charge of the E-Jets program. Encouraged by its market intelligence specialists, Embraer took proposed aircraft designs to customers across the globe.[14]

Engineers and executives had begun discussing the possibility of the E-Jet as far back as 1995, with the expectation that the company would have to develop the new model starting from a completely new platform. "We had to start from scratch," said Satoshi Yokota. "Nothing from the ERJ 145 could be used."[15]

As early as 1998, according to Yokota, Embraer had begun contacting prospective customers in the United States, Europe, Australia, and New Zealand to better understand their changing requirements. The strategy worked, and at the Paris Air Show on June 14, 1999, Embraer sold its first E-Jet. Crossair CEO and Swiss entrepreneur Moritz Suter ordered 30 ERJ 170s (later renamed EMBRAER 170) aircraft for his regional airline. That same day, Crossair ordered another 40 ERJ 145s, with 15 firm order commitments and options for 25 more.[16] The total purchase order agreement totalled US$4.9 billion—the largest deal ever concluded at the Paris Air Show at the time.[17]

The E-Jet family was designed with the help of its customers. Its interior was designed with a "double bubble" layout, designed to create more cabin room and baggage space, instead of the traditional circular fuselage cross section. To fit the desired dimensions of the EMBRAER 170 into a circular cross section would have meant a significantly larger frontal area and an increase in drag. Embraer utilized the unique design to highlight the spaciousness of its E-Jets to prospective customers.

"The widest part of our cabin is exactly where you need it, creating more shoulder and head space for the passenger. It's more comfortable than a five-abreast," Affonso said of the seat layouts. "We used the layout to add more comfort and baggage compartments and took it to an extreme with these planes."

Crossair's first order of Embraer's E-Jets provided the newly privatized company the motivation to produce larger aircraft, but the customer's bankruptcy brought the deal to an end.

geiros e no compartimento de bagagem, em vez da tradicional seção de fuselagem circular. O ajuste às dimensões desejadas do EMBRAER 170 para uma seção circular requereria área frontal significativamente maior, implicando em aumento no arrasto. A Embraer recorreu a um desenho exclusivo para enfatizar como eram espaçosos seus E-Jets.

"A parte mais ampla da nossa cabine fica exatamente onde o passageiro mais precisa, criando mais espaço para os ombros e a cabeça. É mais confortável do que cinco assentos lado a lado", explica Affonso, sobre os *layouts* dos assentos. "Recorremos a esse layout para oferecer maior conforto ao passageiro e aumentar o compartimento de bagagem. Com esses aviões, levamos isso ao extremo".

A estratégia de projeto do E-Jet produziu resultados notáveis. "Você não gasta o que nós gastamos em um avião para que ele não cumpra o que promete—e a Embraer cumpriu", enfatiza Jim French, presidente da Flybe, maior empresa aérea regional independente da Europa. "Sob uma perspectiva empresarial, é mais do que evidente que esse pessoal valoriza o nosso negócio. ... A Embraer foi tão bem-sucedida que é impossível você não comprar seus aviões!"[18]

A apresentação do EMBRAER 170 foi comemorada em outubro de 2001. O evento contou com a presença de muitos integrantes da comunidade aeronáutica internacional. Na ocasião, a companhia apresentou um EMBRAER 170 especial, pintado com as cores do cliente lançador, a Crossair. Em 19 de fevereiro de 2002, o EMBRAER 170 fez seu primeiro voo.

Sob Pressão

No começo do século XXI, o mercado de aviação sofreu diversos contratempos pesados que acabaram provocando um declínio generalizado no setor. Mesmo assim, a companhia saiu-se bem, se comparada às suas rivais nesse período de dificuldades e, em 14 de setembro de 2000, lançou ações na Bolsa de Valores de Nova York (New York Stock Exchange—NYSE).

"Quando analisamos as iniciativas estratégicas que foram realmente úteis, vemos que uma delas foi a oferta secundária de ações em Nova York", afirma Vitor Hallack, diretor-executivo do Grupo Bozano, Simonsen. "A companhia arrecadou aproximada-

A primeira encomenda de E-Jets feita pela Crossair à Embraer motivou a companhia, então recém-privatizada, a desenvolver aviões maiores, mas a falência do cliente colocou um ponto final no negócio.

Embraer listed its shares on the New York Stock Exchange in 2000. President and CEO Maurício Botelho (center) celebrates the first anniversary of its listing.

The E-Jet design strategy produced impressive results. "You don't spend what we do on an airplane and not expect it to deliver—Embraer has delivered," said Jim French, CEO of Flybe, Europe's largest independent regional airline carrier. "And from a business perspective, it is very evident that these guys value our business. ... Embraer has been so successful that you can't get your hands on their planes."[18]

The EMBRAER 170 celebrated its rollout in October 2001. Many members of the international aviation community attended the event. The company also presented a special EMBRAER 170 painted in the colors of launch customer Crossair. On February 19, 2002, the EMBRAER 170 had its first flight.

Under Stress

In the early part of the 21st century, the aviation market suffered several severe blows that ultimately led to a widespread decline. Still, the company fared well compared to its rivals during the difficult time period and, on September 14, 2000, listed its shares on the New York Stock Exchange (NYSE).

"When you look at our strategic moves that truly helped, one was the secondary offering in New York," said Vitor Hallack, an executive director at Grupo Bozano, Simonsen. "The company raised approximately US$200 million when it listed in New York in 2000."[19]

After the devastating September 11, 2001, terrorist attacks, air passenger traffic decreased dramatically, causing a subsequent fall in aircraft orders. Embraer's competitors suffered in the new economic realities, forcing 77-year-old Fairchild Dornier, faltering under US$670 million in debt, to file for bankruptcy in 2002. The company would later be taken over by M7 Aerospace. Bombardier, also suffer-

A Embraer lançou ações na Bolsa de Nova York em 2000. O diretor-presidente, Maurício Botelho (no centro), celebra o primeiro aniversário dessa operação.

mente US$ 200 milhões quando colocou suas ações em Nova York em 2000".[19]

Depois dos devastadores ataques terroristas de 11 de setembro de 2001, o tráfego aéreo de passageiros diminuiu substancialmente, provocando uma redução nas encomendas de aviões. Os concorrentes da Embraer foram frontalmente afetados pela nova realidade econômica. Às voltas com uma dívida de US$ 670 milhões, a Fairchild Dornier, empresa com 77 anos de operação, foi obrigada a pedir falência em 2002. Mais tarde, a M7 Aerospace assumiria o controle da empresa. A Bombardier também sofreu as consequências dos maus tempos, sendo forçada a cancelar seu programa BRJX, o que significou a eliminação de um dos concorrentes diretos do EMBRAER 190.[20]

A Embraer não ficou imune às pressões externas sobre a indústria aeronáutica. Mesmo com o sucesso da nova família de jatos regionais ERJ 145, sua receita bruta caiu para US$ 2,6 bilhões em 2002, contra US$ 2,9 bilhões registrados em 2001 e US$ 2,8 bilhões em 2000.

O Negócio que não Foi em Frente

A Embraer registrou um recorde na indústria aeronaútica quando anunciou a encomenda da Crossair, no valor de US$ 4,9 bilhões, que incluía 40 ERJ 145 e 30 E-Jets novos. O compromisso inicial da companhia com o programa EMBRAER 170/190 funcionou como um chamariz para novos clientes. "Naquela época, a Crossair era considerada a melhor empresa aérea regional do mundo. Foi o melhor cliente lançador que um fabricante de aeronaves regionais poderia desejar", compartilha o futuro diretor-presidente da Embraer, Frederico Fleury Curado. "Só que eles não chegaram a levar a aeronave".[21]

Infelizmente, após o colapso da Swissair, a Crossair foi forçada a assumir as operações desta companhia, vindo a formar uma nova empresa, a Swiss International Air Lines, ou simplesmente SWISS. Depois do terremoto financeiro da falência que se seguiu, bem como do colapso do mercado de empresas aéreas após os ataques de 11 de setembro, a SWISS nunca chegou a operar o EMBRAER 170.

A despeito desses problemas, a Embraer continuou a investir na nova família de jatos.[22] De acordo com o diretor-presidente da Embraer na época, Maurício Botelho:

> *Em duas semanas falamos com todos os nossos clientes. Falamos com os nossos fornecedores. A situação estava muito complicada. Como decorrência, em 29 de setembro, despedimos 1.800 pessoas, de modo a preservar fundos necessários para manter esse programa funcionando.*[23]

As primeiras entregas efetivas de E-Jets para uma companhia aérea começaram em fevereiro de 2004, conta Affonso. Depois do colapso da Swissair e da posterior reorganização da Crossair, a LOT, empresa aérea polonesa, e a U.S. Airways tornaram-se os primeiros operadores na Europa e nos Estados Unidos, respectivamente.

"Aceitamos a encomenda da Crossair e isso foi um desafio, mas creio que, se não tivéssemos aceito o desafio, não teríamos obtido o contrato", relembra Affonso. "Isso teria mudado nosso destino".[24]

Uma Estratégia para o Sucesso

À medida que crescia o sucesso da Embraer, a companhia se via na contingência de administrar também o rápido crescimento dos seus pedidos em carteira. Como resposta, no ano de 2000 a Embraer aumentou em 33% a capacidade de produção mensal. A empresa também expandiu sua oferta de serviços e apoio ao cliente e, entre 1998 e 2005, milhares de pessoas, literalmente, foram contratadas anualmente. O número de empregados cresceu para cerca de 10.0000 pessoas, comparadas com apenas 3.849 em 1996.[25]

In 2000, Embraer opened sales and marketing offices in Singapore in an effort to expand into Southeast Asia.

ing during the downturn, was forced to cancel its BRJX program, eliminating one of the direct competitors to the EMBRAER 190.[20]

Embraer was not immune to the external pressure on the aviation industry. Even with the success of the new ERJ 145 family of regional jets, gross revenues dropped to US$2.6 billion in 2002, down from US$2.9 billion in 2001 and US$2.8 billion in 2000.

The Deal That Wasn't

Embraer registered an aviation industry record when it announced Crossair's US$4.9 billion order for 40 ERJ 145s and 30 brand new E-Jets. Crossair's initial commitment to the E-Jet program helped attract additional customers. "Crossair, at that time, was considered the best regional airline in the world. It was the best launch customer any regional manufacturer could ask for," future Embraer CEO Frederico Fleury Curado said. "They just never took delivery of the aircraft."[21]

Unfortunately, Crossair was forced to take over operations after the collapse of Swissair, forming a new parent company known as Swiss International Air Lines. After the subsequent financial turmoil of the bankruptcy, as well as the drop in the airline market following the September 11, 2001, attacks, Embraer's contract with the firm was dissolved.

Despite the setback, Embraer continued investing in the new jet family.[22] According to Embraer President and CEO Maurício Botelho:

> *In two weeks we had talked with all of our customers. We talked to our suppliers. The situation was very tough. On September 29, we laid off 1,800 people as a result in order to have the funding to keep this program going.*[23]

The first actual E-Jet deliveries to any airline began in February 2004, according to Affonso. After the collapse of Swissair and Crossair's subsequent reorganization, LOT Polish and U.S. Airways became the first launch customers in Europe and the United States, respectively.

"We accepted Crossair's order and it was a challenge, but I think if we hadn't accepted the challenge we wouldn't have gotten the contract," Affonso recalled. "That would have changed our destiny."[24]

A Strategy for Success

As Embraer attained greater success, the company was forced to deal with a rapid increase in the backlog of orders. In response, Embraer increased its monthly production capacity by 33 percent in 2000. The company also expanded its customer service and support offerings, and between 1998 and 2005, literally thousands of people were hired each year. Employment grew to approximately 10,000 people, compared with just 3,849 in 1996.[25]

Em 2000, a Embraer inaugurou escritórios de venda e *marketing* em Cingapura, num esforço de expandir sua presença no sudeste asiático.

Graças a seu esforço de diversificação, a Embraer pôde entregar um número cada vez maior de aeronaves ao final da década de 1990 e na primeira década de 2000. Em 1996, logo depois da privatização, a companhia entregou apenas quatro aviões comerciais; esse número subiu para 32 em 1997, para 60 em 1998, para 96 em 1999 e para 160 em 2000.[26] A companhia deu continuidade a seus esforços de diversificação, expandindo seus negócios para a China e a região da Ásia-Pacífico, abrindo novos escritórios de vendas e *marketing* em Pequim, na China, e em Cingapura. Em 2001, a Embraer assinou um contrato com a Força Aérea Brasileira (FAB) para fornecer 99 aviões de ataque leve Super Tucano ALX, sendo 76 encomendas firmes e 23 opções.

A companhia respondeu ao seu retumbante sucesso constituindo um novo *e-business*, a AEROChain. Em 2001, a Embraer também criou o Programa de Especialização em Engenharia (PEE), destinado a assegurar a capacitação profissional, de engenheiros recém-graduados em técnicas de desenvolvimento aeronáutico. Naquele ano, começou igualmente a operar a nova pista de testes na unidade de Gavião Peixoto. As atividades de ensaio de voo foram transferidas para a nova unidade, que também fora projetada para abrigar as linhas de montagem de aeronaves militares. Anos mais tarde, abrigaria também as linhas de montagem de jatos executivos.

Em 2002, estudo do Departamento de Transporte dos Estados Unidos constatou que o excesso de capacidade em voos de muitas empresas aéreas se traduzia em desperdício na oferta de assentos e em custos operacionais mais elevados, em itens como combustível e mão de obra. Naquele ano, aproximadamente 27% dos voos que decolaram de aeroportos norte-americanos entre janeiro e setembro transportavam um número adequado de passageiros para aviões de 70 a 90 assentos. Outros 34% dos voos partiam com um número apropriado para aeronaves de 90 a 110 assentos.[27]

Ao mesmo tempo, as empresas aéreas nos Estados Unidos começaram a repensar as tradicionais cláusulas de proteção (*scope clauses*), historicamente incluídas em quase todos os contratos com pilotos comerciais. A maioria das *scope clauses* procurava estabelecer limites para o crescimento dos jatos regionais, fixando o número e o tamanho desse tipo de aeronaves—a maioria na faixa de 70 a 100 passageiros—a serem utilizadas pelas

LOT Polish Airlines became the first airline in the world to fly an E-Jet in 2004.

Em 2004, a LOT Polish Airlines tornou-se a primeira companhia aérea no mundo a voar com um E-Jet.

Embraer top executive Frederico Fleury Curado surrounded by Chinese executives and government officials from AVIC II (China Aviation Industry Corporation II). A joint venture between AVIC II and Embraer to manufacture aircraft in China was signed in 2002.

O futuro diretor--presidente da Embraer, Frederico Fleury Curado, cercado por executivos chineses e funcionários da empresa estatal AVIC II. Uma *joint venture* entre a AVIC II e a Embraer foi constituída em 2002 para fabricar aviões na China.

Thanks to the company's diversification efforts, Embraer delivered an increasing number of aircraft throughout the early 1990s and into the 21st century. In 1996, right after privatization, the company delivered just four commercial aircraft, rising to 32 in 1997, 60 in 1998, 96 in 1999, and 160 aircraft by 2000.[26] The company continued its diversification efforts by expanding into China and the Asia-Pacific region, opening new sales and marketing offices in Beijing, China, and Singapore. In 2001, Embraer signed a contract with the Brazilian Air Force (FAB) to supply 99 Super Tucano ALXs (Light Attack Aircraft), with 76 firm orders and 23 options.

The company responded to its burgeoning success by forming AEROChain, a new e-business. In 2001, Embraer also created the Engineering Specialization Program (Programa de Especialização em Engenharia; PEE), aimed at providing professional capacity in aeronautics development techniques. That year, Embraer also began operating a new test runway at the Gavião Peixoto Airspace Center. Flight test activities were transferred to the new facility, which was also intended to house defense and executive jet assembly lines in coming years.

In 2002, a study by the U.S. Department of Transportation found that the excess capacity on many airline flights translated to wasted seat space and higher operating costs such as fuel and labor. That year, approximately 27 percent of flights departing from U.S. airports from January to September carried small loads suitable for 70- to 90-seat aircraft. Another 34 percent of flights departed with loads appropriate for 90- to 110-seat aircraft.[27]

At the same time, airlines in the United States began to rethink traditional scope clauses, historically included in nearly all commercial pilot contracts. The terms of most scope clauses limited large airlines by only allowing flights carrying a limited number of passengers, often 70 to 100 or less, to be outsourced to smaller regional airlines. The provision originally stemmed

subsidiárias regionais das grandes empresas aéreas. Tais restrições derivavam originalmente do temor reinante entre pilotos de que o advento dos jatos regionais levaria à diminuição dos salários no setor. Infelizmente, a cláusula de proteção também limitava a capacidade das companhias aéreas se expandirem em mercados menores.[28]

"Esperamos ver alguma movimentação na questão da proteção, visto que não há nenhuma dúvida de que esse avião é necessário", afirmava Frederico Fleury Curado, futuro diretor-presidente e vice-presidente executivo à época. "Trata-se realmente de uma questão da indústria".[29]

Segundo Affonso, "Nossa visão era de que as cláusulas de proteção poderiam ser aliviadas com o passar do tempo e acreditávamos que o mercado amadureceria primeiramente na Europa".

Por volta de 1998, muitos dos jatos regionais fabricados pela Embraer e seus concorrentes voavam em rotas padrão entre 300 e 700 milhas, mas um número sempre crescente voava entre 900 e 1.000 milhas. Nessa época, mesmo com o aumento da demanda por voos regionais, estimava-se que 34% da frota em serviço no mundo ainda era constituída por aviões de 20 anos de idade, com capacidade para 60 a 120 passageiros, como os DC-9, que apresentavam dificuldades crescentes de manutenção e abastecimento. Graças à diversificação das iniciativas tomadas pela Embraer, a companhia foi capaz de se aproveitar do desenvolvimento do mercado. Essa diversificação levaria a uma duplicação das encomendas e entregas, a partir do momento em que o primeiro EMBRAER 170 alçou voo, em fevereiro de 2002.[30]

A estratégia da Embraer baseava-se na ideia de que as companhias aéreas se beneficiariam da "adequação do tamanho" (*right-sizing*) de suas frotas, vindo a atender de perto a capacidade de demanda de passageiros. Dessa maneira, as empresas poderiam aumentar a frequência de voos de 70 a 110 passageiros para assegurar maior participação no mercado, enquanto continuavam a utilizar aeronaves capazes de transportar mais de 120 passageiros, nas rotas de demanda elevada. Como se estimava naquela época que 700 aviões chegariam em breve ao fim de suas vidas

An aerial shot of Embraer's newest Brazil facility, located in the small town of Gavião Peixoto in São Paulo state. It was built as a specialized jet testing facility.

Uma tomada aérea das mais novas instalações da Embraer no Brasil, localizadas na pequena cidade de Gavião Peixoto, no estado de São Paulo, e especializada em ensaios em voo.

An EMBRAER 175 and an EMBRAER 190 taxi at the flight testing facility in Gavião Peixoto, São Paulo. Embraer created four aircraft in the series: EMBRAER 170, EMBRAER 175, EMBRAER 190, and EMBRAER 195.

from fear among pilots that outsourcing would lead to decreased wages in the industry. Unfortunately, the scope clause also limited the ability of airlines to expand into smaller markets.[28]

"We hope to see some movement on the scope issue, as there is a clear need for such aircraft," said Frederico Fleury Curado, future CEO and Embraer's executive vice president at the time. "It really is a question of the industry."[29]

According to Affonso, "Our view was that the scope clauses could be relaxed over time, and we believed that market would mature first in Europe."

Many of the regional jets made by Embraer and its competitors flew between 300 and 700 miles on standard routes, with a growing number traveling between 900 and 1,000 miles by 1998. At the time, even with demand for regional flights rising, an estimated 34 percent of the world's in-service fleet still consisted of 20-year-old 60- to 120-passenger aircraft, such as DC-9s, which were increasingly difficult to fuel and maintain. Thanks to Embraer's diversification efforts, the company was able to take advantage of the burgeoning market. That diversification would lead to a doubling of orders and deliveries from the time the first EMBRAER 170 took flight in February 2002.[30]

Embraer's strategy was based on the idea that airlines would benefit from "right-sizing" their fleets by closely matching capacity to passenger demand. This way, airlines could increase the frequency of 70- to 110-passenger flights to capture more market share, while continuing to utilize aircraft capable of carrying more than 120 passengers for high-demand routes. With an estimated 700 aircraft at that time expected to come to the end of their operating lives, right-sizing to the 70 to 110 category seemed the best choice for Embraer's customers.

Um EMBRAER 175 e um EMBRAER 190 taxiam na pista da unidade de ensaio de voo em Gavião Peixoto, São Paulo. A Embraer criou quatro aeronaves nesta família: o EMBRAER 170, o EMBRAER 175, o EMBRAER 190 e o EMBRAER 195.

Students from the Juarez Wanderley High School, a private high school owned and operated by Embraer, pose for a picture.

operacionais, a "adequação do tamanho" para a categoria de 70 a 110 passageiros parecia ser a melhor escolha para os clientes da Embraer.

"É claro que quando você fala sobre a diferença entre um jato regional de 50 assentos e o E-Jet ... os dados de pesquisa de satisfação dos clientes, como as que fazemos junto às diferentes companhias aéreas com as quais trabalhamos, parecem indicar que a experiência da maioria dos passageiros com o E-Jet é mais positiva do que com qualquer outro avião", assegura Bryan Bedford, diretor-presidente da Republic Airways, companhia que comprou seu primeiro ERJ 145 em julho de 1999 e que viria a se tornar mais tarde um dos maiores clientes dos E-Jets da Embraer.[31] A empresa, baseada no estado norte-americano de Indiana, acabaria substituindo a maior parte da sua frota por modelos ERJ 145 e E-Jets, de maiores dimensões. Em 2008, a Republic foi eleita a empresa aérea regional do ano pela revista *Air Transport World*.[32]

A Embraer destaca que os custos diretos de manutenção por hora de voo do EMBRAER 170/175 são 15% inferiores aos do Bombardier CRJ 700 e CRJ 900. Por sua vez, os custos de manutenção do EMBRAER 190 e do EMBRAER 195, de maiores dimensões, são 23% menores do que os do Boeing 737-600 e 45% inferiores aos do Fokker 100.[33] Os E-Jets da Embraer beneficiam-se igualmente de maior eficiência em termos de consumo de combustível e por consequência de emissão de CO_2, importantes variáveis em tempos de altos preços do petróleo e de crescentes preocupações com o meio ambiente.[34]

Apoiando as Comunidades

Em fevereiro de 2002, a empresa inaugurou o Colégio Engenheiro Juarez Wanderley, escola de ensino médio, gerenciada pelo Instituto Embraer de Educação e Pesquisa. O nome da escola é uma homenagem ao ex-diretor-presidente da Embraer, Juarez Wanderley, falecido em 1997. A escola, para 600 alunos, tem por objetivo propiciar uma educação gratuita e de qualidade a estudantes de baixa renda, à qual eles não teriam acesso de outra maneira. A escola é considerada uma das dez melhores do país e a primeira do estado de São Paulo.[35] A primeira turma do Colégio Engenheiro Juarez Wanderley,

Alunos do Colégio Engenheiro Juarez Wanderley, escola de ensino médio criada e mantida pela Embraer, por meio do Instituto Embraer de Educação e Pesquisa.

"Certainly when you talk about the difference between a 50-seat regional jet and the E-Jet series ... the customer survey data, as it's done for the different carriers we operate, seem to indicate that most passengers feel that it is a good or better experience than what they're getting on other aircraft," said Bryan Bedford, CEO of Republic Airways, which purchased its first ERJ 145 in July 1999 and later became one of Embraer's largest E-Jet customers.[31] The Indiana-based firm would eventually replace the majority of its fleet with ERJ 145 models and larger E-Jets, and in 2008, *Air Transport World* magazine named Republic the regional airline of the year.[32]

All of the E-Jets were designed to transport passengers comfortably nonstop from Boston to Los Angeles, or Lisbon to Moscow, while keeping operating costs lower than competing aircraft.

According to Embraer, direct maintenance costs per flight hour of the EMBRAER 170/175 are 15 percent less than for the comparable Bombardier CRJ 700/CRJ 900. The larger E-Jets, EMBRAER 190/195, have maintenance costs 23 percent lower than the Boeing 737-600, and 53 percent less than the Fokker 100.[33] Embraer's E-Jets also benefit from greater fuel burn efficiency and, consequently, lower CO_2 emissions, important issues in these times, when oil prices are high and there is increasing concern for the environment.[34]

Giving Back

In February 2002, Embraer opened the Colégio Engenheiro Juarez Wanderley, a high school that serves as part of the Embraer Education and Research Institute (Instituto Embraer de Educação Pesquisa; IEEP). It was named after the late Juarez Wanderley, former Embraer CEO who passed away in 1997. The 600-student school opened with the goal of providing low income students with a free, quality education they could not otherwise afford. The school is ranked among the top 10 high schools in the country and first in the state of São Paulo.[35] The first class of roughly 200 students graduated in December 2004. The school is part of Embraer's corporate social responsibility mission to give back to the community.

Training for the Future

In 2001, as a way to increase the profile of aviation engineers in the country, the company launched the Engineering Specialization Program (Programa de Especialização em Engenharia; PEE).

More than 800 engineers have graduated from the Embraer degree program since 2002. According to Botelho, "It's at the core of our competence, because we pay students to study nine hours a day, five days a week, for a year and a half. After that, they know our business."

Embraer's focus on education and social responsibility has landed it on the Bovespa Corporate Sustainability Index, which is reserved for companies who are deemed to have outstanding community service, with little harm to the environment.

Milestones and Growth

Embraer delivered 131 commercial aircraft in 2002. The company also achieved Brazilian Supplemental Type Certificates for its R-99A (Airborne Early Warning and Control—AEW&C) and R-99B (Remote Sensing—RS) aircraft, manufactured for the Brazilian Air Force (FAB). One month later the Amazon Regional Surveillance System (Sistema de Vigilância da Amazônia—SIVAM) took delivery of its first three aircraft (two R-99A and one R-99B).

Embraer's military derivatives program received another boost after Embraer signed an agreement with Lockheed Martin in 2003 to build surveillance aircraft for the U.S. Army, although the pro-

Embraer purchased a maintenance repair and overhaul center in Nashville, Tennessee, in 2002. It would be the future home of the the Embraer Aircraft Maintenance Services (EAMS) center.

Em 2002, a Embraer adquiriu um centro de manutenção, reparo e reforma de aeronaves em Nashville, no estado do Tennessee, Estados Unidos. Posteriomente foi rebatizado com o nome de Embraer Aircraft Maintenance Services (EAMS).

com cerca de 200 alunos, formou-se em dezembro de 2004. A escola faz parte da ação de responsabilidade social corporativa da Embraer, por meio do apoio às comunidades onde encontra-se presente.

Treinando para o Futuro

Em 2001, como uma forma de rapidamente qualificar engenheiros recém-graduados em projetos aeronáuticos, a Embraer lançou um curso em nível de mestrado, o Programa de Especialização em Engenharia (PEE).

Mais de 800 engenheiros haviam sido graduados pelo PEE da Embraer até dezembro de 2008. Para Botelho, "Este é o cerne da nossa competência e por isso pagamos os alunos para estudar nove horas por dia, cinco dias por semana, durante um ano e meio. Depois disso, eles passam a conhecer o nosso negócio".

O foco da Embraer na educação e na responsabilidade social colocou-a no Índice Bovespa de Sustentabilidade Empresarial, reservado para empresas que prestam um serviço comunitário de qualidade, e cuja operação provoca baixo impacto ambiental.

Marcos e Crescimento

A Embraer entregou 131 aviões comerciais em 2002. A empresa também ganhou as certificações de tipo suplementar para as aeronaves R-99A (Alerta Aéreo Antecipado e Controle ou *Airborne Early Warning and Control*—AEW&C) e R-99B (Sensoriamento Remoto ou *Remote Sensing*—RS), fabricadas para a Força Aérea Brasileira (FAB). Um mês mais tarde o Sistema de Vigilância da Amazônia (SIVAM) recebeu as suas três primeiras aeronaves (duas R-99A e uma R-99B).

O programa de derivativos militares da Embraer recebeu um novo impulso depois da assinatura de um acordo com a Lockheed Martin em 2003 para fabricar um avião de vigilância destinado ao Exército norte-americano. No entanto, o programa seria cancelado posteriormente. A companhia também apresentou o primeiro EMB 145 AEW&C, avião de vigilância militar encomendado pelo governo mexicano. O modelo realizou seu primeiro voo durante cerimônia em São José dos Campos.

Em 2002, a Embraer colocou em ação uma nova e agressiva estratégia interna-

The first ERJ 145 built in China rests in the glow of hangar lights at Harbin Embraer's facilities in northeast China. The Harbin-built Embraer ERJ 145 flew for the first time in December 2003.

gram itself would later be cancelled. The company also rolled out the first EMB 145 AEW&C military surveillance aircraft ordered by Mexican authorities. The model made its first flight during a ceremony in São José dos Campos.

In 2002, Embraer began pursuing a new aggressive international sales, marketing, and after-sales support strategy in the United States after the acquisition of Celsius Aerotech Inc., an airline industry maintenance, repair, and inspection company based in Nashville, Tennessee. The new facility was immediately renamed Embraer Aircraft Maintenance Services, and the company added 210 employees to its staff, almost doubling the company's U.S. presence.[36]

The Nashville facility is a FAR 145, Class 4 facility with more than 100,000 square feet of space. At the time, Botelho called the investment part of a "total solution to support the commercial and corporate aircraft markets."[37]

Botelho's comments proved a visionary example of the company's success at strategic planning. Four year's later, Embraer would open another 78,000-square-foot hangar and hire another 165 people to service its expanding E-Jet fleet in the United States.

Vitor Hallack, an executive director at Grupo Bozano, Simonsen, explained:

> *Companies talk about growing one of two ways, organically or through acquisitions. But you have to use cash, borrow money, or issue stocks. In stage one, we were just trying to survive. Stage two, we didn't have access to shares because existing bylaws kept them in the hands of a controlling group. Those variables were in place then, but are not now. Larger acquisitions could be part of Embraer's strategy. They are not out of the question.*[38]

Around the same time, Embraer entered into a comanagement agreement with China Aviation Supplies Import and Export Corporation and opened its first Beijing office.

O primeiro ERJ 145 fabricado na China "descansa" sob as luzes do hangar, nas dependências da Embraer em Harbin, no nordeste da China. A aeronave voou pela primeira vez em dezembro de 2003.

cional de apoio às vendas, *marketing* e pós-venda nos Estados Unidos, depois da compra da Celsius Aerotech Inc., empresa de manutenção, reparo e inspeção aeronáutica, sediada em Nashville, Tennessee. A nova unidade foi rebatizada com o nome de Embraer Aircraft Maintenance Services e a companhia acrescentou 210 empregados ao seu quadro de pessoal, praticamente dobrando a presença nos Estados Unidos.[36]

As instalações constituem um centro certificado FAR 145, Classe 4, com aproximadamente 10.000 metros quadrados de área. Naquela ocasião, Botelho considerou o investimento parte de uma "solução total para servir aos mercados de aviação comercial e corporativa".[37]

Os comentários de Botelho revelaram-se proféticos quanto ao sucesso da empresa em planejamento estratégico. Com efeito, quatro anos mais tarde, a Embraer abriria um outro hangar com 7.800 metros quadrados de área, contratando mais 165 empregados para atender à expansão da sua frota de E-Jets nos Estados Unidos.

Vitor Hallack, diretor-executivo do Grupo Bozano, Simonsen, explica:

> *Companhias falam de crescimento de uma dessas duas maneiras: organicamente ou por aquisições. Mas você tem de usar dinheiro vivo, contrair empréstimo ou emitir ações. No estágio um, estávamos apenas tentando sobreviver. No estágio dois, não tínhamos acesso a ações porque as leis existentes as mantinham nas mãos de um grupo controlador. Essas variáveis estavam então em cena, mas não estão agora. Aquisições de maior porte poderiam fazer parte da estratégia da Embraer. Elas não estão fora de questão.*[38]

Mais ou menos nessa mesma época, a Embraer firmou um acordo de cogestão com a China Aviation Supplies Import and Export Corporation, abrindo seu primeiro escritório em Pequim. Nesse mesmo ano, a Embraer constituiu uma *joint venture* com a AVIC II (China Aviation Industry Corporation II), consórcio chinês de companhias de aviação, para criar a Harbin Embraer Aircraft Industry Company Ltd., instalada em Harbin, capital da província chinesa de Heilongjiang. A unidade destinava-se a fabricar os modelos ERJ 135, ERJ 140 e ERJ 145 para o mercado chinês.

O número de empregados aumentou para 12.227 em 2002, e aumentou de novo em 2003, chegando a 12.941 pessoas. Em maio de 2003, a Embraer entregou seu 700º ERJ 145 à Alitalia Express, em um momento em que as encomendas dos E-Jets continuavam numerosas. A U.S. Airways encomendou 85 EMBRAER 170,

In December 2003, Embraer rolled out its first Chinese-made ERJ 145 in Harbin, China.

Em dezembro de 2003, a Embraer apresentou o seu primeiro ERJ 145 chinês, fabricado em Harbin.

A LOT Polish Airlines EMBRAER 170 in flight.

Um EMBRAER 170 da companhia aérea polonesa LOT em pleno voo.

That same year, Embraer signed a joint venture with AVIC II (China Aviation Industry Corporation II), a Chinese consortium of aviation companies, to create the Harbin Embraer Aircraft Industry Company Ltd. in Harbin, China, the capital of Heilongjiang province. The facility was designed to build ERJ 135, ERJ 140, and ERJ 145 models for the Chinese market.

The number of employees rose to 12,227 in 2002, and rose again in 2003 to 12,941. In May 2003, Embraer delivered its 700th ERJ 145 to Alitalia Express, even as orders for Embraer's E-Jets kept rolling in. U.S. Airways ordered 85 EMBRAER 170s, with options for 50 more, which included both EMBRAER 170 and ERJ 140 models. The total value of the firm contract at list price was US$2.1 billion, with a potential value of more than US$6.2 billion if options were exercised.

The EMBRAER 170 was certified in 2004, gaining approval by the Aerospace Technical Center (Centro Técnico Aeroespacial; CTA), FAA, and the European Aviation Safety Agency (EASA), the new European Union certifying authority. In March 2004, the first EMBRAER 170 was delivered to LOT Polish Airlines—the first airline in the world to fly an E-Jet. U.S. Airways was the next airline to receive delivery of an E-Jet, accepting its first two EMBRAER 170s from a total of 85 firm orders for the aircraft. Alitalia got its first EMBRAER 170 delivered in March as well, out of a firm order of six. United Express airlines became the second U.S. carrier to fly an E-Jet in September 2004, and that same month Air Canada agreed to a US$1.35 billion firm order for 45 EMBRAER 190s, with options for 45 more. Embraer also announced a purchase by

com opções para mais 50, que incluíam tanto o modelo EMBRAER 170 quanto o modelo ERJ 140. O valor total do contrato foi de US$ 2,1 bilhões, com um valor potencial de mais de US$ 6,2 bilhões, se as opções fossem concretizadas.

O EMBRAER 170 foi certificado em 2004, ganhando a aprovação do Centro Técnico Aeroespacial (CTA), da FAA e da European Aviation Safety Agency (EASA), a nova agência de certificação da União Europeia. Em março de 2004, o primeiro EMBRAER 170 foi entregue à LOT Polish Airlines, a primeira empresa aérea no mundo a voar um E-Jet. A U.S. Airways foi a segunda a receber E-Jets, dois EMBRAER 170, de um total de 85 encomendas firmes desse avião. A entrega do primeiro EMBRAER 170 da Alitalia ocorreu em março, parte de uma encomenda firme de seis aeronaves. Em setembro de 2004, a United Express Airlines tornou-se a segunda empresa dos Estados Unidos a voar um E-Jet; nesse mesmo mês, a Air Canada confirmou uma encomenda firme de US$ 1,35 bilhão, referente a 45 EMBRAER 190, com opções para mais 45. A Embraer também anunciou a compra, pela Republic Airways Holdings, controladora da Chautauqua Airlines, de 13 EMBRAER 170, no valor de US$ 325 milhões.

Pensando Grande

Mesmo investindo pesado no mercado internacional, a Embraer não deixou de ampliar presença no Brasil. Em 2002, a companhia inaugurou novas instalações industriais em Gavião Peixoto, no interior de São Paulo.[39] As instalações incluíam depósitos e escritórios, bem como uma pista de cinco quilômetros de comprimento para ensaios de voo. A nova unidade dispunha de área total 35 vezes maior do que a área disponível na unidade em São José dos Campos e até o final de 2008 viria a empregar 2.000 pessoas. "Tínhamos de ir além de São José. Se queríamos crescer, não podíamos crescer onde estávamos", avalia Satoshi Yokota. "A disponibilidade de terreno era inexistente em São José dos Campos e os custos com a força de trabalho, muito elevados".[40]

Em 2001, a Embraer assinou um contrato de US$ 285 milhões para modernizar, com novo equipamento, 47 aviões de combate Northrop F-5E Tiger antigos, adquiridos pela Força Aérea Brasileira na década de 1970. Sua parceira no empreendimento foi a empresa israelense Elbit, responsável pela aviônica e pela integração de sistemas. O primeiro protótipo foi exibido em dezembro de 2003, em São José dos Campos, e mais tarde transferido para Gavião Peixoto, onde a nova unidade da Embraer ainda estava em fase de construção.[41]

Em abril de 2003, como parte do programa EMBRAER 170/190, a Kawasaki Aeronáutica do Brasil, subsidiária brasileira da Kawasaki Heavy Industries e parceira de risco da Embraer, inaugurou uma nova planta industrial de US$ 20 milhões, com 5.400 metros quadrados de área, junto às instalações de Gavião Peixoto, para a fabricação das asas do EMBRAER 190 e EMBRAER 195.[42] Os voos de teste do EMBRAER 190 também foram realizados na pista de Gavião Peixoto.

Na comemoração do 35º aniversário da Embraer, em 2004, o quadro de pessoal havia chegado a 14.648 empregados. A companhia desempenhara um papel central no crescimento do mercado de aviação regional norte-americano, fornecendo aeronaves e serviços de alta qualidade, dando suporte a mais de 900 aeronaves em operação para uma base de clientes que incluía as principais empresas aéreas dos maiores e mais importantes mercados do mundo. De 1998 a 2004, os pedidos em carteira passaram de US$ 4,1 bilhões para US$ 10,1 bilhões. Considerando as entregas futuras, a nova família de E-Jets da Embraer atingiu uma participação de 28% no segmento de mercado de aviões de 70 a 110 assentos, contra 16% no ano anterior.

Republic Airways Holdings, the parent of Chautauqua Airlines, for 13 EMBRAER 170s worth US$325 million.

Thinking Big

Even as Embraer pushed into international markets, the company continued to expand its presence in Brazil, opening a new US$150 million high-tech facility in the São Paulo city of Gavião Peixoto in 2002.[39] The location included storage and office facilities as well as a 5,000-kilometer runway for in-flight tests of Embraer aircraft. The new facility was 10 times larger than Embraer's São José dos Campos location and would eventually employ 3,000 people. "We had to expand out of São José. If Embraer wanted to grow, we couldn't grow where we were," Satoshi Yokota explained. "Land availability was nonexistent and labor costs were very high."[40]

In 2001, before purchasing the Gavião Peixoto property, Embraer won a US$285 million contract to retrofit 47 old Northrop F-5E Tiger fighter planes, acquired by the Brazilian Air Force in the 1970s, with new equipment, together with Israeli company Elbit, which worked on the avionics and systems integration side. The first prototype was showcased in December 2003 at São José dos Campos and later moved to Gavião Peixoto, where Embraer facilities were still under construction.[41]

In April 2003, risk-sharing partner Kawasaki Heavy Industries' Brazil subsidiary, Kawasaki Aeronáutica do Brasil, opened a new US$20 million, 5,400-square-meter industrial plant at Embraer's Gavião Peixoto offices as part of the E-Jet program. Kawasaki manufactured the wings for the EMBRAER 190 E-Jets.[42] The EMBRAER 190's test flights were also conducted at the Gavião Peixoto airstrip.

As Embraer celebrated its 35th year in 2004, the company's staff had grown to 14,648 employees. The company had come to play a major role in the growth of the American regional aviation market, providing high-quality aircraft and services, while supporting more than 900 aircraft operating for a customer base that included top airlines in the world's biggest and most important markets. From 1998 to 2004, Embraer's backlog had risen from US$4.1 billion to US$10.1 billion. Considering these future deliveries, Embraer's new E-Jet family had reached a 28 percent market share in the 70- to 110-seat segment, up from 16 percent in the previous year.

In February 2004, the EMBRAER 190 rolled out of its hangar in São José dos Campos at a christening ceremony attended by Brazilian president Luiz Inácio Lula da Silva. The aircraft would achieve certification the following year.

The year 2004 was a milestone for Embraer. The company celebrated its 800th ERJ 145, delivered to regional carrier Delta Connection, as its new family of E-Jets were proving a resounding success, with new sales almost monthly. By the end of the year, Embraer had received 41 firm orders for the EMBRAER 170, 45 firm orders for the EMBRAER 190, and 15 firm orders for the EMBRAER 175, according to the company's 2004 Annual Report. In the midst of its well-deserved success, Embraer celebrated its 35th anniversary as one of the world's leading aircraft manufacturers.

The first flight of the EMBRAER 190 was in March 2004. JetBlue was the launch customer, with 100 firm orders and options for 100 more.

Inset: From left to right, flight test pilot-in-command Eduardo Menini, flight test chief pilot Luiz Carlos Rodrigues, and flight test engineer Fábio Costa celebrate the successful EMBRAER 190's inaugural mission.

Em fevereiro de 2004, o EMBRAER 190 saiu do hangar em São José dos Campos para a cerimônia de batismo, com as presenças do presidente Luiz Inácio Lula da Silva e de vários ministros de Estado, além de clientes, representantes da imprensa de todo o mundo, e milhares de empregados. A aeronave obteria a certificação no ano seguinte.

O ano de 2004 foi um marco para a Embraer. A companhia comemorou a entrega do 800° ERJ 145 à empresa regional Delta Connection, ao mesmo tempo em que a nova família de E-Jets experimentava um retumbante sucesso, com o registro de novas vendas praticamente todo mês. No final do ano, de acordo com o Relatório Anual de 2004, a empresa tinha recebido 41 encomendas firmes para o EMBRAER 170, 45 para o EMBRAER 190 e 15 para o EMBRAER 175. Em meio a esse bem-merecido sucesso, a Embraer festejou o 35° aniversário como uma das maiores fabricantes de aeronaves do mundo.

O primeiro voo do EMBRAER 190 aconteceu em março de 2004. A JetBlue foi o cliente lançador do modelo, tendo feito 100 encomendas firmes, com opção para mais 100 aeronaves.

No detalhe: Da esquerda para a direita, o piloto de prova em comando, Eduardo Menini, o piloto de prova chefe, Luiz Carlos Rodrigues, e o engenheiro de ensaios em voo, Fábio Costa, celebram o sucesso da missão inaugural do EMBRAER 190.

PHENOM 100
PHENOM 100

CHAPTER IX CAPÍTULO

NEW JETS, NEW MARKETS, NEW LEADERS

NOVOS JATOS, NOVOS MERCADOS, NOVOS LÍDERES

2005 AND BEYOND

DE 2005 EM DIANTE

The mindset of the company has to change—we have to start thinking now as a leading company, with the humility of someone who remembers what it was like to be completely lost in the woods not too long ago.

—Frederico Fleury Curado,
Embraer President and CEO[1]

A atitude da companhia tem que mudar—agora temos que começar a pensar como uma empresa líder de mercado, mas com a humildade de alguém que se lembra do que era estar completamente perdido na floresta, há não muito tempo.

—Frederico Fleury Curado,
diretor-presidente da Embraer[1]

The Phenom 100 and the Phenom 300 flying in formation for the first time.

O Phenom 100 e o Phenom 300 voando em formação pela primeira vez.

IN JANUARY 2005, EMBRAER'S FAMILY OF E-Jets took to the skies—all four models flying together for the first time. The flight represented a new era of prosperity and leadership at Embraer, despite the brewing storm of turbulent economic times that would accompany the latter half of the decade.

In the face of adversity, Embraer continued growing as a company, both in influence and as a market leader. "We never stopped supporting our customers," explained Artur Coutinho, executive vice president of industrial operations. "On the contrary, we became even stronger in terms of support. We worked with our customers to reschedule deliveries, reshaping our delivery schedules to adjust the company to new scenarios."[2]

In January 2005, Embraer announced the expansion of its Nashville, Tennessee, maintenance operations facility to meet the growing demand for full-service aircraft maintenance in the United States. Embraer Aircraft Maintenance Services Inc. (EAMS), an Embraer subsidiary, built a new 70,000-square-foot facility at Nashville Interna-

EM JANEIRO DE 2005, A NOVA FAMÍLIA DE E-Jets da Embraer ganhou os céus: todos os quatro modelos voaram juntos pela primeira vez. O voo representou uma nova era de prosperidade e liderança para a companhia, a despeito de turbulências em formação que viriam a afetar a economia e marcar a vida da empresa, na segunda metade da década.

Diante da adversidade, a Embraer continuou a crescer, tanto em termos de influência como líder em vendas. "Nunca deixamos de apoiar nossos clientes", explica Artur Coutinho, vice-presidente executivo de operações industriais. "Ao contrário, nos tornamos até mesmo mais fortes no suporte. Trabalhamos com os nossos clientes na reprogramação de entregas, refazendo cronogramas de produção, no intuito de ajustar a companhia a novos cenários."[2]

Em janeiro de 2005, a Embraer anunciou a expansão de suas instalações em Nashville, Estado do Tennessee, destinadas a operações de manutenção, para dar conta da crescente demanda por serviços completos de manutenção de aeronaves, nos Estados Unidos. Sua subsidiária Embraer Air-

Customercentric

Centrada no Cliente

The growth of executive jets in Embraer's overseas fleet resulted in a shift to customer service centers in these markets. "Service is a key point," said Maurício Botelho, who stepped down as CEO and president to become chairman in 2007.

As of mid-2008, Embraer had seven service centers around the world and 38 qualified service center partners. In 2008, the company forecast investments of US$100 million on customer support just for its business aviation segment.[1]

"On the business jet side, customer service is almost everything," explained Edson Mallaco, vice president of customer service for executive jets, as of January 2008.[2]

In 2008, Embraer opened four company-owned service centers, with the first at Le Bourget near Paris, France, close to Embraer Aviation International offices. "It's a great place to be in France because there is a big concentration of executive planes there," said Mallaco.

O crescimento da frota de jatos executivos da Embraer voando no exterior acarretou a necessidade de centros de serviços nesses mercados. "O serviço ao cliente é um elemento fundamental", afirma Maurício Botelho, que deixou a presidência da companhia em 2007, preservando, porém, sua posição de presidente do Conselho de Administração.

Em fins de 2006, a Embraer anunciou a ampliação da rede de serviços, que passaria a contar com sete centros próprios e 38 centros de serviços de propriedade de parceiros qualificados espalhados pelo mundo. Naquele ano, a companhia previa, apenas para o negócio de aviação executiva, investimentos da ordem de US$ 100 milhões voltados ao apoio a seus clientes.[1]

"No caso de jatos executivos, serviço ao cliente é quase tudo", justifica Edson Mallaco, vice-presidente de serviços ao cliente para jatos executivos, a partir de janeiro de 2008.[2]

tional Airport to add capacity for maintenance services.

In May, Embraer announced the introduction of two new aircraft designs for the executive aviation market: the very light jet (VLJ) and the light jet (LJ). The announcement followed restructuring of the executive aviation team and reflected Embraer's commitment to this growing market. In November 2005, Embraer unveiled detailed plans for its new jets at the National Business Aviation Association (NBAA) convention. It was the first time Embraer announced the official name for the new family—Phenom, and also announced a new name for its Legacy executive jet—the Legacy 600.[3]

Yet even as the company investigated new product lines, it continued to find success in its earlier aircraft models. In February 2005, Embraer delivered its 900th ERJ 145 family jet to Luxembourg-based Luxair airlines. That March, Indústria Aeronáutica Neiva, a wholly owned Embraer subsidiary, delivered its 1,000th Ipanema. One of Embraer's earliest aircraft models, the Ipanema continued to dominate the Brazilian marketplace, with its domestic market share approaching 80 percent.

Other new service centers opened in Fort Lauderdale, Florida; Mesa, Arizona; and Windsor Locks, Connecticut.[3]

On the training side, Embraer also formed a joint venture in Montreal with CAE, a Canadian aviation training company, to help train pilots to fly the Phenom 100 and Phenom 300.[4] The first Phenom 100 flight simulator bay is already up and running at CAE's SimuFlite training facility in Dallas, Texas. Another training facility for the Phenom family opened at Burgess Hill in the United Kingdom. New York–based FlightSafety International has also continued to work with Embraer to provide training for the Legacy and the ERJ 145 family in an exclusive global agreement.

Em 2008, a Embraer inaugurou quatro novos centros próprios de serviços. O primeiro deles foi instalado em Le Bourget, nas proximidades de Paris, perto dos escritórios da Embraer Aviation Europe. "Trata-se de ótima localização na França, porque em Bourget há uma grande concentração de aviões executivos", afirma Mallaco.

Outros novos centros de serviços foram inaugurados em Fort Lauderdale, na Flórida, em Mesa, no Arizona, e em Windsor Locks, em Connecticut.[3]

Na área de treinamento, a Embraer constituiu uma *joint venture* em Montreal com a CAE, empresa canadense especializada, voltada à instrução de novos pilotos de jatos Phenom 100 e Phenom 300.[4] O primeiro simulador de voo para o Phenom 100 já está instalado e em operação na SimuFlite, unidade da CAE em Dallas, no Texas. Outra unidade de treinamento para a família Phenom foi inaugurada em Burgess Hill, no Reino Unido. A empresa Flight Safety International, baseada em Nova York, também continuou a trabalhar com a Embraer, fornecendo treinamento para o Legacy e para a família ERJ 145, mediante acordo global exclusivo.

craft Maintenance Services (EAMS) construiu novas instalações com aproximadamente 7.000 metros quadrados de área, no aeroporto internacional de Nashville, ampliando, assim, sua oferta de serviços de manutenção.

Em maio, a Embraer anunciou dois novos projetos de aeronaves para o mercado de aviação executiva: o jato muito leve (*entry level jet*) e o jato leve (*light jet*). O anúncio se seguiu à reestruturação da equipe responsável pela aviação executiva da companhia, refletindo o firme compromisso da Embraer com esse mercado em contínua expansão. Em novembro do mesmo ano, a companhia revelou em detalhe os planos para os seus novos jatos, durante a convenção anual da National Business Aviation Association (NBAA). Nessa ocasião a Embraer divulgou pela primeira vez o nome oficial da nova família: Phenom. Anunciou igualmente a nova designação para o jato executivo Legacy—Legacy 600.[3]

Em paralelo à pesquisa e ao lançamento de novas linhas de produtos, a empresa continuou tendo sucesso com seus modelos anteriores de aviões. Em fevereiro de 2005, a Embraer entregou seu 900º jato da família ERJ 145 à companhia

Embraer has come a long way since the days of Ozires Silva (left), seen embracing former Aeronautics Minister Sócrates Monteiro. In the background are former Aeronautics Minister Brigadier Lélio Viana Lobo (left) and Embraer CEO Frederico Fleury Curado. This picture was taken during a recent visit to Embraer in 2008, to honor personalities considered instrumental to the privatization process.

The classic Ipanema had evolved, gaining Aerospace Technical Center (Centro Técnico Aeroespacial; CTA) certification to run on environmentally friendly sugar cane–based ethanol the previous year. In recognition of the aircraft's innovative design, *Scientific American* magazine named the Ipanema one of the best 50 inventions of 2005. That June, the Ipanema crop duster also won the Flight International Aerospace Industry Award in the General Aviation category at the Paris Air Show.

New Structure, New Company

As Embraer continued to evolve into an increasingly global company, it required more flexibility in accessing capital markets. The previous shareholders' agreement, formed after the company's privatization in 1994, was set to expire in 2007. This deadline created a unique opportunity for Embraer to streamline its stock offerings by developing an ambitious capital reorganization plan.

Carlos Eduardo Camargo, head of investor relations, recalled the transition:

> *We previously had a controlling group that had 60 percent of the total voting shares of the company. We had two classes of stock—preferred shares and common shares. One-third were common shares, and two-thirds were preferred shares, the maximum proportion allowed by the Brazilian regulations. ... We thought it would be in the best interest of the company to have one class of shares, only common shares, with equal rights for all shareholders.*[4]

The restructuring proposal created an entirely new company from a capital standpoint. Embraer would be incorporated into

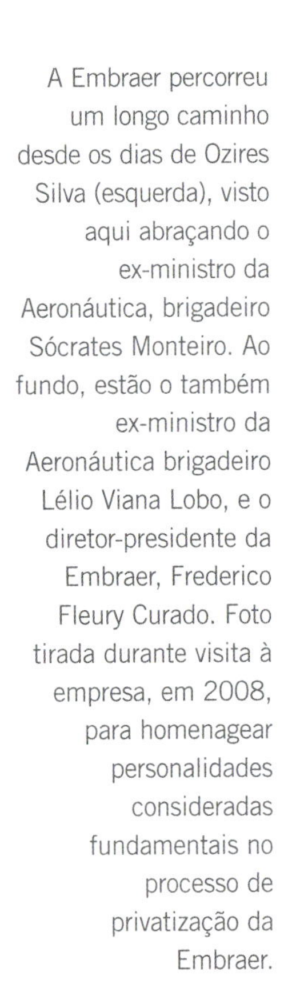

A Embraer percorreu um longo caminho desde os dias de Ozires Silva (esquerda), visto aqui abraçando o ex-ministro da Aeronáutica, brigadeiro Sócrates Monteiro. Ao fundo, estão o também ex-ministro da Aeronáutica brigadeiro Lélio Viana Lobo, e o diretor-presidente da Embraer, Frederico Fleury Curado. Foto tirada durante visita à empresa, em 2008, para homenagear personalidades consideradas fundamentais no processo de privatização da Embraer.

aérea Luxair, baseada em Luxemburgo. Em março a Indústria Aeronáutica Neiva, subsidiária integral da Embraer, entregou o milésimo Ipanema. Um dos primeiros modelos da Embraer, o Ipanema continuou a dominar o mercado brasileiro, ocupando cerca de 80% do mercado interno.

O Ipanema clássico evoluiu, obtendo do Centro Técnico Aeroespacial (CTA) a certificação para voar a álcool, combustível não emissor de gases poluentes, produzido à base da cana-de-açúcar. Em reconhecimento ao projeto inovador da aeronave, a revista *Scientific American* considerou-a como uma das 50 melhores invenções de 2005. Em junho, o Ipanema também recebeu o prêmio Flight International Aerospace Industry Award na categoria Aviação Geral, entregue durante o Paris Air Show.

Nova Estrutura, Nova Companhia

À medida em que se transformava em empresa global, a Embraer requeria mais flexibilidade no acesso aos mercados de capital. O acordo de acionistas anterior, formalizado após a privatização de 1994, deveria expirar em 2007. Esse prazo final terminou por criar uma oportunidade única para a Embraer tornar mais eficiente sua oferta de ações. Foi concedido, então, um ambicioso plano de reestruturação societária.

Carlos Eduardo Camargo, diretor de mercado de capitais e relações com investidores, relembra a transição:

> *Tínhamos até então um grupo controlador que detinha 60% do total das ações com direito a voto. Havia dois tipos de ações: preferenciais e ordinárias. Um terço era constituído por ações ordinárias e dois terços por ações preferenciais, a proporção máxima permitida pela legislação brasileira.... Pensamos que seria melhor para a companhia ter um único tipo de ações, apenas ações ordinárias, com iguais direitos para todos os acionistas.*[4]

A proposta de reestruturação criou uma companhia inteiramente nova, do ponto de vista de composição do capital. A Embraer seria incorporada a uma nova companhia-mãe, que ofereceria apenas ações ordinárias negociadas no Novo Mercado da Bovespa.[5] Nenhum acionista individual ou grupo de acionistas poderia deter mais de 5% dos direitos de voto da nova empresa. Os investidores estrangeiros estariam limitados a 40% dos votos presentes em qualquer assembleia de acionistas, de modo a garantir que o controle da companhia ficasse pulverizado e o comando permanecesse em mãos brasileiras. O governo brasileiro manteve sua ação de classe especial ("*golden share*") na companhia.[6]

Em janeiro de 2006, o Conselho de Administração aprovou por unanimidade o programa de reestruturação do capital, que viria a ser formalmente aprovado pela Assembleia Geral de Acionistas, em 31 de março do mesmo ano. A Embraer tornou-se efetivamente uma nova organização empresarial, ágil, rápida e motivada, com alcance e foco globais.[7]

A companhia continuou a expandir-se e em 19 de agosto de 2007 completou 38 anos, marcados por significativas realizações no altamente competitivo mercado da aviação internacional. Tinha conquistado reconhecimento mundial pela excelência e confiabilidade de suas aeronaves nos mercados de aviação comercial, aviação executiva, de defesa e governo, além de serviços aeronáuticos. Como parte das comemorações, a Embraer apresentou uma nova e atualizada logomarca.

Novas Realidades

Em 2006, o preço do barril de petróleo chegou perto de US$ 100, em parte devido ao aumento na demanda em todo mundo, em parte devido às consequências dos furacões Rita e Katrina. Ambos causaram uma grande destruição nas refinarias de petróleo no golfo do México. Os custos mais

This is a cutaway look of the interior configuration of the Lineage 1000 ultra-large executive jet. The aircraft was based on the EMBRAER 190 and can hold up to 19 passengers and a crew of three, including a flight attendant.

a new parent company offering only common shares, and traded on the São Paulo Stock Exchange New Market (Bovespa's Novo Mercado).[5] No individual shareholder or group of shareholders would be allowed to retain more than 5 percent of the voting rights for the new entity, while foreign investment in Embraer was capped at 40 percent of the present votes for any shareholders' meeting, making sure that the control of the company was dispersed. However, the Brazilian government retained its "golden" share in the company.[6]

In January 2006, the board unanimously approved the capital restructuring program, and it was formally approved by the shareholders' general assembly on March 31st. Embraer truly became a new company—nimble, quick, and motivated, with a global reach and focus.[7]

The company would continue to evolve, and on August 19, 2007, it celebrated 38 years marked by significant achievements in the highly competitive international aviation market. Embraer had been recognized worldwide for its aircraft excellence and reliability in the airline, executive jet, defense, government, and aviation services markets. As part of the company's celebrations, Embraer introduced an updated new logo.

New Realities

By 2006, a barrel of oil hovered close to US$100, due in part to rising global oil demand in conjunction with the aftermath of hurricanes Rita and Katrina, which caused major destruction to oil refineries throughout the Gulf of Mexico. Increased jet fuel costs resulted in additional fuel costs for airlines as a whole.[8] The U.S. airline industry, Embraer's leading market, lost US$10 billion at the start of the year due to the spike in commercial jet fuel costs, which directly impacted the aviation market.

Airlines entered a period of serious readjustment as they faced the new reality of high energy costs. As a side effect, high oil prices weakened the value of the U.S. dollar, which impacted the exchange rate between the dollar and the Brazilian real. Since approximately 90 percent of the company's revenues were held in U.S. dollars, the currency of choice for international buyers, the exchange fluctuations reduced the company's revenues by 9 percent in 2006, closing the year at US$3.7 billion.[9]

Despite the mounting pressure facing the industry, Embraer remained a strong leader in the commercial aviation market. By the end of 2005, Embraer received a boost from Moody's Investors Service, which awarded the company with an Investment Grade rating. Then, on January 26, 2006, Standard & Poor's ranked Embraer alongside the top companies in the world, giving it the title of investment grade and making it now eligible for funds from more conservative investment vehicles abroad, including U.S. retirement funds. Embraer achieved a rank of "BBB-" Local and Foreign Currency Corporate Credit Rating as a moderate credit risk without speculative elements.

At the same time, Embraer continued to invest in its research and development efforts. R&D spending topped US$112.7 million

Configuração interna do jato executivo *ultra-large* Lineage 1000. O avião foi baseado na plataforma do EMBRAER 190 e pode transportar até 19 passageiros e três tripulantes, incluindo comissária de bordo.

The revised logo aims at providing enhanced visibility to the name of Embraer.

A logomarca atualizada dá maior destaque ao nome Embraer.

elevados do combustível acarretaram despesas adicionais para as companhias aéreas.[8] A indústria de transporte aéreo dos Estados Unidos, o principal mercado da Embraer, perdeu US$ 10 bilhões no início do ano devido ao pico nos custos do combustível de jatos comerciais, resultado que prova seu impacto direto no mercado de aviação.

As companhias aéreas entraram em um período de profundos ajustes em face da nova realidade dos elevados custos da energia. Como efeito colateral, os preços do petróleo enfraqueceram o valor do Dólar americano, interferindo na taxa de câmbio entre o Dólar e o Real. Como cerca de 90% da receita da Embraer era em dólares americanos, moeda utilizada pelos compradores internacionais, as flutuações do câmbio reduziram em 9% as receitas da empresa em 2006, que, naquele ano, fecharam em US$ 3,7 bilhões.[9]

A despeito da crescente pressão sobre a indústria, a Embraer manteve posição de liderança no mercado da aviação comercial. Ao final de 2005 a companhia recebeu da Moody Investors Service o grau de investimento (Investment Grade rating). Na sequência, em 26 de janeiro de 2006, a Standard & Poor's classificou a Embraer entre as principais companhias no mundo, atribuindo à companhia "rating" de emissor de títulos de grau de investimento. Tornou-a, desse modo, elegível para fundos de investimento mais conservadores do exterior, incluindo os fundos de pensão dos Estados Unidos. De acordo com a Classificação de Risco de Crédito de Empresa em Moeda Local e Estrangeira, a Embraer alcançou uma classificação "BBB-", que significa uma qualificação de crédito com risco moderado, sem elementos especulativos.

Ao mesmo tempo, continuou a investir em programas de pesquisa e desenvolvimento. Os gastos com P&D chegaram a US$ 112,7 milhões em 2006, depois de ter despendido US$ 93,2 milhões em 2005. Esses números chegariam a US$ 238,8 milhões em 2007.[10]

A Embraer também continuou a expandir seus negócios internacionais. Naquele junho, o escritório na Europa foi transferido para um novo prédio, em Villepinte, perto do aeroporto Roissy Charles de Gaulle, a apenas alguns quilômetros ao norte de Paris. As novas instalações serviriam aos operadores da Embraer sediados na Europa, no Oriente Médio e na África.

Uma Família de Aviões em Crescimento

Em maio de 2006, a Embraer apresentou o Lineage 1000, jato executivo *ultra-large* baseado na plataforma do jato comercial EMBRAER 190, na European Business Aviation Convention & Exhibition (EBACE). Demonstrando o compromisso em assegurar o futuro sucesso de seus modelos executivos, exibiu depois o Legacy 600 e modelos em tamanho real (*mock-ups*) dos jatos Phenom 100 e Phenom 300, em Cingapura, Berlim, na Alemanha, e nos Estados Unidos. Em fevereiro de 2006, os executivos da Embraer lançaram o "Phenom Tour", uma turnê dos mock-ups dos jatos executivos Phenom para exibir seus modelos a compradores em potencial na Europa e nos Estados Unidos. A JetBird, empresa baseada em Genebra, fez encomendas de 50 jatos Phenom 100 e opções para mais 50 aeronaves. O contrato permite que a JetBird exerça suas opções, para Phenom 100 ou Phenom 300.

Em 2006, a Embraer entregou 130 aeronaves, das quais 86 eram aviões comerciais E-Jets, como o EMBRAER 170 e o EMBRAER 190, 12 eram modelos ERJ 145. Foram entregues também 26

Brazilian president Luiz Inácio Lula da Silva enters a Legacy 600. Lula used Embraer's Legacy during a European tour in 2003, and on trips throughout South America and Russia.

O presidente do Brasil, Luiz Inácio Lula da Silva, embarca num Legacy 600. Lula usou o Legacy da Embraer durante uma viagem à Europa em 2003, assim como em viagens à América do Sul e à Rússia.

in 2006, up from US$93.2 million in 2005, and that number would rise to US$238.8 million by 2007.[10]

Embraer also continued to streamline its international business. That June, Embraer's offices in Europe moved to a new building in Villepinte, close to the Roissy Charles de Gaulle Airport, just a few miles north of Paris. The new facility served Embraer operators located in Europe, the Middle East, and Africa.

A Growing Aircraft Family

In May 2006, Embraer introduced the Lineage 1000, an ultra-large business jet based on the EMBRAER 190 commercial jet platform, at the European Business Aviation Convention & Exhibition (EBACE). The company remained firmly committed to ensuring the future success of its executive jets models, displaying the Legacy 600 and mock-ups for the Phenom 100 and Phenom 300 jets at air shows in Singapore, Berlin, and the United States. In addition, Embraer sales executives launched the "Phenom Tour" to exhibit full-scale models to potential buyers across Europe and the United States in February 2006. Geneva-based JetBird placed orders for 50 Phenom 100 jets and an option for an additional 50 aircraft. The contract allows JetBird to convert its positions into either the Phenom 100 or the Phenom 300.

In 2006, Embraer delivered 130 aircraft, of which 86 were commercial E-Jet models such as the EMBRAER 170 and the EMBRAER 190, 12 were ERJ 145 models, 26 were Legacy 600 aircraft, and one was a Legacy shuttle. Embraer also sold five E-Jets to the defense and government market. The company enjoyed a market share approaching 47 percent in the 30- to 120-seat jet market, based on its deliveries and firm order backlog.[11] In 2006, the European Aviation Safety Agency (EASA) issued a type certificate for the EMBRAER 190 and the EMBRAER 195 airliners, enabling the aircraft to enter service with European operators such as Finnair and Regional (Air France's regional subsidiary), and Flybe and Royal Jordanian, respectively. EASA came into full operation in September 2003, and the EMBRAER 170 was the first commercial aircraft to receive a European type certificate issued by the newly established

aeronaves Legacy 600 e um Legacy Shuttle. Em paralelo a Embraer vendeu vendeu cinco E-Jets ao mercado de defesa e governo. A companhia assegurou uma parcela de aproximadamente 47% no mercado de jatos comerciais de 30 a 120 assentos, baseada em suas entregas e na carteira de encomendas firmes.[11] Em 2006, a European Aviation Safety Agency (EASA) emitiu certificados de tipo para o EMBRAER 190 e para o EMBRAER 195, capacitando essas aeronaves a entrarem em serviço com operadores europeus, como a Finnair e a Regional (subsidiária regional da Air France), e a Flybe e a Royal Jordanian, respectivamente. A EASA começou a desempenhar plenamente as suas funções em setembro de 2003. O EMBRAER 170 foi o primeiro avião comercial a receber uma certificação de tipo europeia, emitida pela agência recém-constituída. Nesse ano, a Embraer vendeu 50 ERJ 145 e 50 EMBRAER 190 ao Grupo HNA, a quarta maior companhia aérea da China. O negócio representou o primeiro contrato envolvendo um E-Jet na China continental. O valor total das encomendas firmes do avião, de acordo com o preço de tabela, chegou a US$ 2,7 bilhões.

A Embraer comemorou a entrega de seu 275º avião ERJ 145 à ExpressJet em junho de 2006. A aeronave foi entregue com base em contrato assinado dez anos antes com a antiga Continental Express, mais tarde rebatizada de ExpressJet. A cerimônia de entrega foi realizada na sede da Embraer, em São José dos Campos, tendo a participação de altos executivos da ExpressJet, da Continental Airlines, da Rolls-Royce e da própria Embraer. A ExpressJet continua sendo a maior operadora regional de jatos da Embraer em todo o mundo, possuindo uma frota de 30 ERJ 135 e 245 ERJ 145.

Em novembro daquele ano, a plataforma ERJ 145 celebrou a marca histórica de dez milhões de horas voadas, após uma década em serviço. O número total de ciclos (decolagens e pousos) chegou a aproximadamente 8,5 milhões. A primeira aeronave entregue já atingiu 20.000 ciclos de voo, e continua a operar com total integridade estrutural.

A carteira de encomendas firmes em 2006 incluiu 53 ERJ 145, comparados a 410 E-Jets.[12] No final do ano, a Embraer entregou seu 200º E-Jet, numa cerimônia realizada em dezembro, mais uma vez na matriz da companhia, em São José dos Campos. Naquele mês, a empresa panamenha Copa Airlines, cliente que lançou o jato EMBRAER 190 na América Latina, recebeu o sexto avião desse modelo, com interior configurado com 94 assentos, em duas classes.

Em setembro de 2006, o diretor-presidente da Embraer, Maurício Botelho, tocou o sino de abertura na Bolsa de Valores de Nova York, com cartazes do Phenom 300 às suas costas. Jatos executivos como o Phenom permitiram à Embraer continuar lucrativa mesmo diante da retração do mercado de jatos regionais.

Em agosto de 2006, o Conselho de Administração da Embraer indicou Frederico Fleury Curado para suceder Maurício Botelho na presidência da empresa, tendo sido marcada para o dia 25 de abril de 2007 a eleição oficial. Formado pelo Instituto Tecnológico de Aeronáutica (ITA), Fleury Curado, à época com 44 anos, trabalha na companhia desde 1984. Botelho continuaria à frente do Conselho de Administração até abril de 2009, quando foi reeleito para um novo período de dois anos.

Fenomenal

Em 2006, a expectativa era de que o mercado de jatos executivos se tornasse um dos segmentos de mais rápido crescimento da aviação, à medida que empresas buscavam maior flexibilidade em viagens. Contribuíram também para isso as limitações das linhas aéreas comerciais.[13] Luís Carlos Affonso, vice-presidente executivo para o mercado de

Maurício Botelho (left) embraces newly elected President and CEO Frederico Fleury Curado. Fleury Curado took over as CEO in April 2007.

agency. That year, Embraer sold 50 ERJ 145s and 50 EMBRAER 190s to the HNA Group, the fourth-largest airline in China. The deal marked the first contract involving an E-Jet in mainland China. The total value of the firm aircraft orders, at list price, was US$2.7 billion.

Embraer celebrated the delivery of its 275th ERJ 145 aircraft to ExpressJet in June 2006. The aircraft was delivered to ExpressJet under a contract signed 10 years earlier with the former Continental Express, later renamed ExpressJet. The delivery ceremony was held at Embraer's headquarters in São José dos Campos and was attended by senior executives from ExpressJet, Continental Airlines, Rolls-Royce, and Embraer. ExpressJet remains the largest Embraer regional jet operator in the world, with a fleet of 30 ERJ 135s and 245 ERJ 145s. That November, the ERJ 145 platform celebrated a historic 10 million flight-hour milestone after a decade in service. The total number of cycles (takeoff and landing) was approximately 8.5 million. The first aircraft delivered had already achieved 20,000 flight cycles, and continues to operate with sound structural integrity.

The firm order backlog in 2006 included 53 ERJ 145s, compared to 410 E-Jets.[12] By the end of the year, Embraer delivered its 200th E-Jet at a ceremony in December at the company's headquarters in São José dos Campos, Brazil. That month, Panamanian Copa Airlines, the launch customer for the EMBRAER 190 jet in Latin America, received its sixth aircraft of this model, which was configured in a dual-class layout with 94 seats.

In September 2006, Embraer CEO Maurício Botelho rang the opening bell at the New York Stock Exchange, with posters of the Phenom 300 hanging behind him. Executive jets such as the Phenom offered Embraer a way to remain profitable in the face of a softening regional jet market.

In August 2006, Embraer's Board of Directors appointed 44-year-old Frederico Fleury Curado to succeed Maurício Botelho as President and CEO of Embraer, with the official election scheduled for April 25,

Maurício Botelho (esquerda) cumprimenta Frederico Fleury Curado, recém-eleito diretor-presidente. Fleury Curado assumiu a presidência da Embraer em abril de 2007.

aviação executiva, descreveu os primeiros passos da companhia nesse segmento, com o Legacy, como "uma boa escola para nós. Tínhamos de criar um novo portfólio de aviões e sabíamos que precisávamos de um suporte ao cliente de qualidade superior para podermos seguir adiante".[14]

O protótipo do Phenom 100 fez seu primeiro voo na manhã de 26 de julho de 2007, pilotado pelo comandante Antônio Bragança Silva.[15] O voo de teste durou uma hora e 36 minutos. Várias manobras foram realizadas no intuito de checar as características de voo e as operações de sistemas do avião.

Entusiastas da aviação e publicações especializadas saudaram com elogios o ingresso da Embraer no mercado de jatos *very light*. Apesar de ter sido lançado como um jato da categoria *very light*, o Phenom 100 é hoje referenciado como um jato da categoria *entry level*, devido ao seu tamanho, conforto de cabine e desempenho.

De acordo com o cliente lançador do Phenom na Europa, Stefan Vilner, diretor-executivo da JetBird AG, "O Phenom 100 é o melhor em sua classe pelo conforto, pelo espaço e pelas facilidades que oferece ao passageiro. Os custos operacionais são inferiores, enquanto suas possibilidades de utilização e seu valor residual são maiores do que os de qualquer outra aeronave da mesma classe".[16]

O Phenom 100 conseguiu a certificação da agência norte-americana Federal Aviation Administration (FAA) e da Agência Nacional de Aviação Civil (ANAC), do Brasil, em dezembro de 2008.

Em dezembro de 2007, o operador de frota de propriedade compartilhada Flight Options LLC encomendou 100 Phenom 300, no valor de US$ 1 bilhão, com opções para mais 50 aeronaves do mesmo modelo.[17]

The Phenom 100 is a well-appointed, four-passenger entry level jet. The cabin was designed by BMW DesignworksUSA, with seven different cabin colors to choose from.

O Phenom 100 é um jato da categoria *entry level*, bem equipado e com capacidade para seis a oito ocupantes. A cabine foi projetada pelo BMW DesignWorksUSA.

Luís Carlos Affonso of Embraer's executive jet division sits behind the controls of a Phenom 100 mock-up.

2007. Fleury Curado, a graduate of the Aeronautical Institute of Technology (Instituto Tecnológico de Aeronáutica; ITA) had been with the company since 1984. Botelho would remain chairman of the board of directors until April 2009, when he was reelected for a new two-year term.

Phenomenal

In 2006, the executive jet market was expected to become one of the fastest-growing segments in aviation as businesses searched for greater travel flexibility beyond the constraints of commercial airlines.[13] Luís Carlos Affonso, executive vice president of executive jets, described the company's early entries into the executive jet segment with the Legacy as "a good school for us. We had to create a new portfolio of airplanes, and we knew we needed superior customer support to go along with it."[14]

The Phenom 100 prototype had its first flight on the morning of July 26, 2007, and was piloted by Captain Antonio Bragança Silva.[15] The test flight lasted one hour and 36 minutes, and various maneuvers were performed to check the aircraft's flight characteristics and systems operations. Aviation enthusiasts and trade magazine reviews cheered Embraer's entry into the very light jet market. Although launched as a very light jet, the Phenom 100 is currently referred to as an entry level jet due to its size, cabin space, and performance.

According to Europe's Phenom 100 launch customer Stefan Vilner, CEO of JetBird AG, "The Phenom 100 is the best-in-class for comfort, space, and passenger facilities. It has lower operating costs, higher utilization capability, and higher residual value than other aircraft in its class."[16]

The Phenom 100 attained certification from the FAA and Brazil's National Civil Aviation Agency (Agência Nacional de Aviação Civil; ANAC) in December 2008.

In December 2007, fractional operator Flight Options LLC signed a US$1 billion

Luís Carlos Affonso, vice-presidente executtivo para o Mercado de Aviação Executiva, senta-se atrás dos controles de um *mock-up* do Phenom 100.

The first flight of the Phenom 300 took place on April 29, 2008, and received a special ceremonial welcome at Embraer's facilities in Gavião Peixoto. The Phenom program was launched in 2005. The Phenom 100 first flew in July 2007.

O programa Phenom foi lançado em 2005 e o primeiro voo do Phenom 300 ocorreu em 29 de abril de 2008, recebendo acolhida especial nas instalações da Embraer em Gavião Peixoto. O Phenom 100 voou pela primeira vez em julho de 2007.

"Depois de conversarmos com os grandes fornecedores de componentes dos aviões concorrentes, chegamos à conclusão de que o Phenom 300 representaria uma mudança de paradigma", declara Michael Scheeringa, diretor-executivo da Flight Options, empresa que iria se tornar a maior operadora do avião Legacy 600 do mundo.[18]

Poucos dias mais tarde, a Embraer comunicou ao mercado que o número de aviões Phenom vendidos havia atingido a expressiva marca de 700 unidades. Em maio de 2008, esse número aumentou para 750 unidades; em 15 de julho seguinte, novo aumento, chegando a 800 unidades vendidas, num valor aproximado de seis bilhões de dólares. Naquele momento, os jatos Phenom representavam 30% do total das encomendas firmes da Embraer.[19]

O Phenom 300 fez o voo inaugural em 29 de abril de 2008 na nova unidade da Embraer de Gavião Peixoto, na presença de aproximadamente 100 técnicos da empresa. Comemoravam enquanto o avião alçava voo em uma manhã nublada. Mais tarde, o avião parou para um banho d'água comemorativo do Corpo de Bombeiros, que terminou por ensopar Fleury Curado e a tripulação responsável pelo primeiro voo.

O Lineage e o Legacy

O jato executivo *ultra-large* da Embraer, o Lineage 1000, de US$ 42 milhões, foi comparado a uma suíte de um hotel voador de cinco estrelas. Seu primeiro voo ocorreu no dia 26 de outubro de 2007. As três primeiras encomendas ocorreram durante o Dubai Airshow. As compras foram feitas pela Falcon Aviation Services, pela Al Jaber Aviation e pelo cliente lançador Aamer Abdul Jalil Al Fahim, dos Emirados Árabes Unidos. A companhia contabilizou US$ 1,1 bilhão em negócios naquele evento aéreo, graças às vendas de E-Jets e às encomendas de jatos executivos.

Em 16 de novembro de 2007, a Embraer enviou o Lineage 1000 da Al Fahim ao centro de instalação de interiores da empresa PATS Aircraft Completions, subsidiária da DeCrane Aerospace, baseada nos Estados Unidos, antes de ser entregue em Abu Dhabi, nos Emirados Árabes Unidos.[20]

O design do jato Lineage 1000 prioriza conforto e luxo. O avião pode ser configurado para acomodar até 19 passageiros, com cinco áreas privativas distintas e dois lavatórios. Um terceiro lavatório e chuveiro são itens opcionais. A grande variedade

The test flight team of the Phenom 300 are ready to take off on April 29, 2008 in Gavião Peixoto. From left to right: Chief Pilot Eduardo Menini, Capt. John Sevalho Corção, and flight test engineer Jens Peter Wentz. The Phenom 300, like the Phenom 100, was a "clean-sheet" aircraft designed exclusively for the growing corporate jet market.

order for 100 Phenom 300s, with options on another 50.[17]

"After talking with large suppliers of competing aircraft components, we came to the conclusion that the Phenom 300 was going to be a paradigm shifter," said Michael Scheeringa, CEO of Flight Options, which would go on to become the world's largest operator of Legacy 600 aircraft.[18]

A few days later, Embraer announced it had already sold 700 Phenom firm positions on the books. By May 2008, that number rose to 750 units, and on July 15, 2008, it rose yet again to 800 units, with firm orders worth approximately US$6 billion. The Phenoms, at that time, accounted for 30 percent of Embraer's total firm orders.[19]

The Phenom 300 took its maiden flight on April 29, 2008, from Embraer's new Gavião Peixoto facility with approximately 100 Embraer technicians cheering as it flew on a cloudy morning and later stopped for a ceremonial fire truck water cascade, which later soaked Fleury Curado and the flight test crew.

Lineage

Embraer's ultra-large business jet, the US$42 million Lineage 1000, has been compared to a flying five-star hotel suite. It had its first flight on October 26, 2007. The first three orders were all made at the Dubai Airshow. The purchases were made by Falcon Aviation Services, Al Jaber Aviation, and launch customer Aamer Abdul Jalil Al Fahim of the United Arab Emirates (UAE). The company closed a record US$1.1 billion in deals at that air show, thanks to E-Jet sales and executive jet orders.

On November 16, 2007, Embraer delivered Al Fahim's Lineage 1000 to U.S.-based DeCrane Aerospace subsidiary PATS Aircraft Completions center for interior completion before it was delivered to Abu Dhabi in the United Arab Emirates.[20] The Lineage 1000 jet was designed, uppermost, for comfort and luxury. The aircraft can be configured to accommodate up to 19 passengers, with five distinct "privacy zones" and two lavatories. A third lavatory and a

A equipe de ensaios em voo do Phenom 300 está pronta para decolar em 29 de abril de 2008, em Gavião Peixoto. Da esquerda para a direita: o piloto-chefe, Eduardo Menini, o comandante John Sevalho Corção e o engenheiro de teste de voo Jens Peter Wentz. O Phenom 300, como o Phenom 100, foi projetado a partir do zero, visando exclusivamente o crescimento do mercado de jatos executivos.

The Lineage 1000 executive jet is based on the EMBRAER 190 platform. It celebrated its maiden flight on October 26, 2007.

O jato executivo Lineage 1000 é baseado na plataforma EMBRAER 190. Realizou seu voo inaugural em 26 de outubro de 2007.

de configurações de cabine atende a todas as necessidades dos passageiros, oferecendo espaço suficiente para trabalho, descanso e reuniões.

O MSJ e o MLJ

Em abril de 2008, a Embraer anunciou seus novos programas de jatos executivos, o Embraer MSJ, da categoria *midsize*, e o Embraer MLJ, na categoria *midlight*. O Embraer MSJ, com um alcance de 3.000 milhas náuticas, e o Embraer MLJ, com um alcance de 2.300 milhas náuticas, ficarão situados entre o Legacy 600 e o Phenom 300, dentro do portfólio de jatos executivos da empresa. Ambos oferecerão uma altura de cabine de 1,82 metro (6 pés) e um interior com estilo desenvolvido em parceria com a BMW DesignworksUSA.

No mês seguinte, durante a European Business Aviation Association Convention & Exibition (EBACE), o Embraer MSJ e o Embraer MLJ, foram nomeados Legacy 500 e Legacy 450, respectivamente, criando a família Legacy, juntamente com o bem-sucedido Legacy 600, já em operação.

Foram estimados investimentos futuros de US$ 750 milhões em pesquisa e desenvolvimento para os novos modelos. A previsão é de que os novos aviões Legacy 500 e Legacy 450 entrem em serviço no segundo trimestre de 2012 e 2013, respectivamente.

"As cabines desses aviões são grandes, e acreditamos que isso seja sempre um diferencial efetivo", comenta Affonso. "Quando entrarem em operação, esses aviões vão comportar as maiores cabines na sua faixa de preço, da mesma forma que os jatos Phenom," completa.[21]

Novos Mercados, um Novo Futuro

Em abril de 2007, em coletiva de imprensa realizada durante a Latin America Aerospace & Defence (LAAD), no Rio de Janeiro, a Embraer confirmou que efetuava estudos para o possível desenvolvimento de uma aeronave militar de transporte. Se

The Legacy 500 interior features an ample cabin designed to seat up to 12 passengers comfortably.

O interior do Legacy 500 apresenta ampla cabine projetada para acomodar confortavelmente até 12 passageiros.

stand-up shower unit are optional. The wide variety of cabin configurations fits all travelers' needs with plenty of room for work, rest, and meetings.

MSJ and MLJ

In April 2008, Embraer formally introduced its new Embraer midsize jet (MSJ) and Embraer midlight jet (MLJ) programs. The midsize Embraer MSJ, with a range of 3,000 nautical miles, and the midlight Embraer MLJ, with a range of 2,300 nautical miles, will be positioned between the Legacy 600 and the Phenom 300 within the executive jet portfolio.

Both aircraft will offer a flat-floor, stand-up, six-foot (1.82 meter) cabin and a stylish interior design developed jointly with BMW Group DesignworksUSA.

In the following month, at the European Business Aviation Convention & Exhibition (EBACE), the Embraer midsize and the Embraer midlight jets were named Legacy 500 and Legacy 450, respectively, forming the Legacy family, alongside the successful Legacy 600, already in operation.

An estimated US$750 million was dedicated to future investments in research and development for the new models. The newly proposed Legacy 500 and Legacy 450 aircraft are scheduled to enter service in the second quarter of 2012 and 2013, respectively.

"The cabins of these planes are big—we believe that's the real differentiator, always," said Affonso. "When these aircraft launch, they are going to feature the biggest cabins in their price range, just like the Phenom jets," he added.[21]

New Markets, a New Future

In April 2007, at a press conference held during the Latin America Aero & Defence (LAAD) conference in Rio de Janeiro, Embraer confirmed that it had been studying the possibility of developing a military transport aircraft. If launched, the proposed C-390 would be the heaviest airplane ever produced by the company. The C-390 would be designed to transport up to 19 tons (41,888 pounds) of cargo. The new project would incorporate a number of technological solutions developed for the successful EMBRAER 190 commercial jet.

Two years later, at LAAD 2009, in a ceremony attended by Minister of Defense Nelson Jobim, Brazilian Aeronautics Commander Brigadier Juniti Saito, and Navy Commander Admiral Júlio Soares de Moura Neto, Embraer signed a contract with the Brazilian Air Force (Força Aérea Brasileira; FAB) for the new military transport aircraft, then renamed KC-390. The jet will have a cargo bay equipped with an aft ramp to transport a wide variety of cargo, including armored vehicles, and will be outfitted with the most modern systems for handling and launching cargos. It can be refueled in flight and can be used for in-flight or on-ground refueling of other aircraft.

"The KC-390 is a jet-powered cargo and aerial refueling plane to replace today's aging fleet," said Orlando José Ferreira Neto, executive vice president for the defense and government market. "For a country the size of Brazil, the use of a jet is important, due to its lower flight

lançado, o avião proposto, o C-390, seria o mais pesado avião produzido pelas companhia. O C-390 seria projetado para transportar até 19 toneladas de carga. O novo projeto incorporaria soluções tecnológicas desenvolvidas para o bem sucedido jato comercial EMBRAER 190.

Dois anos mais tarde, durante a LAAD 2009, em cerimônia que contou com a presença do ministro da defesa, Nelson Jobim, do comandante da Marinha, almirante-de-esquadra Júlio Soares de Moura Neto, do comandante da Aeronáutica, tenente-brigadeiro-do-ar Juniti Saito, a Embraer fechou contrato com a Forca Aérea Brasileira (FAB) para o programa da nova aeronave de transporte militar, rebatizada de KC-390.

O jato possuirá ampla cabine, equipada com rampa traseira, para transportar os mais variados tipos de carga, incluindo veículos blindados. Será dotado dos mais modernos sistemas de manuseio e lançamento de cargas. Poderá ser abastecido em voo e também utilizado para reabastecimento de outras aeronaves, tanto em voo quanto em solo.

"O KC-390 é um avião cargueiro a jato e de reabastecimento em voo, que visa substituir uma frota que hoje está envelhecendo", comenta Orlando José Ferreira Neto, vice-presidente executivo para o mercado de defesa e governo. "Para um país das dimensões do Brasil, o uso do jato é importante porque o custo voado é menor. Além disso, o jato voa mais rápido e chega mais longe".

A entrada em serviço do KC-390 está prevista para 2015. O programa contribuirá, a curto prazo, para a manutenção de empregos de alta qualificação. A mais longo prazo, tem potencial para gerar expressivos volumes de exportação de grande valor agregado.

A Embraer entregou 61 jatos nos segmentos comercial, executivo e de defesa e governo, no quarto trimestre de 2007. Com isso, a empresa chegou ao final daquele ano com a marca de 169 entregas, o maior volume anual de entregas de aeronaves de sua história.[22]

Quando o ano de 2007 chegava ao fim, a carteira de encomendas firmes da Embraer para o conjunto do seu portfólio

In early 2007, Embraer officials announced at the Latin America Aerospace & Defence (LAAD) conference that the company was in talks with South African defense equipment maker Denel to build a KC-390 military transport plane able to carry 19 tons of cargo.

No início de 2007, executivos da Embraer anunciaram na Latin America Aerospace & Defence (LAAD) que a companhia estudava o desenvolvimento de um avião militar de transporte. O KC-390 tem capacidade para 19 toneladas de carga.

Right: This Legacy comes equipped with a 32-inch LCD television and airborne office workstation.

Below: Azul Linhas Aéreas, organized by JetBlue founder David Neeleman, purchased 36 EMBRAER 195s in 2008, becoming the first Brazilian airline to fly an E-Jet.

cost, and the fact that it flies faster, over longer distances."

The KC-390 is expected to enter service in 2015 and the program will contribute, in the short term, to maintaining highly qualified jobs, and, longer term, it has the potential for generating export volumes with important aggregate value.

Embraer delivered 61 jets in the commercial, executive, and defense markets in the fourth quarter of 2007, giving it a year-ending 169 deliveries, the largest annual aircraft delivery figure in Embraer's history.[22]

As 2007 drew to a close, Embraer's total firm order backlog for its entire jet portfolio was worth approximately US$18.8 billion. That year marked a turning point in Embraer's shift toward executive jets. The company delivered 36 Legacy 600 aircraft that year.[23] Embraer delivered its 300th E-Jet in October 2007.

Despite the faltering global economy, at the outset, 2008 seemed a promising year for Embraer. That January, Embraer signed a contract with Azul Linhas Aéreas, the newest Brazilian airline, organized by businessman David Neeleman, founder of JetBlue, for the sale of 36 EMBRAER 195 jets, making Azul the first Brazilian airline to fly an E-Jet. The agreement also included options for another 20 aircraft and purchase rights for 20 more. The total value of the order, at list price, was US$1.4 billion, with the possibility of US$3 billion with all options.

The company also focused on expanding its presence in the United States. In May 2008, in a ceremony attended by Melbourne, Florida, Mayor Harry Goode, Florida Governor Charlie Crist, and other state and local officials, Embraer an-

Acima: O Legacy vem equipado com uma TV de display LCD de 32 polegadas e um escritório de trabalho, a bordo

À direita: A Azul Linhas Aéreas, criada pelo fundador da JetBlue, David Neeleman, comprou 36 EMBRAER 195 em 2008, tornando-se a primeira companhia aérea brasileira a voar com um E-Jet.

Brazilian president Luiz Inácio Lula da Silva (center), first lady Marisa Letícia, and Embraer CEO Frederico Fleury Curado examine the new Legacy 600.

de jatos totalizava, aproximadamente, US$ 18,8 bilhões.

Esse ano representou um momento decisivo no movimento da Embraer em relação aos jatos executivos. A companhia entregou 36 aviões Legacy 600. No mês de outubro, providenciou a entrega do 300° E-Jet.[23]

Apesar da instabilidade da economia global que então se desenhava, 2008 parecia um ano promissor para a Embraer. Em janeiro, a companhia assinou um contrato com a Azul Linhas Aéreas, a mais nova companhia aérea brasileira, organizada pelo empresário David Neeleman, fundador da JetBlue. O contrato previa a venda de 36 jatos EMBRAER 195, fazendo da Azul a primeira empresa aérea do país a voar um E-Jet. O acordo também incluía opções para outras 20 aeronaves e direitos de compra para mais 20. O valor total da encomenda, a preços de tabela, foi de US$ 1,4 bilhão, com a possibilidade de chegar a US$ 3 bilhões, levando-se em conta todas as opções.

A companhia também conferiu muita importância à expansão da sua presença nos Estados Unidos. Em maio, em cerimônia com as presenças do prefeito de Melbourne, Flórida, Harry Goode, do governador do estado, Charlie Crist, e de outras autoridades estaduais e locais, a Embraer anunciou que planejava investir um montante estimado em US$ 50 milhões na implantação da uma nova instalação nos Estados Unidos, dedicada ao seu negócio de aviação executiva.

A nova instalação, com área de aproximadamente 14 mil metros quadrados, sediará a operação de aviação executiva da companhia naquele país. Abrigará uma linha de montagem final, a primeira da Embraer nos Estados Unidos, com capacidade de produzir os jatos executivos Phenom 100 e Phenom 300. Terá cabine de pintura, centro de entregas e um *customer design*

O presidente brasileiro, Luiz Inácio Lula da Silva (centro), a primeira-dama, Marisa Letícia, e o diretor-presidente da Embraer Frederico Fleury Curado, examinam o novo Legacy 600.

In December 2008, Embraer delivered its 500th E-Jet to Air France's Regional.

Em dezembro de 2008, a Embraer entregou seu 500º E-Jet à Regional Compagnie Aérienne Européenne, subsidiária da Air France.

nounced it planned to invest an estimated US$50 million for the establishment of a new facility in the United States dedicated to its executive jets business. The new 150,000-square-foot, state-of-the-art facility will house a final assembly line, the first for Embraer in the United States. It will be capable of producing both the Phenom 100 and Phenom 300 executive jet models, as well as contain a paint shop and a delivery and customer design center.

In 2008, Embraer also opened executive jet service centers in the United States—at Phoenix-Mesa Gateway Airport, in Mesa, Arizona; at Bradley International Airport, in Windsor Locks, Connecticut; and at Ft. Lauderdale–Hollywood International Airport, in Fort Lauderdale, Florida. These facilities are part of an investment of over US$100 million in the infrastructure and organization necessary to support the growing number of Embraer executive jet customers.

In July 2008, at a ceremony held in Lisbon, Embraer announced plans for implementing two new industrial units dedicated to developing and manufacturing complex airframe structures. One of the sites will focus on metallic assemblies, the other on composites, and both will be located in the city of Évora, Portugal.

At the same time, Embraer continued focusing on its domestic efforts and sold two EMBRAER 190 jets to the Brazilian government for transporting official personnel. The aircraft will serve the president of Brazil, the ministries, presidential departments, and officials from the legislative and judiciary branches, and will be operated by the Special Transportation Group (Grupo de Transporte Especial; GTE) of the Brazilian Air Force.

Embraer celebrated its 400th E-Jet delivery that June in a ceremony held at the company's headquarters in São José dos Campos. The aircraft, an EMBRAER 175, was ordered by U.S.-based Republic Airlines, a subsidiary of Republic Airways Holdings. Only six months later, in December 2008, Embraer delivered its 500th E-Jet, to France's Regional. The French airline's EMBRAER 170 is configured with a single class interior, comfortably seating up to 76 passengers.

Looking Back

Embraer's evolution from an idea to a leading global aviation manufacturer began as far back as 1946 with the founding of the CTA. "In my point of view, it was a beautiful, wonderful planning project," said Major

center, instalação destinada a auxiliar novos clientes na escolha de suas aeronaves.

Naquele mesmo ano, a Embraer comemorou a inauguração de novos centros de serviço para jatos executivos nos Estados Unidos no Aeroporto Phoenix-Mesa, em Mesa, Estado do Arizona; no Aeroporto Internacional Bradley, em Windsor Locks, Estado de Connecticut; e no Aeroporto Internacional Ft. Lauderdale-Hollywood, em Fort Lauderdale, no Estado da Flórida. Essas instalações fazem parte de um investimento de mais de 100 milhões de dólares em infraestrutura e na organização do suporte para um número cada vez maior de clientes de jatos executivos da Embraer.

Em julho de 2008, em cerimônia realizada em Lisboa, a companhia anunciou o projeto de implantação de duas novas unidades industriais—uma dedicada à fabricação de estruturas metálicas usinadas e outra à fabricação de conjuntos em materiais compósitos, ambas localizadas na cidade de Évora, em Portugal.

Ao mesmo tempo, a Embraer continuou a desenvolver esforços no mercado doméstico, tendo vendido dois jatos EMBRAER 190 ao governo brasileiro para o transporte de autoridades. As aeronaves atenderão à Presidência da República, aos ministérios, a órgãos do Executivo e também a funcionários dos poderes Legislativo e Judiciário. Serão operadas pelo Grupo de Transporte Especial (GTE) da Força Aérea Brasileira (FAB).

A Embraer comemorou a entrega do 400º E-Jet no mês de junho, em cerimônia realizada na sede da empresa em São José dos Campos. O avião, um EMBRAER 175, foi encomendado pela empresa norte-americana Republic Airlines, subsidiária da Republic Airways Holdings. Seis meses mais tarde, em dezembro de 2008, a Embraer fez a entrega do seu 500º E-Jet à Regional, subsidiária da Air France. O EMBRAER 170 da companhia aérea francesa é configurado com interior de classe única, acomodando confortavelmente 76 passageiros.

Revendo o Passado

A trajetória da Embraer, desde quando era apenas uma ideia até tornar-se uma

The cabin of the Lineage 1000 executive jet. The Lineage 1000 has two interior configurations: standard and premium. The standard interior is shown here. The premium version comes standard with a double bed.

O design do jato Lineage 1000 prioriza conforto e luxo, com espaço suficiente para trabalho e lazer.

EXPORTS AND GOVERNMENT AID OVER THE YEARS

EXPORTAÇÕES E AJUDA GOVERNAMENTAL AO LONGO DOS ANOS

EMBRAER WAS NEVER CONCEIVED TO BE a purely commercial enterprise. Its first orders came from the government.

From the very beginning, Embraer focused on exports, which forced it to adhere to the highest international standards and forge key partnerships with other aircraft manufacturers. In an industry in which providing customer financing is crucial, Embraer has benefited from its access to BNDES low-interest loans, the FINEX state-run export finance program, and Banco do Brasil's PROEX.[1]

According to Paulo Cesar de Souza e Silva, senior vice president of sales financing, "Customers buy the aircraft because of its combination of financing. Airlines would not buy aircraft without financing in general."[2]

Approximately 90 percent of Embraer's revenues come from exports, a testament to Embraer's commercial success in world markets. In September 2007, during a UK-Brazil Joint Economic and Trade Committee meeting, Brazilian Minister of Foreign Trade Miguel Jorge said that "Brazilian companies plan to be more international and we're financing companies to go out and find new markets."[3]

A EMBRAER NUNCA FOI PENSADA COMO empresa puramente comercial. Suas primeiras encomendas foram feitas pelo governo.

Desde o início, a Embraer concentrou atenção nas exportações, o que a levou a adotar padrões internacionais superiores e a buscar parcerias essenciais com outros fabricantes de aviões. A Embraer beneficiou-se do seu acesso a empréstimos com baixas taxas de juros, oferecidos pelo BNDES, isso ocorreu inicialmente através do programa estatal Fundo de Financiamento às Exportações (FINEX) e posteriormente através do Programa de Financiamento às Exportações (PROEX), do Banco do Brasil.[1]

Paulo Cesar de Souza e Silva, vice-presidente de financiamento de vendas, explica es prática do mercado: "Os clientes compram o avião por causa da sua combinação com o financiamento. Em geral, as companhias de aviação não comprariam aviões sem financiamento".[2]

Cerca de 90% da receita da Embraer provêm de exportações, o que testemunha o sucesso comercial da companhia nos mercados mundiais. Em setembro de 2007, o ministro do Desenvolvimento, Indústria e Comércio Exterior do Brasil, Miguel Jorge, declarou, durante uma reunião da Comissão Mista Reino Unido-Brasil para Economia e Comércio, que "as companhias brasileiras desejam ser mais internacionais e nós as estamos financiando para buscarem e encontrarem novos mercados".[3]

das principais fabricantes de aviões do mundo, começou há muito tempo, no distante ano de 1946, com a fundação do CTA. "Foi um projeto de planejamento muito bonito, maravilhoso", afirma o brigadeiro Aprígio Eduardo de Moura Azevedo. "Naquela época, Casimiro Montenegro Filho [diretor do CTA] acreditou, de verdade, que 20 anos mais tarde ele voaria no primeiro avião brasileiro".

De acordo com o brigadeiro Nelson de Souza Taveira, "Todos queríamos fazer com que a Embraer crescesse".[24]

A Embraer continuou a manter laços estreitos com suas raízes militares, mesmo depois de ter se tornado uma empresa líder no mercado comercial, como explica o brigadeiro Neimar Dieguez Barreiro: "O relacionamento da Embraer com a Força Aérea Brasileira é muito forte—72% dos aviões da FAB foram produzidos pela Embraer. E no que concerne ao programa militar da Embraer, 90% da produção de aviões militares da companhia foram comprados pela Força Aérea Brasileira".[25]

"Passei cerca de 14 anos na FAB antes de ingressar na Embraer, em 1999", lembra o piloto de testes da companhia, Luiz Noce. "No todo, é um pouco diferente, mas trabalho na área de defesa e, por isso, voo em missões muito similares".

A Embraer, em parceria com o Museu Aeroespacial do Rio de Janeiro, o maior museu aeronáutico do Hemisfério Sul, inaugurou em 2008 duas novas alas. A companhia investiu R$ 1,36 milhão para reformar e ampliar as exposições.

Em junho, a Embraer comemorou o 40º aniversário do primeiro voo do Bandeirante. Lançado em 1965, sob a designação de projeto IPD-6504, e desenvolvido no então Centro Técnico de Aeronáutica (CTA), em São José dos Campos, o primeiro protótipo do Bandeirante fez seu voo inaugural em 22 de outubro de 1968.

Em paralelo ao seu sucesso comercial, a companhia continua profundamente consciente de sua responsabilidade social. Em 2006 intensificou, de forma significativa, seus esforços para preservar e proteger o meio ambiente. Seu programa de reciclagem cresceu em relação a anos anteriores, atingindo 84% dos materiais, incluindo madeira, plástico, poliestireno, papel, papelão

The names Legacy 450 and Legacy 500 for the new midlight and midsize jets, respectively, were announced at EBACE, in May 2008.

Os nomes Legacy 450 e Legacy 500 para os novos, jatos das classes *midlight* e *midsize*, respectivamente, foram apresentados pela primeira vez na EBACE, em maio de 2008.

Since troubled times in the early 1990s, Embraer's employee count rose to more than 23,800 in Brazil alone by early 2008.

Brigadier Aprígio Eduardo de Moura Azevedo. "[CTA head] Casimiro Montenegro Filho truly believed, at the time, that 20 years later he would fly the very first Brazilian aircraft."

According to Brigadier Nelson de Souza Taveira, "We all wanted to make Embraer grow."[24]

Embraer has continued to maintain close ties to its military roots, even as it has come to lead the commercial market. As Brigadier Neimar Dieguez Barreiro explained, "The relationship Embraer has with the Brazilian Air Force is very strong—72 percent of the aircraft in the Air Force have been produced by Embraer. Concerning Embraer's military program, 90 percent of Embraer's defense aircraft production has been bought by the Brazilian Air Force."[25]

"I spent about 14 years in the Air Force before I joined Embraer in 1999," recalled Embraer test pilot Luiz Noce. "On the whole, it is a little bit different, but I work at the defense area, so I fly similar kinds of missions."

Embraer, in partnership with the Rio de Janeiro Aerospace Museum (Museu Aeroespacial do Rio de Janeiro; MUSAL), the largest aeronautical museum in the Southern Hemisphere, has inaugurated two new halls of the museum. The company invested R$1.36 million to renovate and expand the exhibits.

In June 2008, Embraer commemorated the 40th anniversary of the first flight of the Bandeirante. Launched in 1965, under project designation IPD-6504, and developed at the then Aeronautics Technical Center (Centro Técnico da Aeronáutica; CTA), in São José dos Campos, Brazil, the first prototype of the Bandeirante took its maiden flight on October 22, 1968.

As Embraer continues to celebrate its success, the company remains acutely aware of its social responsibility and significantly increased efforts to preserve and protect the environment in 2006. Its recycling program grew over the previous years, reaching 84 percent of materials, including wood, plastic, Styrofoam, paper, cardboard, and cooking oil, among others. Besides the primary concern of protecting the environment, such activity has also proved to be an added source of income for the company,

Desde o periodo atribulado que a Embraer atravessou no começo dos anos 1990, o número de empregados da companhia vem aumentando, tendo alcançado um total, apenas no Brasil, de mais de 23.800 no início de 2008.

CEO Frederico Fleury Curado unveils early models of the new midlight and midsize jets in April 2008. From left to right: Clay Jones, CEO of Rockwell Collins; Fluery Curado; Dave Cote, CEO of Honeywell; and Luís Carlos Affonso, the executive in charge of the executive jets business.

e óleo de cozinha, entre outros. Além da preocupação primordial com a proteção do meio ambiente, essa atividade revelou-se uma fonte de renda adicional, totalizando US$ 6,6 milhões em 2006, um crescimento de 57,1% em relação a 2005, quando foram arrecadados US$ 4,2 milhões.

"A história da Embraer é maravilhosa, construída pelo desejo indomável de uns poucos, ajudada aqui e ali pelas mãos invisíveis do acaso", afirma Antonio Garcia da Silveira, um dos primeiros diretores industriais da companhia.[26]

Graças à dedicação de um número imenso de engenheiros, executivos e trabalhadores da linha de montagem, esse sonho, apesar dos desafios, tornou-se realidade. Como explica o ex-ministro da Aeronáutica, brigadeiro Lélio Viana Lobo:

> *Na vida você aprende até o último minuto e por isso vejo tais situações como desafios. Acho que o aspecto mais importante foi o enfoque que usamos em objetivos de longo prazo que, como consequência, permitiu incluir umo gama de atividades diversificados a serem cumpridas pela empresa no futuro. Você pode constatar todo nosso esforço em recuperar a Embraer. Esse é o maior desafio para qualquer empresário: tomar decisões que não favoreçam uma área em detrimento de outras, com foco no futuro.*[27]

Olhando para Frente

À medida que se aproxima do final a primeira década do novo milênio, a Embraer vê-se às voltas com novos desafios, assim como encontra novas oportunidades. Uma crise global de crédito, relacionada diretamente com a retração da economia em escala mundial, levou analistas do DVB Bank a preverem que mais de 10% de todas as entregas de aeronaves previstas para 2009 poderiam ser canceladas ou adiadas, devido à falta de financiamento. Em julho de 2008, a companhia australiana Virgin Blue Holdings informou que reduziria suas operações aéreas em 6% devido aos altos custos do combustível, o que significou o adiamento da entrega de cinco E-Jets da Embraer.

O diretor-presidente Fleury Curado desvenda os primeiros modelos dos novos jatos das categorias *midlight* e *midsize*, em abril de 2008. Da esquerda para a direita: Clay Jones, diretor-executivo da Rockwell Collins; Fleury Curado; Dave Cote, diretor-executivo da Honeywell; e Luís Carlos Affonso, executivo encarregado dos negócios de jatos executivos.

totaling US$6.6 million in 2006, a growth of 57.1 percent over its 2005 levels, which reached US$4.2 million.

"Embraer is a wonderful story built by the indomitable will of a few, assisted here and there by the invisible hands of chance," said Antonio Garcia da Silveira, one of the company's early industrial directors.

Thanks to the dedication of countless engineers, executives, and manufacturing employees, that dream became a reality, despite the challenges.[26] Former Minister of Aeronautics Brigadier Lélio Viana Lobo explained:

> *In life you learn until the last minute, so I see these situations as challenges. I believe the most important aspect of this situation was the approach we used, based on long-term goals and, as a consequence, the long-term analysis enabled us to include this different range of activities to be carried out in the future, by the company. You can see all our effort to recover Embraer. This is any businessman's biggest challenge: he has to make decisions which will not favor one area in detriment of others, with a focus on the future.*[27]

Looking Forward

As the first decade of the new millennium draws to a close, Embraer finds itself facing new challenges, as well as new opportunities. A global credit crunch related to the worldwide economic downturn has analysts at DVB Bank predicting that up to 10 percent of all aircraft deliveries scheduled for 2009 might be cancelled or delayed due to lack of funding. In July 2008, Australian airline Virgin Blue Holdings said it would reduce its flight schedule by 6 percent because of high fuel costs, and delay delivery of five Embraer E-Jets planned to arrive in 2009. Virgin would continue to struggle, even as the price of oil plummeted, and in early 2009 it grounded three of its Embraer jets as a consequence of the continuing global recession and a subsequent downturn in airline traffic.

The weakness of the dollar, combined with fluctuations in oil prices and a softening economy, has also decreased the total number of firm orders placed in the United States. Still, Embraer maintains a backlog of orders in the United States, with U.S. Airways awaiting delivery of 28 jets, while Indiana-based Republic Airlines awaited delivery of 17 E-jets in 2008. In Europe, on February 7, 2008, Embraer signed a US$237 million deal to sell six EMBRAER 195s to JJH Capital, owner of the new Universal Airlines headed by Juan José Hidalgo.[28]

Executives at Embraer remain cautiously optimistic, as President and CEO Frederico Fleury Curado explained:

> *In any cycle, the time to start making changes is before we reach the peak. What we are trying to set up now is another movement in the company. In our history, we have never had a backlog like the one we have now. Everything looks okay, but it is not okay. We are losing efficiency and we have to do something about that. We've got a big corporation on our hands, and no controlling ownership since the capital restructuring of 2006. We are not David versus Goliath anymore. We are a leader, when we were always a follower. The mindset of the company has to change—we have to start thinking now as a leading company, with the humility of someone who remembers what it was like to be completely lost in the woods not too long ago.*[29]

Emerging markets are the new bright spot for Embraer. In 2008 alone, business jet sales across the industry were expected to top 1,200, a third consecutive annual record for the industry. Most industry analysts say that trend will continue until the market matures in 2010, with most buyers based in emerging markets.[30] Deliveries to

A Virgin continuaria a enfrentar dificuldades, mesmo após o preço do petróleo ter despencado. No início de 2009, a companhia manteve no solo três dos seus jatos Embraer, em decorrência da continuada recessão global e da subsequente retração do tráfego aéreo.

A debilidade do Dólar, combinada com as flutuações nos preços do petróleo e com uma economia em retração, também reduziu o número total de encomendas firmes nos Estados Unidos. Ainda assim, a Embraer mantém uma bem-nutrida carteira de pedidos firmes nesse país em 2008: a U.S. Airways está à espera de 28 jatos, enquanto a Republic Airlines, empresa baseada em Indiana, aguarda a entrega de 17 E-Jets. Na Europa, em 7 de fevereiro de 2008, a Embraer fechou negócio de US$ 237 milhões, envolvendo a venda de seis EMBRAER 195 para a JJH Capital, proprietária da nova Universal Airlines, comandada por Juan José Hidalgo.[28]

Os executivos da Embraer continuam cautelosamente otimistas, como explica o diretor-presidente Frederico Fleury Curado:

> *Em qualquer ciclo, a hora de começar a fazer mudanças ocorre antes de alcançarmos o pico. O que tentamos estabelecer agora é um outro movimento na companhia. Nunca em nossa história tivemos uma carteira de pedidos como a que temos agora. Tudo parece OK, mas não é verdade. Estamos perdendo eficiência e temos de fazer algo a esse respeito. Temos uma grande empresa nas nossas mãos mas ninguém detém o controle da propriedade desde a reestruturação acionária de 2006. Não somos mais David contra Golias. Nós, que sempre seguimos atrás, somos agora uma companhia líder. A atitude da empressa tem de mudar – agora temos que começar a pensar como uma companhia líder de mercado, mas com a humildade quem se lembra do que era estar completamente perdido na floresta há não muito tempo.*[29]

Embraer President and CEO Frederico Fleury Curado stands beside a Phenom 100 at the Latin America Business Aviation Conference & Exhibition (LABACE) in August 2007.

O diretor-presidente da Embraer, Frederico Fleury Curado, de pé, ao lado de um Phenom 100, na Latin America Business Aviation Conference & Exhibition (LABACE), em agosto de 2007.

Os mercados emergentes representam a nova oportunidade de vendas para a Embraer. Em 2008 tão somente, a expectativa era que as vendas de jatos executivos chegassem a 1.200 unidades, o terceiro recorde anual consecutivo para a indústria. A maioria dos analistas do mercado de aviação executiva acredita que essa tendência perdurará até que o mercado amadureça em 2010, com a maioria dos compradores originários de mercados emergentes.[30] As entregas às economias emergentes na Ásia e no Oriente Médio ajudaram a empresa a continuar a crescer, em um momento em que a Europa e a América do Norte começavam a experimentar uma profunda recessão. A expectativa é que a demanda por aeronaves comerciais por parte de países em desenvolvimento cresça 5,3% nos próximos 20 anos, superando a média global de 4,9%. Prevê-se que o crescimento

The cockpit of the Lineage 1000 features a Honeywell Primus Epic avionics suite with five LCDs, Cursor Control Device, auto throttle, weather radar with turbulence detection, and fly-by-wire technology.

emerging economies in Asia and the Middle East have helped the company continue to grow as Europe and North America have begun to suffer deep recessions.

The demand in the developing world is expected to rise 5.3 percent, outpacing the global average of 4.9 percent in expected commercial aircraft demand over the next 20 years. Growth for China alone is expected to rise by more than 7 percent year over year for the next two decades.[31] These changes represent a cultural shift for Embraer in the years to come. Another emerging market is right at home. Brazilian regional airline TRIP signed a US$167.5 million firm order for five EMBRAER 175s.

In 2008, Embraer's backlog reached US$20.9 billion in firm orders. China remains a key player in Embraer's growth strategies. The country has announced it will spend US$62 billion as part of an airport expansion program scheduled to build 97 airports by 2020.

Embraer continues to be one of Brazil's top exporters. Approximately 90 percent of the company's revenues come from exports. Embraer has proved itself a global heavyweight, and will continue making history for decades to come. As Brazilian president Luiz Inácio Lula da Silva announced at the groundbreaking of Embraer's new facility in Portugal:

> *The moment Brazil is living today is highly unique in the history of the country. Brazil is forging ahead on its road to development, and there is no turning back.*[32]

O sistema aviônico integrado Primus Epic® fabricado pela Honeywell possui cinco telas de controle multifuncionais em cristal líquido (*Liquid Crystal Display*—LCD), dispositivo de controle de cursor (*Cursor Control Device*—CCD), controle automático de potência (*auto-throttle*), radar meteorológico com detector de turbulência, *fly-by-wire* e outras tecnologias de última geração.

da economia chinesa seja superior a 7% ao ano, ao longo das próximas duas décadas.[31] Essas mudanças geoeconômicas representam uma mudança cultural para a Embraer, nos anos que virão. Um outro mercado emergente encontra-se exatamente em casa. A empresa aérea regional brasileira TRIP assinou uma encomenda firme de cinco EMBRAER 175, no valor de US$ 167,5 milhões.

Em 2008, a carteira de pedidos da Embraer chegou a US$ 20,9 bilhões em encomendas firmes. A China continua sendo um elemento-chave nas estratégias de crescimento da empresa. O país anunciou que investirá US$ 62 bilhões de dólares como parte de um programa de expansão aeroportuária, prevendo a construção de 97 novos aeroportos até 2020.

A Embraer continua a ser uma das maiores exportadoras do Brasil. Aproximadamente 90% da receita da companhia provém das exportações. A Embraer provou ser um peso-pesado global e continuará a fazer história nas décadas vindouras. A declaração do presidente brasileiro, Luiz Inácio Lula da Silva, no anúncio da nova unidade da Embraer em Portugal, é emblemática:

> *O momento que o Brasil vive hoje é especialmente único na história do país. O Brasil está construindo à frente sua estrada.*[32]

Notes to Sources

Chapter One

1. Ozires Silva and Decio Fischetti, *Casimiro Montenegro Filho: A Trajetória de um Visionário, Vida e Obra do Criador do ITA*, Bizz Editorial, São Paulo, 2006, 39.
2. Fernando Morais, *Montenegro: As Aventuras do Marechal que Fez uma Revolução nos Céus do Brasil*, Editora Planeta, São Paulo, 2006, 24.
3. Ibid., 40.
4. Paul Hoffman, *Wings of Madness: Alberto Santos-Dumont and the Invention of Flight*, Hyperion Books, New York, 2003, 38, 40.
5. David Godfrey, "The Rise of Embraer," *The Putnam Aeronautical Review*, London, December 1989, 216.
6. *Montenegro: As Aventuras do Marechal que Fez uma Revolução nos Céus do Brasil*, 75–76.
7. History: Brazil, American Institute of Aeronautics and Astronautics, 14 April 2008, http://www.aiaa.org/content.cfm?pageid=432/.
8. Mário B. de M. Vinagre, "Embraer: A History of Success," *Flap Internacional*, Special Edition, June 1994, 7.
9. Roberto Pereira de Andrade, *A Construção Aeronáutica no Brasil 1910/1976*, Editora Brasiliense, São Paulo, 1976, 18–20.
10. *Montenegro: As Aventuras do Marechal que Fez uma Revolução nos Céus do Brasil*, 24.
11. Roney Cytrynowicz, *Pioneirismo nos Céus: A História da Divisão de Aeronáutica do Instituto de Pesquisas Tecnológicas do Estado de São Paulo (1934–1957)*, Narrativa Um, São Paulo, 2006, 16.
12. Bento Mattos, *Embraer's History*, Embraer, São Paulo, 2006, 9.
13. *Pioneirismo nos Céus: A História da Divisão de Aeronáutica do Instituto de Pesquisas Tecnológicas do Estado de São Paulo (1934–1957)*, 22.
14. *A Construção Aeronáutica no Brasil 1910/1976*, 34; Cosme Degenar Drummond, *Asas do Brasil: Uma História que Voa Pelo Mundo*, Editora de Cultura, São Paulo, 2004, 117.
15. "The Rise of Embraer," 217; *A Construção Aeronáutica no Brasil 1910/1976*, 87.
16. *Embraer's History*, 10.
17. Ozires Silva, *A Decolagem de um Sonho: A História da Criação da Embraer*, Lemos Editorial, São Paulo, 2005, 128.

Fontes e Referências Bibliográficas

Capítulo Um

1. Ozires Silva e Decio Fischetti, *Casimiro Montenegro Filho: A Trajetória de um Visionário, Vida e Obra do Criador do ITA*, Bizz Editorial, São Paulo, 2006, 39.
2. Fernando Morais, *Montenegro: As Aventuras do Marechal que Fez uma Revolução nos Céus do Brasil*, Editora Planeta, São Paulo, 2006, 24.
3. Idem, 40.
4. Paul Hoffman, *Wings of Madness: Alberto Santos-Dumont and the Invention of Flight*, Hyperion Books, Nova Iorque, 2003, 38, 40.
5. David Godfrey, "The Rise of Embraer", *The Putnam Aeronautical Review*, Londres, Dezembro 1989, 216.
6. *Montenegro: As Aventuras do Marechal que Fez uma Revolução nos Céus do Brasil*, 75–76.
7. History: Brazil, American Institute of Aeronautics and Astronautics, 14 de Abril de 2008, http://www.aiaa.org/content.cfm?pageid=432/.
8. Mário B. de M. Vinagre, "Embraer—Uma História de Sucesso", *Flap Internacional*, Edição Especial, Junho 1994, 7.
9. Roberto Pereira de Andrade, *A Construção Aeronáutica no Brasil 1910/1976*, Editora Brasiliense, São Paulo, 1976, 18–20.
10. *Montenegro: As Aventuras do Marechal que Fez uma Revolução nos Céus do Brasil*, 24.
11. Roney Cytrynowicz, *Pioneirismo nos Céus: A História da Divisão de Aeronáutica do Instituto de Pesquisas Tecnológicas do Estado de São Paulo (1934–1957)*, Narrativa Um, São Paulo, 2006, 16.
12. Bento Mattos, *História da Embraer*, Embraer, São Paulo, 2006, 9.
13. *Pioneirismo nos Céus: A História da Divisão de Aeronáutica do Instituto de Pesquisas Tecnológicas do Estado de São Paulo (1934–1957)*, 22.
14. *A Construção Aeronáutica no Brasil 1910/1976, 34*; Cosme Degenar Drummond, *Asas do Brasil: Uma História que Voa Pelo Mundo*, Editora de Cultura, São Paulo, 2004, 117.
15. "The Rise of Embraer", 217; *A Construção Aeronáutica no Brasil 1910/1976*, 87.
16. *História da Embraer*, 10.
17. Ozires Silva, *A Decolagem de um Sonho: A História da Criação da Embraer*, Lemos Editorial, São Paulo, 2005, 128.

18. *A Construção Aeronáutica no Brasil 1910/1976*, 44–47.
19. "The Rise of Embraer," 217.
20. *A Construção Aeronáutica no Brasil 1910/1976*, 166; *Asas do Brasil: Uma História que Voa Pelo Mundo*, 172–76.
21. "The Rise of Embraer," 217; *A Construção Aeronáutica no Brasil 1910/1976*, 167–72.
22. "The Rise of Embraer," 217.
23. "Embraer: A History of Success," 12–13.
24. *A Construção Aeronáutica no Brasil 1910/1976*, 53–57, 68–86.
25. *Pioneirismo nos Céus: A História da Divisão de Aeronáutica do Instituto de Pesquisas Tecnológicas do Estado de São Paulo (1934–1957)*, 72.
26. *A Construção Aeronáutica no Brasil 1910/1976*, 130–34.
27. Ibid., 136.
28. Ibid., 140.
29. Ibid., 218.
30. *Casimiro Montenegro Filho: A Trajetória de um Visionário, Vida e Obra do Criador do ITA*, 39.
31. Ibid., 40.
32. *Asas do Brasil: Uma História que Voa Pelo Mundo*, 162.
33. Ibid., 159.
34. *Montenegro: As Aventuras do Marechal que Fez uma Revolução nos Céus do Brasil*, 134–37.
35. *Embraer's History*, 12.
36. *Asas do Brasil: Uma História que Voa Pelo Mundo*, 181; *A Construção Aeronáutica no Brasil 1910/1976*, 154–55.
37. *Embraer's History*, 12.
38. "The Rise of Embraer," 217.
39. *A Decolagem de um Sonho: A História da Criação da Embraer*, 115–18.
40. Ibid., 128.
41. Ibid., 146.
42. "The Rise of Embraer," 218.
43. *Embraer's History*, 3.
44. "Embraer: A History of Success," 18.
45. *A Decolagem de um Sonho: A História da Criação da Embraer*, 189.
46. Ibid., 183–84.
47. Ibid., 173–74.
48. Ibid., 196.

Chapter Two

1. Ozires Silva, interview by Jeffrey L. Rodengen, digital recording, 8 January 2008, Write Stuff Enterprises, Inc.
2. Ozílio Carlos da Silva, interview by Jeffrey L. Rodengen, digital recording, 7 January 2008, Write Stuff Enterprises, Inc.
3. Ozires Silva interview.
4. Letter to Brazilian President Arthur da Costa e Silva, 19 May 1969.
5. Ozílio Carlos da Silva interview.
6. Ozílio Carlos da Silva interview; Embraer meeting minutes, 26 June 1969.
7. Ozires Silva, *A Decolagem de um Sonho: A História da Criação da Embraer*, Lemos Editorial, São Paulo, 2005, 241.
8. Letter to Brazilian President Arthur da Costa e Silva, 13 August 1969.
9. Decree 770, Brazilian Federal Registry, 19 August 1969.
10. Bento Mattos, *Embraer's History*, Embraer, São Paulo, 2006, 13.
11. Ozílio Carlos da Silva interview.
12. *A Decolagem de um Sonho: A História da Criação da Embraer*, 279.
13. Ibid., 228–29.
14. Alcindo Rogério Amarante de Oliveira, interview by Jeffrey L. Rodengen, digital recording, 9 January 2008, Write Stuff Enterprises, Inc.
15. *A Decolagem de um Sonho: A História da Criação da Embraer*, 229, 231.
16. Guido F. Pessotti, interview by Jeffrey L. Rodengen, digital recording, 7 January 2008, Write Stuff Enterprises, Inc.
17. *A Decolagem de um Sonho: A História da Criação da Embraer*, 283.
18. Ibid.
19. Alcindo Rogério Amarante de Oliveira interview; Guido F. Pessotti interview.
20. *A Decolagem de um Sonho: A História da Criação da Embraer*, 176.
21. Ibid., 304.
22. Ibid., 306.
23. Ibid., 307, 310.
24. Antonio Garcia Silveira, internal company report, Embraer archives, February 2008, 19.
25. *A Decolagem de um Sonho: A História da Criação da Embraer*, 312.
26. Ibid.
27. Mário B. de M. Vinagre, "Embraer: A History of Success," *Flap Internacional*, Special Edition, June 1994, 30.
28. *A Decolagem de um Sonho: A História da Criação da Embraer*, 315.

18. *A Construção Aeronáutica no Brasil 1910/1976*, 44–47.
19. "The Rise of Embraer", 217.
20. *A Construção Aeronáutica no Brasil 1910/1976*, 166; *Asas do Brasil: Uma História que Voa Pelo Mundo*, 172–176.
21. "The Rise of Embraer", 217; *A Construção Aeronáutica no Brasil 1910/1976*, 167–172.
22. "The Rise of Embraer", 217.
23. "Embraer—Uma História de Sucesso", 12–13.
24. *A Construção Aeronáutica no Brasil 1910/1976*, 53–57, 68–86.
25. *Pioneirismo nos Céus: A História da Divisão de Aeronáutica do Instituto de Pesquisas Tecnológicas do Estado de São Paulo (1934–1957)*, 72.
26. *A Construção Aeronáutica no Brasil 1910/1976*, 130–134.
27. Idem, 136.
28. Idem, 140.
29. Idem, 218.
30. *Casimiro Montenegro Filho: A Trajetória de um Visionário, Vida e Obra do Criador do ITA*, 39.
31. Idem, 40.
32. *Asas do Brasil: Uma História que Voa Pelo Mundo*, 162.
33. Idem, 159.
34. *Montenegro: As Aventuras do Marechal que Fez uma Revolução nos Céus do Brasil*, 134–137.
35. *História da Embraer*, 12.
36. *Asas do Brasil: Uma História que Voa Pelo Mundo, 181; A Construção Aeronáutica no Brasil 1910/1976*, 154–155.
37. *História da Embraer*, 12.
38. "The Rise of Embraer", 217.
39. *A Decolagem de um Sonho: A História da Criação da Embraer*, 115–118.
40. Idem, 128.
41. Idem, 146.
42. "The Rise of Embraer", 218.
43. *História da Embraer*, 3.
44. "Embraer—Uma História de Sucesso", 18.
45. *A Decolagem de um Sonho: A História da Criação da Embraer*, 189.
46. Idem, 183–184.
47. Idem, 173–174.
48. Idem, 196.

Capítulo Dois

1. Ozires Silva, entrevista por Jeffrey L. Rodengen, gravação digital, 8 de Janeiro de 2008, Write Stuff Enterprises, Inc.
2. Ozílio Carlos da Silva, entrevista por Jeffrey L. Rodengen, gravação digital, 7 de Janeiro de 2008, Write Stuff Enterprises, Inc.
3. Ozires Silva, entrevista.
4. Carta ao presidente do Brasil Arthur da Costa e Silva, 19 de Maio de 1969.
5. Ozílio Carlos da Silva, entrevista.
6. Ozílio Carlos da Silva, entrevista; ata de reunião, Embraer, 26 de Junho de 1969.
7. Ozires Silva, *A Decolagem de um Sonho: A História da Criação da Embraer*, Lemos Editorial, São Paulo, 2005, 241.
8. Carta ao presidente do Brasil Arthur da Costa e Silva, 13 de Agosto de 1969.
9. Decreto-Lei No. 770, Diário Oficial da União, 19 de Agosto de 1969.
10. Bento Mattos, *História da Embraer*, Embraer, São Paulo, 2006, 13.
11. Ozílio Carlos da Silva, entrevista.
12. *A Decolagem de um Sonho: A História da Criação da Embraer*, 279.
13. Idem, 228–229.
14. Alcindo Rogério Amarante de Oliveira, entrevista por Jeffrey L. Rodengen, gravação digital, 9 de Janeiro de 2008, Write Stuff Enterprises, Inc.
15. *A Decolagem de um Sonho: A História da Criação da Embraer*, 229, 231.
16. Guido F. Pessotti, entrevista por Jeffrey L. Rodengen, gravação digital, 7 de Janeiro de 2008, Write Stuff Enterprises, Inc.
17. *A Decolagem de um Sonho: A História da Criação da Embraer*, 283.
18. Idem.
19. Alcindo Rogério Amarante de Oliveira, entrevista; Guido F. Pessotti, entrevista.
20. *A Decolagem de um Sonho: A História da Criação da Embraer*, 176.
21. Idem, 304.
22. Idem, 306.
23. Idem, 307, 310.
24. Antonio Garcia Silveira, documento interno da empresa, arquivo Embraer, Fevereiro 2008, 19.
25. *A Decolagem de um Sonho: A História da Criação da Embraer*, 312.
26. Idem.

29. Paulo R. Serra, *Embraer's History*, Embraer, São Paulo, 2006, 21.
30. José Renato Oliveira Melo, interview by Jeffrey L. Rodengen, digital recording, 9 January 2008, Write Stuff Enterprises, Inc.
31. *A Decolagem de um Sonho: A História da Criação da Embraer*, 351.
32. Ozires Silva interview.
33. *Embraer's History*, 21.
34. *A Decolagem de um Sonho: A História da Criação da Embraer*, 325.

Chapter Two Sidebar: Designing the Bandeirante

1. Ozílio Carlos da Silva, interview by Jeffrey L. Rodengen, digital recording, 7 January 2008, Write Stuff Enterprises, Inc.
2. Ibid.
3. Antonio Garcia Silveira, internal company report, Embraer archives, February 2008, 11.
4. Ozires Silva, *A Decolagem de um Sonho: A História da Criação da Embraer*, Lemos Editorial, São Paulo, 2005, 131–48; Ozires Silva, interview by Jeffrey L. Rodengen, digital recording, 8 January 2008, Write Stuff Enterprises, Inc.
5. Alcindo Rogério Amarante de Oliveira, interview by Jeffrey L. Rodengen, digital recording, 9 January 2008, Write Stuff Enterprises, Inc.
6. Bento Mattos, *Embraer's History*, Embraer, São Paulo, 2006, 13.

Chapter Three

1. Ozires Silva, interview by Jeffrey L. Rodengen, digital recording, 8 January 2008, Write Stuff Enterprises, Inc.
2. Cosme Degenar Drummond, *Asas do Brasil: Uma História que Voa Pelo Mundo*, Editora de Cultura, São Paulo, 2004, 438; Mário B. de M. Vinagre, "Embraer: A History of Success," *Flap Internacional*, Special Edition, June 1994, 37.
3. Antonio Garcia Silveira, internal company report, Embraer archives, February 2008, 19.
4. Edward W. Stimpson, "Business Flying Prospects," *Aviation Week*, 26 April 1976, 9.
5. Erwin J. Bulban, "Export Hurdles Mute General Optimism," *Aviation Week*, 15 March 1976, 185.
6. Juan Espana, "Explaining Embraer's Hi-Tech Success," *Journal of American Academy of Business*, Vol. 4, No. 1, 1 March 2004, 489.
7. Ozires Silva interview.
8. Paulo Furtado, *Embraer's History*, Embraer, São Paulo, 2006, 17.
9. Walter Bartels, interview by Jeffrey L. Rodengen, digital recording, 7 January 2008, Write Stuff Enterprises, Inc.
10. "Embraer: A History of Success," 32–34.
11. *Embraer's History*, 17.
12. "O Bandeirante Conquista O Mundo," *APVE Newsletter*, Pioneer Veterans of Embraer Association, March/April 2007, 6.
13. *Embraer's History*, 19.
14. Ibid.
15. Claudio R. Frischtak, "Learning, Technical Progress and Competitiveness in the Commuter Aircraft Industry: An Analysis of Embraer," The World Bank, 15 June 1992.
16. *Embraer's History*, 18.
17. Internal company report.
18. *Asas do Brasil: Uma História que Voa Pelo Mundo*, 382.
19. Ozires Silva interview.
20. Ibid.
21. "Learning, Technical Progress and Competitiveness in the Commuter Aircraft Industry: An Analysis of Embraer."
22. Ibid.
23. Ibid.
24. John T. Woolley and Gerhard Peters, The American Presidency Project, University of California, Santa Barbara, 24 October 1978, http://www.presidency.ucsb.edu/ws/?pid=30038/.
25. *Embraer's History*, 19.
26. "Embraer: A History of Success," 36.
27. Paulo R. Serra, *Embraer's History*, Embraer, São Paulo, 2006, 23–24.
28. Ibid., 24.
29. Bulletin, *Flight International*, April 2002.
30. Ozílio Carlos da Silva, interview by Jeffrey L. Rodengen, digital recording, 7 January 2008,

27. Mário B. de M. Vinagre, "Embraer—Uma História de Sucesso", *Flap Internacional*, Edição Especial, Junho 1994, 30.
28. *A Decolagem de um Sonho: A História da Criação da Embraer*, 315.
29. Paulo R. Serra, *História da Embraer*, Embraer, São Paulo, 2006, 21.
30. José Renato Oliveira Melo, entrevista por Jeffrey L. Rodengen, gravação digital, 9 de Janeiro de 2008, Write Stuff Enterprises, Inc.
31. *A Decolagem de um Sonho: A História da Criação da Embraer*, 351.
32. Ozires Silva, entrevista.
33. *História da Embraer*, 21.
34. *A Decolagem de um Sonho: A História da Criação da Embraer*, 325.

Capítulo Dois, Box: Projetando o Bandeirante

1. Ozílio Carlos da Silva, entrevista por Jeffrey L. Rodengen, gravação digital, 7 de Janeiro de 2008, Write Stuff Enterprises, Inc.
2. Idem.
3. Antonio Garcia Silveira, documento interno da empresa, arquivo Embraer, Fevereiro 2008, 11.
4. Ozires Silva, *A Decolagem de um Sonho: A História da Criação da Embraer*, Lemos Editorial, São Paulo, 2005, 131–148; Ozires Silva, entrevista por Jeffrey L. Rodengen, gravação digital, 8 de Janeiro de 2008, Write Stuff Enterprises, Inc.
5. Alcindo Rogério Amarante de Oliveira, entrevista por Jeffrey L. Rodengen, gravação digital, 9 de Janeiro de 2008, Write Stuff Enterprises, Inc.
6. Bento Mattos, *História da Embraer*, Embraer, São Paulo, 2006, 13.

Capítulo Três

1. Ozires Silva, entrevista por Jeffrey L. Rodengen, gravação digital, 8 de Janeiro de 2008, Write Stuff Enterprises, Inc.
2. Cosme Degenar Drummond, *Asas do Brasil: Uma História que Voa Pelo Mundo*, Editora de Cultura, São Paulo, 2004, 438; Mário B. de M. Vinagre, "Embraer—Uma História de Sucesso", *Flap Internacional*, Edição Especial, Junho 1994, 37.
3. Antonio Garcia Silveira, documento interno da empresa, arquivo Embraer, Fevereiro 2008, 19.
4. Edward W. Stimpson, "Business Flying Prospects", *Aviation Week*, 26 de Abril de 1976, 9.
5. Erwin J. Bulban, "Export Hurdles Mute General Optimism", *Aviation Week*, 15 de Março de 1976, 185.
6. Juan Espana, "Explaining Embraer's Hi-Tech Success", *Journal of American Academy of Business*, Vol. 4, No. 1, 1 de Março de 2004, 489.
7. Ozires Silva, entrevista.
8. Paulo Furtado, *História da Embraer*, Embraer, São Paulo, 2006, 17.
9. Walter Bartels, entrevista por Jeffrey L. Rodengen, gravação digital, 7 de Janeiro de 2008, Write Stuff Enterprises, Inc.
10. "Embraer—Uma História de Sucesso", 32–34.
11. *História da Embraer*, 17.
12. "O Bandeirante Conquista o Mundo", *Informativo APVE*, Associação dos Pioneiros e Veteranos da Embraer, Março/Abril 2007, 6.
13. *História da Embraer*, 19.
14. Idem.
15. Claudio R. Frischtak, "Learning, Technical Progress and Competitiveness in the Commuter Aircraft Industry: An Analysis of Embraer", The World Bank, 15 de Junho de 1992.
16. *História da Embraer*, 18.
17. Documento interno da empresa.
18. *Asas do Brasil: Uma História que Voa Pelo Mundo*, 382.
19. Ozires Silva, entrevista.
20. Idem.
21. "Learning, Technical Progress and Competitiveness in the Commuter Aircraft Industry: An Analysis of Embraer".
22. Idem.
23. Idem.
24. John T. Woolley and Gerhard Peters, The American Presidency Project, University of California, Santa Barbara, 24 de Outubro de 1978, http://www.presidency.ucsb.edu/ws/?pid=30038/.
25. *História da Embraer*, 19.
26. "Embraer—Uma História de Sucesso", 36.

Write Stuff Enterprises, Inc.
31. Walter Bartels interview.
32. *Embraer's History*, 13.
33. Emílio Kazunoli Matsuo, interview by Jeffrey L. Rodengen, digital recording, 7 January 2008, Write Stuff Enterprises, Inc.
34. AMX (Aeritalia, Aermacchi, Embraer), Military Analysis Network, 25 September 1999, http://www.fas.org/man/dod-101/sys/ac/row/amx.htm/.
35. "Embraer: A History of Success," 49–50; Bento Mattos and Paulo Furtado, *Embraer's History*, Embraer, São Paulo, 2006, 35.
36. Ozires Silva, *A Decolagem de um Sonho: A História da Criação da Embraer*, Lemos Editorial, São Paulo, 2005, 454.
37. Alcindo Rogério Amarante de Oliveira, interview by Jeffrey L. Rodengen, digital recording, 9 January 2008, Write Stuff Enterprises, Inc.
38. "Embraer: A History of Success," 46.
39. *Embraer's History*, 25.
40. José Renato Oliveira Melo, interview by Jeffrey L. Rodengen, digital recording, 9 January 2008, Write Stuff Enterprises, Inc.
41. "Embraer: A History of Success," 48.
42. EMB 120 Specs, Aviation Services of America, 2005, http://www.aviationsvcs.com/emb120specs.htm/.
43. "Embraer Confirms Two E-Jets Options For Régional," Embraer press release, 19 February 2008.
44. Guido F. Pessotti, interview by Jeffrey L. Rodengen, digital recording, 7 January 2008, Write Stuff Enterprises, Inc.

Chapter Three Sidebar: Buying Neiva

1. Ozires Silva, *A Decolagem de um Sonho: A História da Criação da Embraer*, Lemos Editorial, São Paulo, 2005, 360.
2. Indústria Aeronáutica Neiva, http://www.aeroneiva.com.br/.
3 "Neiva recebe homenagem da LABACE em São Paulo," Latin American Business Aviation Conference and Exhibition, 2005, http://www.abaac.com.br/index.asp?inc=newsread&article=86/.

Chapter Three Sidebar: The Tucano and the AMX

1. "World Military Aircraft Inventory," *Aviation Week*, 28 January 2008, 271.
2. "Prince Prepares to Earn His Wings," CBBC Newsround, 4 January 2008, http://news.bbc.co.uk/cbbcnews/hi/newsid_7170000/newsid_7170500/7170519.stm/.

Chapter Four

1. Bento Mattos, *Embraer's History*, Embraer, São Paulo, 2006, 29.
2. Juan Espana, "Explaining Embraer's Hi-Tech Success," *Journal of American Academy of Business*, Vol. 4, No. 1, 1 March 2004, 489.
3. David Godfrey. "The Rise of Embraer," *The Putnam Aeronautical Review*, London, December 1989.
4. Ibid.
5. "The Rise of Embraer."
6. Ibid.
7. Cosme Degenar Drummond, *Asas do Brasil: Uma História que Voa Pelo Mundo*, Editora de Cultura, São Paulo, 2004, 234.
8. Ibid.
9. Ozires Silva, interview by Jeffrey L. Rodengen, digital recording, 8 January 2008, Write Stuff Enterprises, Inc.
10. Antonio Garcia Silveira, internal company report, Embraer archives, February 2008, 19.
11. Ozílio Carlos da Silva, inaugural speech, 11 July 1986.
12. Ozires Silva, *A Decolagem de um Sonho: A História da Criação da Embraer*, Lemos Editorial, São Paulo, 2005, 463.
13. Ozílio Carlos da Silva, interview by Jeffrey L. Rodengen, digital recording, 7 January 2008, Write Stuff Enterprises, Inc.
14. "Embraer: The Global Leader in Regional Jets," Harvard Business School, 20 October 2000, 3.
15. Mário B. de M. Vinagre, "Embraer: A History of Success," *Flap Internacional*, Special Edition, June 1994, 32–34.

27. Paulo R. Serra, *História da Embraer*, Embraer, São Paulo, 2006, 23–24.
28. Idem, 24.
29. Boletim, *Flight International*, Abril 2002.
30. Ozílio Carlos da Silva, entrevista por Jeffrey L. Rodengen, gravação digital, 7 de Janeiro de 2008, Write Stuff Enterprises, Inc.
31. Walter Bartels, entrevista.
32. *História da Embraer*, 13.
33. Emílio K. Matsuo, entrevista por Jeffrey L. Rodengen, gravação digital, 7 de Janeiro de 2008, Write Stuff Enterprises, Inc.
34. AMX (Aeritalia, Aermacchi, Embraer), Military Analysis Network, 25 de Setembro de 1999, http://www.fas.org/man/dod-101/sys/ac/row/amx.htm/.
35. "Embraer—Uma História de Sucesso", 49–50; Bento Mattos e Paulo Furtado, *História da Embraer*, Embraer, São Paulo, 2006, 35.
36. Ozires Silva, *A Decolagem de um Sonho: A História da Criação da Embraer*, Lemos Editorial, São Paulo, 2005, 454.
37. Alcindo Rogério Amarante de Oliveira, entrevista por Jeffrey L. Rodengen, gravação digital, 9 de Janeiro de 2008, Write Stuff Enterprises, Inc.
38. "Embraer—Uma História de Sucesso", 46.
39. *História da Embraer*, 25.
40. José Renato Oliveira Melo, entrevista por Jeffrey L. Rodengen, gravação digital, 9 de Janeiro de 2008, Write Stuff Enterprises, Inc.
41. "Embraer—Uma História de Sucesso", 48.
42. Especificações do EMB 120, Aviation Services of America, 2005, http://www.aviationsvcs.com/emb120specs.htm/.
43. "Embraer Confirma Duas Opções de E-Jets para a Régional", press release Embraer, 19 de Fevereiro de 2008.
44. Guido F. Pessotti, entrevista por Jeffrey L. Rodengen, gravação digital, 7 de Janeiro de 2008, Write Stuff Enterprises, Inc.

Capítulo Três, Box: A Compra da Neiva

1. Ozires Silva, *A Decolagem de um Sonho: A História da Criação da Embraer*, Lemos Editorial, São Paulo, 2005, 360.
2. Indústria Aeronáutica Neiva, http://www.aeroneiva.com.br/.
3 "Neiva recebe homenagem da LABACE em São Paulo", Conferência e Exposição Latino-Americana de Aviação Executiva (Latin American Business Aviation Conference and Exhibition), 2005, http://www.abaac.com.br/index.asp?inc=newsread&article=86/.

Capítulo Três, Box: O Tucano e o AMX

1. "World Military Aircraft Inventory", *Aviation Week*, 28 de Janeiro de 2008, 271.
2. "Prince Prepares to Earn His Wings", CBBC Newsround, 4 de Janeiro de 2008, http://news.bbc.co.uk/cbbcnews/hi/newsid_7170000/newsid_7170500/7170519.stm/.

Capítulo Quatro

1. Bento Mattos, *História da Embraer*, Embraer, São Paulo, 2006, 29.
2. Juan Espana, "Explaining Embraer's Hi-Tech Success", *Journal of American Academy of Business*, Vol. 4, No. 1, 1 de Março de 2004, 489.
3. David Godfrey. "The Rise of Embraer", *The Putnam Aeronautical Review*, Londres, Dezembro 1989.
4. Idem.
5. "The Rise of Embraer".
6. Idem.
7. Cosme Degenar Drummond, *Asas do Brasil: Uma História que Voa Pelo Mundo*, Editora de Cultura, São Paulo, 2004, 234.
8. Idem.
9. Ozires Silva, entrevista por Jeffrey L. Rodengen, gravação digital, 8 de Janeiro de 2008, Write Stuff Enterprises, Inc.
10. Antonio Garcia Silveira, documento interno da empresa, arquivo Embraer, Fevereiro 2008, 19.
11. Ozílio Carlos da Silva, discurso de posse, 11 de Julho de 1986.
12. Ozires Silva, *A Decolagem de um Sonho: A História da Criação da Embraer*, Lemos

16. "The Rise of Embraer."
17. Ibid.
18. *Embraer's History*, 31–32.
19. Guido F. Pessotti, interview by Jeffrey L. Rodengen, digital recording, 7 January 2008, Write Stuff Enterprises, Inc.
20. Luís Carlos Affonso, interview by Jeffrey L. Rodengen, digital recording, 8 January 2008, Write Stuff Enterprises, Inc.
21. "The Rise of Embraer."
22. Ibid.
23. Guido F. Pessotti interview.
24. "Embraer: The Global Leader in Regional Jets."
25. Luís Carlos Affonso interview.
26. "Embraer: The Global Leader in Regional Jets."
27. Ibid.
28. Ozílio Carlos da Silva interview.
29. *Asas do Brasil: Uma História que Voa Pelo Mundo*, 231.
30. "Explaining Embraer's Hi-Tech Success."
31. *Embraer's History*, 37.
32. "Embraer: The Global Leader in Regional Jets."
33. "The Rise of Embraer."
34. Luís Carlos Affonso interview.
35. *Asas do Brasil: Uma História que Voa Pelo Mundo*, 246.
36. Ibid., 248.
37. Ibid., 261.

Chapter Five

1. Cosme Degenar Drummond, *Asas do Brasil: Uma História que Voa Pelo Mundo*, Editora de Cultura, São Paulo, 2004, 277.
2. Mário B. de M. Vinagre, "Embraer: A History of Success," *Flap Internacional*, Special Edition, June 1994, 75.
3. Ibid., 76.
4. Ozires Silva, *A Decolagem de um Sonho: A História da Criação da Embraer*, Lemos Editorial, São Paulo, 2005, 592.
5. "Embraer: A History of Success," 76.
6. Ozires Silva, interview by Jeffrey L. Rodengen, digital recording, 8 January 2008, Write Stuff Enterprises, Inc.
7. "Embraer: A History of Success," 77.
8. Frederico Fleury Curado, interview by Jeffrey L. Rodengen, digital recording, 11 March 2008, Write Stuff Enterprises, Inc.
9. Ozílio Carlos da Silva, interview by Jeffrey L. Rodengen, digital recording, 7 January 2008, Write Stuff Enterprises, Inc.
10. Helen Shapiro, Review of Export Promotion Policies in Brazil, University of California, Santa Cruz, 1997, http://www.bid.org.uy/intal/aplicaciones/uploads/publicaciones/i_INTAL_IYT_03_1997_Shapiro.Pdf/.
11. *Asas do Brasil: Uma História que Voa Pelo Mundo*, 268.
12. Ibid., 270.
13. Frederico Fleury Curado interview.
14. *Asas do Brasil: Uma História que Voa Pelo Mundo*, 271.
15. Ibid.
16. Ozires Silva interview.
17. *A Decolagem de um Sonho: A História da Criação da Embraer*, 595.
18. Edson Mallaco, interview by Jeffrey L. Rodengen, digital recording, 12 March 2008, Write Stuff Enterprises, Inc.
19. "Embraer: A History of Success," 72.
20. Ibid.
21. *Asas do Brasil: Uma História que Voa Pelo Mundo*, 281.
22. "Embraer: A History of Success," 75.
23. *Asas do Brasil: Uma História que Voa Pelo Mundo*, 283.
24. "Embraer: A History of Success," 76.
25. *Asas do Brasil: Uma História que Voa Pelo Mundo*, 591.
26. Frederico Fleury Curado interview.
27. *Embraer's History*, Embraer, São Paulo, 2006.
28. Ibid.
29. David Siegel, interview by Jeffrey L. Rodengen, digital recording, 8 April 2008, Write Stuff Enterprises, Inc.
30. *Asas do Brasil: Uma História que Voa Pelo Mundo*, 284.
31. Satoshi Yokota, interview by Jeffrey L. Rodengen, digital recording, 7 January 2008, Write Stuff Enterprises, Inc.
32. Edson Mallaco interview.
33. *Asas do Brasil: Uma História que Voa Pelo Mundo*, 284.
34. *Embraer's History*.

Editorial, São Paulo, 2005, 463.
13. Ozílio Carlos da Silva, entrevista por Jeffrey L. Rodengen, gravação digital, 7 de Janeiro de 2008, Write Stuff Enterprises, Inc.
14. "Embraer: The Global Leader in Regional Jets", Harvard Business School, 20 de Outubro de 2000, 3.
15. Mário B. de M. Vinagre, "Embraer—Uma História de Sucesso", *Flap Internacional*, Edição Especial, Junho 1994, 32–34.
16. "The Rise of Embraer".
17. Idem.
18. *História da Embraer*, 31–32.
19. Guido F. Pessotti, entrevista por Jeffrey L. Rodengen, gravação digital, 7 de Janeiro de 2008, Write Stuff Enterprises, Inc.
20. Luís Carlos Affonso, entrevista por Jeffrey L. Rodengen, gravação digital, 8 de Janeiro de 2008, Write Stuff Enterprises, Inc.
21. "The Rise of Embraer".
22. Idem.
23. Guido F. Pessotti, entrevista.
24. "Embraer: The Global Leader in Regional Jets".
25. Luís Carlos Affonso, entrevista.
26. "Embraer: The Global Leader in Regional Jets".
27. Idem.
28. Ozílio Carlos da Silva, entrevista.
29. *Asas do Brasil: Uma História que Voa Pelo Mundo*, 231.
30. "Explaining Embraer's Hi-Tech Success".
31. *História da Embraer*, 37.
32. "Embraer: The Global Leader in Regional Jets".
33. "The Rise of Embraer".
34. Luís Carlos Affonso, entrevista.
35. *Asas do Brasil: Uma História que Voa Pelo Mundo*, 246.
36. Idem, 248.
37. Idem, 261.

Capítulo Cinco

1. Cosme Degenar Drummond, *Asas do Brasil: Uma História que Voa Pelo Mundo*, Editora de Cultura, São Paulo, 2004, 277.
2. Mário B. de M. Vinagre, "Embraer—Uma História de Sucesso", *Flap Internacional*, Edição Especial, Junho 1994, 75.
3. Idem, 76.
4. Ozires Silva, *A Decolagem de um Sonho: A História da Criação da Embraer*, Lemos Editorial, São Paulo, 2005, 592.
5. "Embraer—Uma História de Sucesso", 76.
6. Ozires Silva, entrevista por Jeffrey L. Rodengen, gravação digital, 8 de Janeiro de 2008, Write Stuff Enterprises, Inc.
7. "Embraer—Uma História de Sucesso", 77.
8. Frederico Fleury Curado, entrevista por Jeffrey L. Rodengen, gravação digital, 11 de Março de 2008, Write Stuff Enterprises, Inc.
9. Ozílio Carlos da Silva, entrevista por Jeffrey L. Rodengen, gravação digital, 7 de Janeiro de 2008, Write Stuff Enterprises, Inc.
10. Helen Shapiro, Review of Export Promotion Policies in Brazil, University of California, Santa Cruz, 1997, http://www.bid.org.uy/intal/aplicaciones/uploads/publicaciones/i_INTAL_IYT_03_1997_Shapiro.Pdf/.
11. *Asas do Brasil: Uma História que Voa Pelo Mundo*, 268.
12. Idem, 270.
13. Frederico Fleury Curado, entrevista.
14. *Asas do Brasil: Uma História que Voa Pelo Mundo*, 271.
15. Idem.
16. Ozires Silva, entrevista.
17. *A Decolagem de um Sonho: A História da Criação da Embraer*, 595.
18. Edson Mallaco, entrevista por Jeffrey L. Rodengen, gravação digital, 12 de Março de 2008, Write Stuff Enterprises, Inc.
19. "Embraer—Uma História de Sucesso", 72.
20. Idem.
21. *Asas do Brasil: Uma História que Voa Pelo Mundo*, 281.
22. "Embraer—Uma História de Sucesso", 75.
23. *Asas do Brasil: Uma História que Voa Pelo Mundo*, 283.
24. "Embraer—Uma História de Sucesso", 76.
25. *Asas do Brasil: Uma História que Voa Pelo Mundo*, 591.
26. Frederico Fleury Curado, entrevista.
27. *História da Embraer*, Embraer, São Paulo, 2006.
28. Idem.
29. David Siegel, entrevista por Jeffrey L. Rodengen, gravação digital, 8 de Abril

35. Gary Spulak, interview by Jeffrey L. Rodengen, digital recording, 14 April 2008, Write Stuff Enterprises, Inc.
36. Ibid.
37. David Siegel interview.
38. "Embraer: The Global Leader in Regional Jets," 6.
39. Ibid.
40. David Siegel interview.
41. "Embraer: The Global Leader in Regional Jets."
42. Ozílio Carlos da Silva interview.
43. *Embraer's History*.
44. "Embraer: A History of Success."
45. Ozílio Carlos da Silva interview.
46. *Asas do Brasil: Uma História que Voa Pelo Mundo*, 280.
47. "Embraer: The Global Leader in Regional Jets."
48. Frederico Fleury Curado interview.

Chapter Six

1. Ozires Silva, interview by Jeffrey L. Rodengen, digital recording, 8 January 2008, Write Stuff Enterprises, Inc.
2. Manoel Oliveira, interview by Jeffrey L. Rodengen, digital recording, 9 January 2008, Write Stuff Enterprises, Inc.
3. Cosme Degenar Drummond, *Asas do Brasil: Uma História que Voa Pelo Mundo*, Editora de Cultura, São Paulo, 2004, 288.
4. Manoel Oliveira interview.
5. Vitor Hallack, interview by Jeffrey L. Rodengen, digital recording, 8 January 2008, Write Stuff Enterprises, Inc.
6. Ibid.
7. Antonio Luiz Pizarro Manso, interview by Jeffrey L. Rodengen, digital recording, 8 January 2008, Write Stuff Enterprises, Inc.
8. *Asas do Brasil: Uma História que Voa Pelo Mundo*, 305.
9. Maurício Botelho, interview by Jeffrey L. Rodengen, digital recording, 8 January 2008, Write Stuff Enterprises, Inc.; "Embraer: The Global Leader in Regional Jets," Harvard Business School, 20 October 2000, 4.
10. Satoshi Yokota, interview by Jeffrey L. Rodengen, digital recording, 7 January 2008, Write Stuff Enterprises, Inc.
11. Maurício Botelho interview.
12. Luís Carlos Affonso, interview by Jeffrey L. Rodengen, digital recording, 8 January 2008, Write Stuff Enterprises, Inc.
13. *Asas do Brasil: Uma História que Voa Pelo Mundo*, 327.
14. Ibid., 328.
15. Ibid., 342.
16. "Case Studies of Good Corporate Governance Practices," *Companies Circle of the Latin America Corporate Governance Roundtable*, Second Edition, International Finance Corporation, 2006, 38–45.
17. *Asas do Brasil: Uma História que Voa Pelo Mundo*, 343.

Chapter Seven

1. Maurício Botelho, interview by Jeffrey L. Rodengen, digital recording, 8 January 2008, Write Stuff Enterprises, Inc.
2. Ibid.
3. "Embraer: The Global Leader in Regional Jets," Harvard Business School, 20 October 2000, 4.
4. Walter Bartels, interview by Jeffrey L. Rodengen, digital recording, 7 January 2008, Write Stuff Enterprises, Inc.
5. Cosme Degenar Drummond, *Asas do Brasil: Uma História que Voa Pelo Mundo*, Editora de Cultura, São Paulo, 2004, 351.
6. "Embraer: The Global Leader in Regional Jets," 6.
7. Ibid.
8. Satoshi Yokota, interview by Jeffrey L. Rodengen, digital recording, 7 January 2008, Write Stuff Enterprises, Inc.
9. Embraer Commercial Jets, 2008, http://www.embraercommercialjets.com.br/english/content/erj/default.asp?tela=success/.
10. Satoshi Yokota interview.
11. David Siegel, interview by Jeffrey L. Rodengen, digital recording, 8 April 2008, Write Stuff Enterprises, Inc.
12. Carole A. Shifrin, "EMB-145 Gets FAA Go-Ahead," *Aviation Week and Space Technology*, Vol. 145, No. 26, 23 December 1996, 89.
13. Ibid.
14. "Embraer Loses Only $40 million in '96," *Business & Commercial Aviation*, Vol. 80, No. 6, June 1997, C4.
15. *Asas do Brasil: Uma História que Voa Pelo Mundo*, 346.

de 2008, Write Stuff Enterprises, Inc.
30. *Asas do Brasil: Uma História que Voa Pelo Mundo*, 284.
31. Satoshi Yokota, entrevista por Jeffrey L. Rodengen, gravação digital, 7 de Janeiro de 2008, Write Stuff Enterprises, Inc.
32. Edson Mallaco, entrevista.
33. *Asas do Brasil: Uma História que Voa Pelo Mundo*, 284.
34. *História da Embraer*.
35. Gary Spulak, entrevista por Jeffrey L. Rodengen, gravação digital, 14 de Abril de 2008, Write Stuff Enterprises, Inc.
36. Idem.
37. David Siegel, entrevista.
38. "Embraer: The Global Leader in Regional Jets", 6.
39. Idem.
40. David Siegel, entrevista.
41. "Embraer: The Global Leader in Regional Jets".
42. Ozílio Carlos da Silva, entrevista.
43. *História da Embraer*.
44. "Embraer—Uma História de Sucesso".
45. Ozílio Carlos da Silva, entrevista.
46. *Asas do Brasil: Uma História que Voa Pelo Mundo*, 280.
47. "Embraer: The Global Leader in Regional Jets".
48. Frederico Fleury Curado, entrevista.

Capítulo Seis

1. Ozires Silva, entrevista por Jeffrey L. Rodengen, gravação digital, 8 de Janeiro de 2008, Write Stuff Enterprises, Inc.
2. Manoel Oliveira, entrevista por Jeffrey L. Rodengen, gravação digital, 9 de Janeiro de 2008, Write Stuff Enterprises, Inc.
3. Cosme Degenar Drummond, *Asas do Brasil: Uma História que Voa Pelo Mundo*, Editora de Cultura, São Paulo, 2004, 288.
4. Manoel Oliveira, entrevista.
5. Vitor Hallack, entrevista por Jeffrey L. Rodengen, gravação digital, 8 de Janeiro de 2008, Write Stuff Enterprises, Inc.
6. Idem.
7. Antonio Luiz Pizarro Manso, entrevista por Jeffrey L. Rodengen, gravação digital, 8 de Janeiro de 2008, Write Stuff Enterprises, Inc.
8. *Asas do Brasil: Uma História que Voa Pelo Mundo*, 305.
9. Maurício Botelho, entrevista por Jeffrey L. Rodengen, gravação digital, 8 de Janeiro de 2008, Write Stuff Enterprises, Inc.; "Embraer: The Global Leader in Regional Jets", Harvard Business School, 20 de Outubro de 2000, 4.
10. Satoshi Yokota, entrevista por Jeffrey L. Rodengen, gravação digital, 7 de Janeiro de 2008, Write Stuff Enterprises, Inc.
11. Maurício Botelho, entrevista.
12. Luís Carlos Affonso, entrevista por Jeffrey L. Rodengen, gravação digital, 8 de Janeiro de 2008, Write Stuff Enterprises, Inc.
13. *Asas do Brasil: Uma História que Voa Pelo Mundo*, 327.
14. Idem, 328.
15. Idem, 342.
16. "Case Studies of Good Corporate Governance Practices", *Companies Circle of the Latin America Corporate Governance Roundtable*, Segunda Edição, International Finance Corporation, 2006, 38–45.
17. *Asas do Brasil: Uma História que Voa Pelo Mundo*, 343.

Capítulo Sete

1. Maurício Botelho, entrevista por Jeffrey L. Rodengen, gravação digital, 8 de Janeiro de 2008, Write Stuff Enterprises, Inc.
2. Idem.
3. "Embraer: The Global Leader in Regional Jets", Harvard Business School, 20 de Outubro de 2000, 4.
4. Walter Bartels, entrevista por Jeffrey L. Rodengen, gravação digital, 7 de Janeiro de 2008, Write Stuff Enterprises, Inc.
5. Cosme Degenar Drummond, *Asas do Brasil: Uma História que Voa Pelo Mundo*, Editora de Cultura, São Paulo, 2004, 351.
6. "Embraer: The Global Leader in Regional Jets", 6.
7. Idem.
8. Satoshi Yokota, entrevista por Jeffrey L. Rodengen, gravação digital, 7 de Janeiro de 2008, Write Stuff Enterprises, Inc.
9. Embraer Commercial Jets, 2008, http://www.embraercommercialjets.com

16. Embraer homepage, 2009, http://www.embraer.com/.
17. *Asas do Brasil: Uma História que Voa Pelo Mundo*, 350.
18. Ibid., 353.
19. Ibid., 350.
20. Bento Mattos, *Embraer's History*, Embraer, São Paulo, 2006, 57.
21. SIVAM: Mission 2006, 2002, MIT, http://web.mit.edu/12.000/www/m2006/kvh/sivam.html/.
22. Walter Bartels interview.
23. Ibid.
24. *Embraer's History*, 57.
25. Ibid.
26. Walter Bartels interview.
27. Ibid.
28. Juniti Saito, interview by Jeffrey L. Rodengen, digital recording, 10 March 2008, Write Stuff Enterprises, Inc.
29. *Embraer's History*, 58.
30. Embraer ERJ-145 Regional Jet Airliner, Aerospace-Technology.com, 2009, http://www.aerospace-technology.com/projects/erj145/.
31. Walter Bartels interview.
32. *Embraer's History*, 59.
33. Ibid., 61.

Chapter Eight

1. Jim French, interview by Jeffrey L. Rodengen, digital recording, 28 April 2008, Write Stuff Enterprises, Inc.
2. Andrea Goldstein, "Embraer: From National Champion to Global Player," *CEPAL Review*, August 2002, No. 104, 8.
3. Bento Mattos and Paulo Lourenção, *Embraer's History*, Embraer, São Paulo, 2006, 43.
4. Cosme Degenar Drummond, *Asas do Brasil: Uma História que Voa Pelo Mundo*, Editora de Cultura, São Paulo, 2004, 353.
5. "Winglets Provide a Measurable Performance Lift," *Fluent News*, April 2001, http://www.fluent.com/about/news/newsletters/01v10i1/a2.htm/; ERJ 145 Family—Building Regional Airline Success, Embraer company brochure, 12.
6. Embraer ERJ 145 Regional Jet Airliner, Aerospace-Technology.com, 2009, http://www.aerospace-technology.com/projects/erj145/.
7. Jay Perez, interview by Jeffrey L. Rodengen, digital recording, 8 March 2008, Write Stuff Enterprises, Inc.
8. Embraer Legacy Super Mid-Size Corporate Jet, Aerospace-Technology.com, 2009, http://www.aerospace-technology.com/projects/embraer_legacy/.
9. "The Legacy has Arrived, Signaling the End of Business as Usual," Embraer press release, 12 December 2001.
10. Embraer Legacy Super Mid-Size Corporate Jet.
11. Luís Carlos Affonso, interview by Jeffrey L. Rodengen, digital recording, 8 January 2008, Write Stuff Enterprises, Inc.
12. Michael S. Sheeringa, interview by Jeffrey L. Rodengen, digital recording, 5 February 2008, Write Stuff Enterprises, Inc.
13. Luís Carlos Affonso interview.
14. Ibid.
15. Satoshi Yokota, interview by Jeffrey L. Rodengen, digital recording, 7 January 2008, Write Stuff Enterprises, Inc.
16. Andrew Doyl, "Crossair Chooses ERJ 145 Regional Jet to Replace Saab Turboprops," *Flight International*, 21 April 1999.
17. "Paris Air Show Witnesses Announcement of the Largest Ever Regional Airline Order," *Business Wire*, 14 June 1999.
18. Jim French interview.
19. Vitor Hallack, interview by Jeffrey L. Rodengen, digital recording, 8 January 2008, Write Stuff Enterprises, Inc.
20. Jonathan Braude, "Fairchild Dornier Files for Bankruptcy," *The Daily Deal*, 2 April 2002.
21. Frederico Fleury Curado, interview by Jeffrey L. Rodengen, digital recording, 11 March 2008, Write Stuff Enterprises, Inc.
22. Ibid.
23. Maurício Botelho, interview by Jeffrey L. Rodengen, digital recording, 8 January 2008, Write Stuff Enterprises, Inc.
24. Luís Carlos Affonso interview.
25. "Embraer: From National Champion to Global Player," 9.

.br/english/content/erj/default.asp?tela=success/.
10. Satoshi Yokota, entrevista.
11. David Siegel, entrevista por Jeffrey L. Rodengen, gravação digital, 8 de Abril de 2008, Write Stuff Enterprises, Inc.
12. Carole A. Shifrin, "EMB-145 Gets FAA Go-Ahead", *Aviation Week and Space Technology*, Vol. 145, No. 26, 23 de Dezembro de 1996, 89.
13. Idem.
14. "Embraer Loses Only $40 Million in '96", *Business & Commercial Aviation*, Vol. 80, No. 6, Junho de 1997, C4.
15. *Asas do Brasil: Uma História que Voa Pelo Mundo*, 346.
16. Embraer homepage, 2009, www.embraer.com/.
17. *Asas do Brasil: Uma História que Voa Pelo Mundo*, 350.
18. Idem, 353.
19. Idem, 350.
20. Bento Mattos, *História da Embraer*, Embraer, São Paulo, 2006, 57.
21. SIVAM: Mission 2006, 2002, MIT, http://web.mit.edu/12.000/www/m2006/kvh/sivam.html/.
22. Walter Bartels, entrevista.
23. Idem.
24. *História da Embraer*, 57.
25. Idem.
26. Walter Bartels, entrevista.
27. Idem.
28. Juniti Saito, entrevista por Jeffrey L. Rodengen, gravação digital, 10 de Março de 2008, Write Stuff Enterprises, Inc.
29. *História da Embraer*, 58.
30. Embraer ERJ-145 Regional Jet Airliner, Aerospace-Technology.com, 2009, http://www.aerospacetechnology.com/projects/erj145.
31. Walter Bartels, entrevista.
32. *História da Embraer*, 59.
33. Idem, 61.

Capítulo Oito

1. Jim French, entrevista por Jeffrey L. Rodengen, gravação digital, 28 de Abril de 2008, Write Stuff Enterprises, Inc.
2. Andrea Goldstein, "Embraer: From National Champion to Global Player", CEPAL Review, Agosto 2002, No. 104, 8.
3. Bento Mattos e Paulo Lourenção, *História da Embraer*, Embraer, São Paulo, 2006, 43.
4. Cosme Degenar Drummond, *Asas do Brasil: Uma História que Voa Pelo Mundo*, Editora de Cultura, São Paulo, 2004, 353.
5. "Winglets Provide a Measurable Performance Lift", *Fluent News*, Abril 2001, http://www.fluent.com/about/news/newsletters/01v10i1/a2.htm/; ERJ 145 Family—Building Regional Airline Success, brochura da Embraer, 12.
6. Embraer ERJ 145 Regional Jet Airliner, Aerospace-Technology.com, 2009, http://www.aerospace-technology.com/projects/erj145/.
7. Jay Perez, entrevista por Jeffrey L. Rodengen, gravação digital, 8 de Março de 2008, Write Stuff Enterprises, Inc.
8. Embraer Legacy Super Mid-Size Corporate Jet, Aerospace-Technology.com, 2009, http://www.aerospace-technology.com/projects/embraer_legacy/.
9. "Legacy Chega para Marcar Nova Tendência", press release Embraer, 12 de Dezembro de 2001.
10. Embraer Legacy Super Mid-Size Corporate Jet.
11. Luís Carlos Affonso, entrevista por Jeffrey L. Rodengen, gravação digital, 8 de Janeiro de 2008, Write Stuff Enterprises, Inc.
12. Michael S. Sheeringa, entrevista por Jeffrey L. Rodengen, gravação digital, 5 de Fevereiro de 2008, Write Stuff Enterprises, Inc.
13. Luís Carlos Affonso, entrevista.
14. Idem.
15. Satoshi Yokota, entrevista por Jeffrey L. Rodengen, gravação digital, 7 de Janeiro de 2008, Write Stuff Enterprises, Inc.
16. Andrew Doyl, "Crossair Chooses ERJ 145 Regional Jet to Replace Saab Turboprops", *Flight International*, 21 de Abril de 1999.
17. "Paris Air Show Witnesses Announcement of the Largest Ever Regional Airline Order", *Business Wire*, 14 de Junho de 1999.
18. Jim French, entrevista.
19. Vitor Hallack, entrevista por Jeffrey L. Rodengen,

26. "Embraer in Numbers," Embraer company brochure, 2008, 5.
27. "The Rule of 70 to 110," Embraer, 2008, http://www.ruleof70to110.com/main/index.html/.
28. Rebecca Rayko, "Scope Clause Remains a Top Issue," AeroWorldNet, 8 May 2000, http://www.aeroworldnet.com/3tw05080.htm/.
29. Ibid.
30. "The Rule of 70 to 110."
31. Bryan Bedford, interview by Jeffrey L. Rodengen, digital recording, 2 June 2008, Write Stuff Enterprises, Inc.
32. The ERJ 135, Republic Airways, http://www.rjet.com/erj135.html/.
33. "The Rule of 70 to 110."
34. Joe Sharkey, "Fuel Efficiency," *The New York Times*, 14 December 2004, http://www.nytimes.com/2004/12/14/business/14memo.html/.
35. Geri Smith, "Embraer Helps Educate Brazil," *BusinessWeek*, 31 July 2006, http://www.businessweek.com/magazine/content/06_31/b3995013.htm/.
36. Embraer 2002 Annual Report, 50.
37. "Reliance Aerotech Announces Agreement for Embraer to Acquire the Nashville Operations of Celsius Aerotech Inc.," press release, 4 January 2002.
38. "Embraer Adds Nashville Hangar, Jobs," *Nashville Business Journal*, 13 April 2006, http://nashville.bizjournals.com/nashville/stories/2006/04/10/daily22.html?jst=cn_cn_lk/.
39. Embraer 2002 Annual Report, 57.
40. Satoshi Yokota interview.
41. *Asas do Brasil: Uma História que Voa Pelo Mundo*, 378.
42. Ibid., 399.

Chapter Nine

1. Frederico Fleury Curado, interview by Jeffrey L. Rodengen, digital recording, 11 March 2008, Write Stuff Enterprises, Inc.
2. Artur Coutinho, interview by Jeffrey L. Rodengen, digital recording, 9 January 2008, Write Stuff Enterprises, Inc.
3. Maurício Botelho, interview by Jeffrey L. Rodengen, digital recording, 8 January 2008, Write Stuff Enterprises, Inc.
4. Carlos Eduardo Camargo, interview by Jeffrey L. Rodengen, digital recording, 9 September 2008, Write Stuff Enterprises, Inc.
5. "Open Capital: Embraer Wants to Join Bovespa's New Market," *Gazeta Mercantil*, 19 January 2006.
6. "Embraer Mulls Structural Overhaul to Facilitate Access to Capital Markets," AFX International Focus, 17 January 2006.
7. Artur Coutinho interview.
8. U.S. Representative John Mica, testimony from House Subcommittee on Aviation, 15 February 2006.
9. Embraer 2006 Annual Report.
10. Embraer Investor relations, http://www.embraer.com.br/ri/portugues/content/destaques/investimentos.asp/.
11. Embraer 2006 Annual Report, 28.
12. Ibid., 41.
13. Roger Yu, "Embraer Branches Out into Growing Microjet Sector," *USA Today*, 4 May 2005.
14. Luís Carlos Affonso, interview by Jeffrey L. Rodengen, digital recording, 8 January 2008, Write Stuff Enterprises, Inc.
15. Ernesto Klotzel, "On the Way to Certification," *Bandeirante Magazine*, August 2007, No. 728, 8.
16. O. J. Fagbire, "The Embraer Phenom 100 Takes Its Maiden Flight In Brazil," *Private Jet Daily*, 27 July 2007, http://www.privatejetdaily.com/index.php/20070727162/Latest/-The-Embraer-Phenom-100-Takes-Its-Maiden-Flight-In-Brazil.html/.
17. "Huge Phenom 300 Buy for Flight Options," *Flying Magazine*, March 2008.
18. Michael S. Sheeringa, interview by Jeffrey L. Rodengen, digital recording, 5 February 2008, Write Stuff Enterprises, Inc.
19. Alastair Stewart, "Brazil's Embraer Has Orders for 800 Phenom Jets," *Dow Jones Newswire*, 15 July 2008.

gravação digital, 8 de Janeiro de 2008, Write Stuff Enterprises, Inc.
20. Jonathan Braude, "Fairchild Dornier Files for Bankruptcy", *The Daily Deal*, 2 de Abril de 2002.
21. Frederico Fleury Curado, entrevista por Jeffrey L. Rodengen, gravação digital, 11 de Março de 2008, Write Stuff Enterprises, Inc.
22. Idem.
23. Maurício Botelho, entrevista por Jeffrey L. Rodengen, gravação digital, 8 de Janeiro de 2008, Write Stuff Enterprises, Inc.
24. Luís Carlos Affonso, entrevista.
25. "Embraer: From National Champion to Global Player", 9.
26. "Embraer in Numbers", brochura da Embraer, 2008, 5.
27. "The Rule of 70 to 110", Embraer, 2008, http://www.ruleof70to110.com/main/index.html/.
28. Rebecca Rayko, "Scope Clause Remains a Top Issue", AeroWorldNet, 8 de Maio de 2000, http://www.aeroworldnet.com/3tw05080.htm/.
29. Idem.
30. "The Rule of 70 to 110".
31. Bryan Bedford, entrevista por Jeffrey L. Rodengen, gravação digital, 2 de Junho de 2008, Write Stuff Enterprises, Inc.
32. The ERJ 135, Republic Airways, http://www.rjet.com/erj135.html/.
33. "The Rule of 70 to 110".
34. Joe Sharkey, "Fuel Efficiency", *The New York Times*, 14 de Dezembro de 2004, http://www.nytimes.com/2004/12/14/business/14memo.html/.
35. Geri Smith, "Embraer Helps Educate Brazil", *BusinessWeek*, 31 de Julho de 2006, http://www.businessweek.com/magazine/content/06_31/b3995013.htm/.
36. Relatório Anual 2002, Embraer, 50.
37. "Reliance Aerotech Announces Agreement for Embraer to Acquire the Nashville Operations of Celsius Aerotech Inc.", press release, 4 de Janeiro de 2002.
38. "Embraer Adds Nashville Hangar, Jobs", *Nashville Business Journal*, 13 de Abril de 2006, http://nashville.bizjournals.com/nashville/stories/2006/04/10/daily22.html?jst=cn_cn_lk/.
39. Relatório Anual 2002, Embraer, 57.
40. Satoshi Yokota, entrevista.
41. *Asas do Brasil: Uma História que Voa Pelo Mundo*, 378.
42. Idem, 399.

Capítulo Nove

1. Frederico Fleury Curado, entrevista por Jeffrey L. Rodengen, gravação digital, 11 de Março de 2008, Write Stuff Enterprises, Inc.
2. Artur Coutinho, entrevista por Jeffrey L. Rodengen, gravação digital, 9 de Janeiro de 2008, Write Stuff Enterprises, Inc.
3. Maurício Botelho, entrevista por Jeffrey L. Rodengen, gravação digital, 8 de Janeiro de 2008, Write Stuff Enterprises, Inc.
4. Carlos Eduardo Camargo, entrevista por Jeffrey L. Rodengen, gravação digital, 9 de Setembro de 2008, Write Stuff Enterprises, Inc.
5. "Open Capital: Embraer Wants to Join Bovespa's New Market", *Gazeta Mercantil*, 19 de Janeiro de 2006.
6. "Embraer Mulls Structural Overhaul to Facilitate Access to Capital Markets", AFX International Focus, 17 de Janeiro de 2006.
7. Artur Coutinho, entrevista.
8. Deputado Federal John Mica, testemunho na Subcomissão de Aviação da Câmara dos Deputados dos Estados Unidos, 15 de Fevereiro de 2006.
9. Relatório Anual 2006, Embraer.
10. Relações com Investidores, Embraer, http://www.embraer.com.br/ri/portugues/content/destaques/investimentos.asp/.
11. Relatório Anual 2006, Embraer, 28.
12. Idem, 41.
13. Roger Yu, "Embraer Branches Out into Growing Microjet Sector", *USA Today*, 4 de Maio de 2005.
14. Luís Carlos Affonso, entrevista por Jeffrey L. Rodengen, gravação digital, 8 de Janeiro de 2008, Write Stuff Enterprises, Inc.
15. Ernesto Klotzel, "A Caminho da Certificação",

20. First Lineage 1000 Arrives at PATS Aircraft Completions, Jets.ru, 12 March 2007, http://www.jets.ru/news/2007/12/03/embraer/.
21. Luís Carlos Affonso interview.
22. "Embraer Sets a Record with the Delivery of 169 Jets in 2007," Embraer press release, 9 January 2008.
23. Ibid.
24. Nelson Taveira, interview by Jeffrey L. Rodengen, digital recording, 10 March 2008, Write Stuff Enterprises, Inc.
25. Neimar Dieguez, interview by Jeffrey L. Rodengen, digital recording, 10 March 2008, Write Stuff Enterprises, Inc.
26. Lélio Viana Lobo, interview by Jeffrey L. Rodengen, digital recording, 10 March 2008, Write Stuff Enterprises, Inc.
27. Ibid.
28. "Universal Airlines buys six Embraer 195 Jets," Embraer press release, 7 February 2008.
29. Frederico Fleury Curado interview.
30. Carol Matlack and Mark Scott, "The Real Action is in Private Jets," *BusinessWeek*, 15 July 2008, http://www.businessweek.com/globalbiz/content/jul2008/gb20080715_768338.htm/.
31. "Embraer Releases Commercial Aviation Forecast for the Asia Pacific Region and China," Embraer press release, 19 February 2008.
32. Elisabete Tavares, "Embraer to Build 2 Jet Component Plants in Portugal," Reuters, 26 July 2008, http://www.iht.com/articles/reuters/2008/07/26/business/OUKBS-UK-PORTUGAL-Embraer.php/.

Chapter Nine Sidebar: Customercentric

1. Luís Carlos Affonso, interview by Jeffrey L. Rodengen, digital recording, 8 January 2008, Write Stuff Enterprises, Inc.
2. "Embraer Celebrates Completion of 1,000th ERJ," Aviation.com, 4 October 2007, http://www.aviation.com/business/071004-1000th-embraer-erj.html/.
3. Edson Mallaco, interview by Jeffrey L. Rodengen, digital recording, 12 March 2008, Write Stuff Enterprises, Inc.
4. "Embraer and CAE Form Training Joint Venture for Phenom 100 and Phenom 300 Aircraft," Embraer press release, 16 October 2006.

Chapter Nine Sidebar: Exports and Government Aid Over the Years

1. Juan Espana, "Explaining Embraer's Hi-Tech Success: Porter's Diamond, New Trade Theory, or the Market at Work?" *Journal of American Academy of Business*, Cambridge University, Vol. 4. No. 1, 1 March 2004, 489.
2. Paulo Cesar de Sousa e Silva, interview by Jeffrey L. Rodengen, digital recording, 8 January 2008, Write Stuff Enterprises, Inc.
3. Devon Maylie, "Brazil Companies Targeting International Markets," *Dow Jones Newswire*, 20 September 2007.

Revista Bandeirante, Agosto 2007, No. 728, 8.
16. O. J. Fagbire, "The Embraer Phenom 100 Takes Its Maiden Flight in Brazil", *Private Jet Daily*, 27 de Julho de 2007, http://www.privatejetdaily.com/index.php/20070727162/Latest/-The-Embraer-Phenom-100-Takes-Its-Maiden-Flight-In-Brazil.html/.
17. "Huge Phenom 300 Buy for Flight Options", *Flying Magazine*, Março 2008.
18. Michael S. Sheeringa, entrevista por Jeffrey L. Rodengen, gravação digital, 5 de Fevereiro de 2008, Write Stuff Enterprises, Inc.
19. Alastair Stewart, "Brazil's Embraer Has Orders for 800 Phenom Jets", *Dow Jones Newswire*, 15 de Julho de 2008.
20. First Lineage 1000 Arrives at PATS Aircraft Completions, Jets.ru, 12 de Março de 2007, http://www.jets.ru/news/2007/12/03/embraer/.
21. Luís Carlos Affonso, entrevista.
22. "Embraer Registra Recorde Histórico com a Entrega de 169 Jatos em 2007", press release Embraer, 9 de Janeiro de 2008.
23. Idem.
24. Nelson Taveira, entrevista por Jeffrey L. Rodengen, gravação digital, 10 de Março de 2008, Write Stuff Enterprises, Inc.
25. Neimar Dieguez, entrevista por Jeffrey L. Rodengen, gravação digital, 10 de Março de 2008, Write Stuff Enterprises, Inc.
26. Lélio Viana Lobo, entrevista por Jeffrey L. Rodengen, gravação digital, 10 de Março de 2008, Write Stuff Enterprises, Inc.
27. Idem.
28. "Universal Airlines Compra Seis Jatos Embraer 195", press release Embraer, 7 de Fevereiro de 2008.
29. Frederico Fleury Curado, entrevista.
30. Carol Matlack and Mark Scott, "The Real Action is in Private Jets", *BusinessWeek*, 15 July 2008, http://www.businessweek.com/globalbiz/content/jul2008/gb20080715_768338.htm/.
31. "Embraer Apresenta Perspectiva para Aviação Comercial na Região da Ásia Pacífico e China", press release Embraer, 19 de Fevereiro de 2008.
32. Elisabete Tavares, "Embraer to Build 2 Jet Component Plants in Portugal", Reuters, 26 de Julho de 2008, http://www.iht.com/articles/reuters/2008/07/26/business/OUKBS-UK-PORTUGALEmbraer.php/.

Capítulo Nove, Box: Centrada no Cliente

1. Luís Carlos Affonso, entrevista por Jeffrey L. Rodengen, gravação digital, 8 de Janeiro de 2008, Write Stuff Enterprises, Inc.
2. "Embraer Celebrates Completion of 1,000th ERJ", Aviation.com, 4 de Outubro de 2007, http://www.aviation.com/business/071004-1000th-embraererj.html/.
3. Edson Mallaco, entrevista por Jeffrey L. Rodengen, gravação digital, 12 de Março de 2008, Write Stuff Enterprises, Inc.
4. "Embraer e CAE Estabelecem uma Joint Venture de Treinamento para os jatos Phenom 100 e Phenom 300", press release Embraer, 16 de Outubro de 2006.

Capítulo Nove, Box: Exportações e Ajuda Governamental ao Longo dos Anos

1. Juan Espana, "Explaining Embraer's Hi-Tech Success: Porter's Diamond, New Trade Theory, or the Market at Work?", *Journal of American Academy of Business*, Cambridge University, Vol. 4. No. 1, 1 de Março de 2004, 489.
2. Paulo Cesar de Sousa e Silva, entrevista por Jeffrey L. Rodengen, gravação digital, 8 de Janeiro de 2008, Write Stuff Enterprises, Inc.
3. Devon Maylie, "Brazil Companies Targeting International Markets", *Dow Jones Newswire*, 20 de Setembro de 2007.

INDEX

Numbers in italics are photographs.

ÍNDICE

Números em itálico se referem a fotografias.

F

F

G

H

I

J

K

L

M

EMBRAER